uni–text

Lehrbücher

G. M. Barrow, Physikalische Chemie I, II
W. L. Bontsch-Brujewitsch / I. P. Swaigin / I. W. Karpenko / A. G. Mironow, Aufgabensammlung zur Halbleiterphysik
W. Czech, Übungsaufgaben aus der Experimentalphysik
H. Dallmann / K.-H. Elster, Einführung in die höhere Mathematik
M. J. S. Dewar, Einführung in die moderne Chemie
N. W. Efimow, Höhere Geometrie I, II
A. P. French, Spezielle Relativitätstheorie
D. Geist, Halbleiterphysik I, II
P. Guillery, Werkstoffkunde für Elektroingenieure
E. Hàla / T. Boublik, Einführung in die statistische Thermodynamik
J. G. Holbrook, Laplace-Transformationen
I. E. Irodov, Aufgaben zur Atom- und Kernphysik
S. G. Krein / V. N. Uschakowa, Vorstufe zur höheren Mathematik
H. Lau / W. Hardt, Energieverteilung
R. Ludwig, Methoden der Fehler- und Ausgleichsrechnung
E. Meyer / E.-G. Neumann, Physikalische und technische Akustik
E. Meyer / R. Pottel, Physikalische Grundlagen der Hochfrequenztechnik
E. Poulsen Nautrup, Grundpraktikum der organischen Chemie
L. Prandtl / K. Oswatitsch / K. Wieghardt, Führer durch die Strömungslehre
W. Rieder, Plasma und Lichtbogen
F. G. Taegen, Einführung in die Theorie der elektrischen Maschinen I
W. Tutschke, Grundlagen der Funktionentheorie
W. Tutschke, Grundlagen der reellen Analysis I
H.-G. Unger, Elektromagnetische Wellen I, II
H.-G. Unger, Quantenelektronik
H.-G. Unger, Theorie der Leitungen
H.-G. Unger / W. Schultz, Elektronische Bauelemente und Netzwerke I, II
W. Wuest, Strömungsmeßtechnik

Skripten

H. Jordan / M. Weis, Asynchronmaschinen
H. Jordan / M. Weis, Synchronmaschinen I
G. Lamprecht, Einführung in die Programmiersprache FORTRAN IV
E. Macherauch, Praktikum in Werkstoffkunde
W. Schultz, Einführung in die Quantenmechanik
W. Schultz, Dielektrische und magnetische Eigenschaften der Werkstoffe

uni–text

Frank Taegen

Einführung in die Theorie der elektrischen Maschinen II

Synchron-
und Asynchronmaschine

Unter Mitarbeit von Edwin Hommes

Lehrbuch
für Elektrotechniker ab 4. Semester

Mit 125 Bildern

V

Springer Fachmedien Wiesbaden GmbH

Verlagsredaktion: *Alfred Schubert, Burkhard Anger*

ISBN 978-3-663-19865-9 ISBN 978-3-663-20203-5 (eBook)
DOI 10.1007/978-3-663-20203-5

1971

Ursprünglich erschienen bei Friedr. Vieweg + Sohn GmbH, Verlag, Braunschweig 1971

Library of Congress Catalog Card No. 70–116146

Satz: Friedr. Vieweg + Sohn GmbH, Braunschweig

Druck: E. Hunold, Braunschweig

Umschlaggestaltung: Peter Kohlhase, Lübeck

Vorwort

Der vorliegende Band über die Synchron- und Asynchronmaschine schließt an den Teil I der Einführung in die Theorie der elektrischen Maschinen an. Obwohl der erste Teil eine Reihe grundsätzlicher Probleme aller elektrischen Maschinen enthält, wurde versucht, im zweiten Teil so wenig wie möglich auf Teil I zu verweisen. Der vorliegende Band läßt sich daher auch für sich allein studieren.

Das Buch wurde so abgefaßt, daß man nach dem einführenden Abschnitt A wahlweise mit dem Studium der Synchronmaschine oder der Asynchronmaschine beginnen kann. Um die allgemeinen Grundlagen der Drehfeldtheorie anschaulich darstellen zu können, lehnt sich der Abschnitt A an die Synchronmaschine an.

Einige Kapitel, die zum Verständnis des folgenden Textes nicht unbedingt erforderlich sind, wurden wiederum durch einen ● gekennzeichnet. Dem Leser wird empfohlen, diese Teile beim ersten Studium zu übergehen.

Bei der Behandlung der Drehstrommaschinen entsteht natürlich die Frage, welche Methode zur Einführung am geeignetsten ist. Zweifellos benötigt man den geringsten Raum, wenn man von den allgemeinen Gleichungen ausgeht und sie dann transformiert. Die Beschränkung auf den stationären Fall ermöglicht andererseits eine einfache Einleitung, die das Verständnis für die physikalische Wirkungsweise und den Aufbau der Maschinen erleichtert. Daher werden in diesem Buch zunächst die stationären Betriebszustände mit Hilfe der Drehfeldtheorie dargestellt. Danach wird die allgemein gültige Theorie behandelt. Mit Rücksicht auf Umfang und Zielsetzung des Buches beschränkt sich dieser Teil auf die Asynchronmaschine.

Meinem Kollegen, Herrn Prof. Dr. Ir. F. A. W. *van den Burg,* bin ich für das freundliche Einverständnis mit der Wiedergabe seiner Stabilitätsuntersuchung und Herrn Ir. J. A. *van der Reijden* für wertvolle Hinweise und die Berechnungen auf dem Analog- und Digitalrechner sehr zu Dank verpflichtet. Besonderer Dank gebührt meinen Mitarbeitern für die Reinschrift des Manuskriptes, die Anfertigung der Zeichnungen und ihre Hilfe bei den Korrekturen. Auch den Firmen, die mir die Fotos zur Verfügung gestellt haben, und dem Verlag, der diesen Band wiederum sorgfältig betreut hat, möchte ich an dieser Stelle danken.

Delft, im Frühjahr 1971 *F. Taegen*

Inhaltsverzeichnis

Formelzeichen

a Anzahl der parallelen Zweige

A Transformationsmatrix

A Strombelag; A_{eff} effektiver-, A_w Wechsel-

b_s Nutschlitzbreite

B magnetische Induktion

c Konstante des synchronisierenden Momentes; c_d – (dynamisch)

c Drehfederkonstante

d Dämpfungskonstante; d_e – elektromagn. Ursprungs, d_m Reibungskonstante

D Dämpfungsmaß

D Bohrungsdurchmesser

E Einheitsmatrix

E elektrische Feldstärke

e, E EMK, magnetischer Schwund; E_d – der Längsachse, e_h, E_h – des Drehfeldes, E_l resultierende – der Längsachse; e_p, E_p – des Polradfeldes im Ständerwicklungsstrang; E_q – der Querachse, E_s – einer Spule, e_σ – des Streufeldes

f Frequenz

F elektrodynamische Kraft

g Umrechnungsfaktor

i, I Strom; I' auf den Läufer bezogener Anker-, i_0 Null-, I_b Blind-, i_d Längs-; I_{f0} Leerlauf-Erreger-, I_{fl} Leerlauf-Erreger- der Luftspaltkennlinie, I_k Kurzschluß-, I_{k0} Kurzschluß- bei Leerlauferregung, I_m Magnetisierungs-, I_N Nenn-, I_R Ring-, I_S Stab-

j Einheitsvektor in y-Richtung

J polares Massenträgheitsmoment; J_e – der Synchronmaschine, J_g – der Arbeits- oder Kraftmaschine.

k Kopplungsfaktor

k_c Carterscher Faktor

K Verhältnis der Windungszahlen

l Eisenlänge

L Induktivität; L_h – des Drehfeldes, L_{hw} – des Wechselhauptfeldes, L_σ – des gesamten Streufeldes, $L_{\sigma w}$ – des Streufeldes eines Wicklungsstranges, $L_{\sigma g}$ – des Streufeldes, L_{hd} – des Drehfeldes in der Längsachse, L_{hq} – des Drehfeldes in der Querachse, $\tilde{L}_w$ totale Selbst- je Wicklungsstrang des zweiphasigen Modells einer Dreiphasenmaschine

m Phasenzahl

m drehwinkelabhängige Gegeninduktivität

M Gegeninduktivität, $\tilde{M}$ – des zweiphasigen Modells einer Dreiphasenmaschine

M Drehmoment; M_e elektromagn. erzeugtes -, ΔM_e stat. synchronisierendes -, M_{eA} Anzugsmoment, M_{eK} Kippmoment, M_{eN} Nennmoment, M_g Gegenmoment, M_{g0} zeitl. konst. Gegenmoment, M_{gw} zeitl. veränderl. Gegenmoment, $M_{g\nu}$ ν-te Harmonische des Gegenmomentes, M_k – an der Kupplung, M_R Reibungsmoment

n Drehzahl; n_0 synchrone -, n_N Nenn-

N Nutenzahl

p Polpaarzahl

P Leistung; P_1 primär aufgenommene -, P_{Cu} Kupferverluste, P_{Fe} Eisenverluste, P_{me} elektromagn. erzeugte -, P_N Nenn-, P_R Reibungsverluste, P_{Zus} Zusatzverluste, P_δ Luftspalt-

q Nutenzahl je Pol und Wicklungsstrang

R Widerstand; r bezogener -, R_R – eines Ringabschnittes, R_S Stab-, R_v Vorschalt-

s Schlupf; s_K Kipp-, s_N Nenn-

S Spulenweite

t Zeit

T Zeitkonstante

u, U Spannung; u_d, U_d Längs-, U_N Nenn-, u_q, U_q Quer-

ü Reduktionsfaktor; $ü_i$ – des Stromes, $ü_w$ – der Widerstände

ü Überlastbarkeit

V magnetische Spannung; V_{Fe} – im Eisen, V_L – in der Luft

w Anzahl der in Reihe geschalteten Windungen je Wicklungsstrang

x Ortskoordinate

X Reaktanz, x bezogene Reaktanz; x_d, X_d synchrone – (der Längsachse), x_q, X_q synchrone – der Querachse, X_h Drehfeld-, X_{hd} Drehfeld- der Längsachse, X_{hq} Drehfeld- der Querachse, X_σ Streu-

y Ortskoordinate

z_n Leiterzahl einer Nut

Z Impedanz; Z_k Kurzschluß-

α Umfangskoordinate

α Phasenwinkel

β Winkel

γ Winkel
γ bezogener Widerstand
δ Luftspalt; δ' wirksamer – unter Berücksichtigung der Nutung, δ'' wirksamer – unter Berücksichtigung der Nutung und der Eisensättigung, δ_g geometrischer –, δ_m – in der Mitte der Polschuhe
δ Steigung der Gegenmoment-Schlupfkennlinie
ϵ Faktor zur Berücksichtigung des Ständerwiderstandes
ϵ räumlicher Winkel zwischen zwei Wicklungssträngen
η_1 Umfangskoordinate im elektrischen Winkel
ϑ Lastwinkel; ϑ_K – des Kippmomentes, ϑ_w zeitlich veränderlicher –
Θ Drehwinkel; Θ_0 – zur Zeit $t = 0$
Θ Durchflutung
λ Leerlauf-Kurzschlußverhältnis
μ_0 Induktionskonstante
ξ Wicklungsfaktor; ξ_z Zonenfaktor, ξ_s Sehnungsfaktor
σ Streukoeffizient
τ_p Polteilung
φ Phasenwinkel
Φ magnetischer Fluß
Ψ Spulenfluß
ω Kreisfrequenz; ω_e Eigen-, ω_m mechanische Winkelgeschwindigkeit, ω_{mg} Winkelgeschwindigkeit des inversen Strombelages, ω_r Resonanz-
Ω_ν Kreisfrequenz des ν-ten Gegenmomentes

Indizes

1 Ständer
2 Läufer
f Erreger
h Hauptfeld-
σ Streu-

Hochgestellte Zeichen

$'$ auf die andere Wicklung bezogen
$'$ transformierte Größe

T transponierte Matrix
* konjugiert komplexe Größe
* bezogene Größe
^ Scheitelwert

Unterstreichung bedeutet komplexe Größe

Fettdruck bedeutet Vektor oder Matrix

A. Allgemeines über Drehfeldmaschinen

Rotierende elektrische Maschinen dienen als Generatoren der Umwandlung mechanischer in elektrische Energie oder als Motoren der Umsetzung elektrischer in mechanische Energie. Um ihre Wirkungsweise zu begreifen, ist es daher sinnvoll, zunächst die Entstehung der Spannung im Generator und die Bedingungen für die Erzeugung eines Drehmomentes zu betrachten.

Am einfachsten läßt sich die Spannungserzeugung der Drehfeldmaschinen anhand der Synchronmaschine verstehen. Die hierbei gewonnenen Einsichten sind leicht auf die Asynchronmaschine zu übertragen.

1. Spannungs- und Drehmomenterzeugung

1.1. Spannungserzeugung

In jeder Spule einer Gleichstrommaschine tritt bekanntlich eine EMK auf, die zeitlich veränderlich ist. Verbindet man Anfang und Ende einer Spule, wie in Bild 1.1 gezeigt wird, mit zwei Schleifringen, so kann man von diesen eine Wechselspannung abnehmen. Sie ist zeitlich rein sinusförmig, sofern die Induktion längs des Umfangs sinusförmig verteilt ist. Andernfalls enthält die Spannung noch Oberschwingungen. Dem gewünschten sinusförmigen Verlauf der Induktionsverteilung längs des Umfangs kann man sich dadurch nähern, daß man den Luftspalt nicht konstant macht, sondern ihn längs des Umfangs in geeigneter Weise verlaufen läßt.

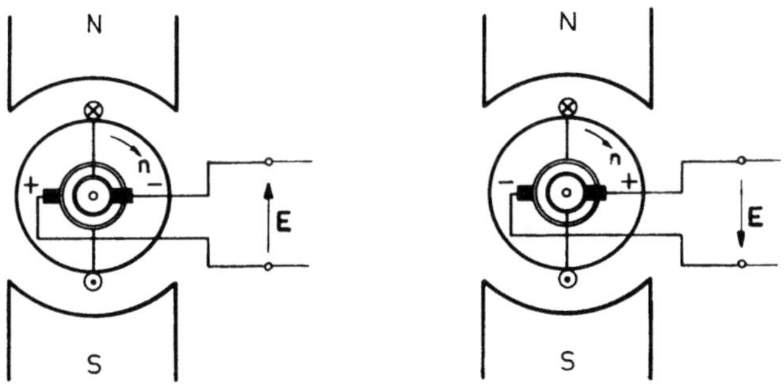

Bild 1.1
Erzeugung einer Wechselspannung (E = elektrische Feldstärke)

Es ist nun technisch nicht gut möglich, die gesamte elektrische Leistung einer großen Maschine über Schleifringe und Bürsten zu führen. Es ist ferner ungünstig, die spannungsmäßig hoch beanspruchte Wicklung den Fliehkräften auszusetzen. Daher wird bei Synchronmaschinen fast immer die induzierte Wicklung im Ständer und die Erregerwicklung im Läufer angeordnet (vgl. Bild 1.2b). Bei dieser *Innenpolmaschine* bildet der Ständer den Anker, so daß man betriebssichere feste Verbindungen zwischen der Ankerwicklung und den Anschlußkabeln herstellen kann.

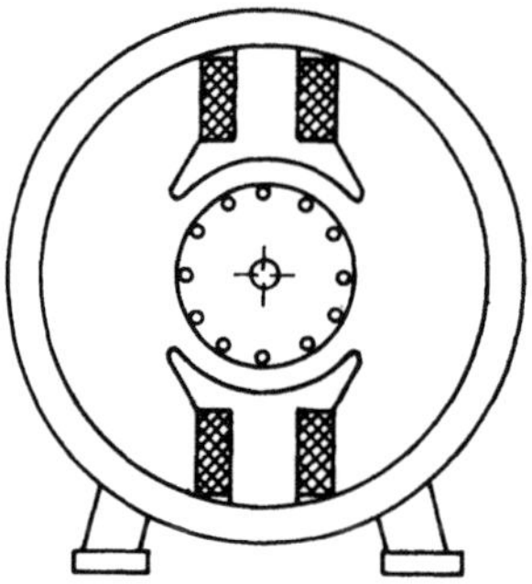

a) Außenpolmaschine b) Innenpolmaschine

Bild 1.2
Anordnung der Pole

Die einzelnen Leiter einer Ankerwicklung lassen sich nun in verschiedener Weise zu einer Wicklung zusammenfassen. Schaltet man nach Bild 1.3a eine Reihe von nebeneinanderliegenden Leitern hintereinander, so erhält man eine ***einphasige*** Wicklung, die eine einzige Wechselspannung liefert. Bild 1.3b gibt eine zweipolige Maschine wieder, in der drei ***Wicklungsstränge*** um 120° gegeneinander versetzt angeordnet sind. Die EMKe dieser drei Wicklungsstränge sind dann um eine drittel Periode zeitlich gegeneinander phasenverschoben. Diese drei Wicklungsstränge bilden gemeinsam eine ***Drehstromwicklung,*** die ein dreiphasiges Spannungssystem erzeugt. Allgemein erhält man ein m-***Phasensystem,*** indem man bei einer zweipoligen Maschine m Wicklungsstränge um den Winkel 360°/m und bei einer Maschine mit p Polpaaren um 360°/(pm) gegeneinander versetzt anordnet.

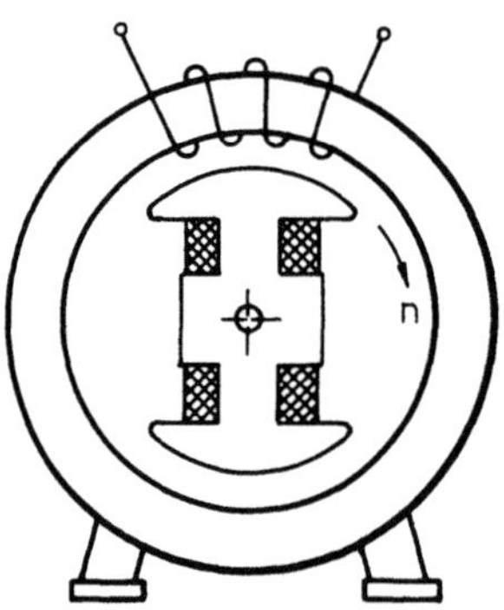

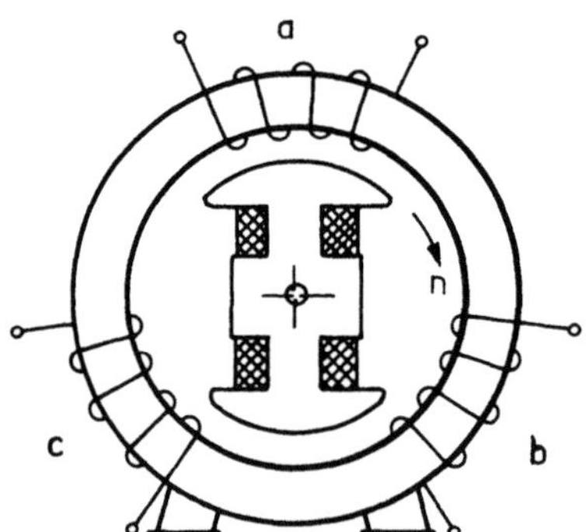

a) Einphasenwicklung b) Dreiphasenwicklung

Bild 1.3 Ein- und Mehrphasenwicklungen

Anmerkung

Bei der Zweiphasenmaschine, die zwei um 90° versetzte Spannungen liefert, sind die Wicklungen um 360°/(2 mp) versetzt anzuordnen.

Ebenso wie bei der Gleichstrommaschine sind auch bei Wechselstrommaschinen die in Bild 1.3 dargestellten „Ringwicklungen“ technisch unvorteilhaft. Daher werden die Ankerwicklungen nach Bild 1.4 ausgeführt. Hin- und Rückleiter der Windungen jedes Wicklungsstranges liegen einander diametral gegenüber. Auf diese Weise wird der Umfang der zweipoligen Maschine in 2 m ***Zonen*** aufgeteilt.

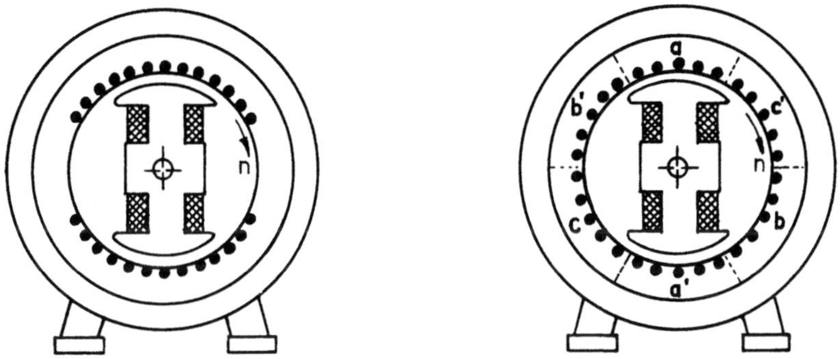

a) Einphasenwicklung b) Dreiphasenwicklung

Bild 1.4 Praktische Anordnung der Wicklungen

Leiter einer Spule, die zusammen in einer Nut liegen, bilden eine Spulenseite. Jede Spulenseite ist in Bild 1.4 mit einem Punkt bezeichnet. Zwei gegenüberliegende Punkte stellen demnach zwei Spulenseiten dar, welche durch sogenannte Wickelköpfe außerhalb des Ständereisens miteinander zu Spulen verbunden werden.

Die sechs Zonen der in Bild 1.4b dargestellten ***zweipoligen*** Dreiphasenmaschine sind in Bild 1.5 noch einmal in einer Abwicklung des Umfangs wiedergegeben. Die Hinleiter der drei Wicklungsstränge a, b und c befinden sich in den Zonen a, b und c, die jeweils um 120° gegeneinander versetzt sind. In den Zonen a′, b′ und c′ liegen die Rückleiter der entsprechenden Wicklungsstränge. Sie sind gegenüber den jeweiligen Hinleitern um 180° verschoben, wodurch die EMK eines Wicklungsstranges den größtmöglichen Wert annimmt.

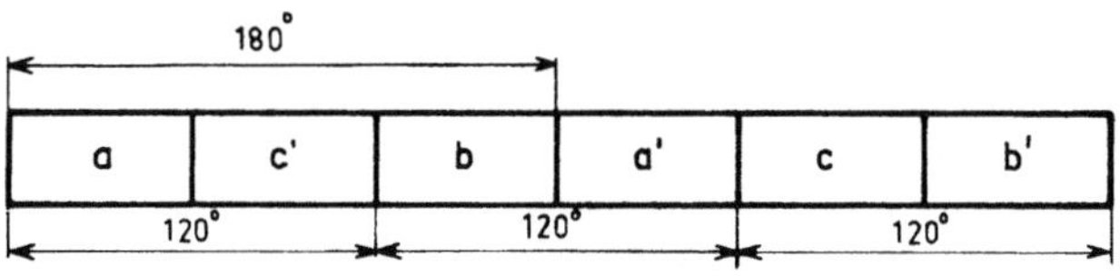

Bild 1.5 Zonenplan einer zweipoligen Dreiphasenmaschine

Die Verbindung der Hin- und Rückleiter zu Spulen geht aus Bild 1.6 hervor. Der Deutlichkeit halber ist für jeden Wicklungsstrang nur eine Spule gezeichnet. Die Spulen eines Wicklungsstranges kann man entweder in Reihe schalten oder unter bestimmten Bedingungen auch zu ***parallelen Zweigen*** zusammenfassen. Eine Parallelschaltung von Spulengruppen setzt voraus, daß die EMKe in den parallelen Zweigen nach Größe und Phasenlage gleich sind.

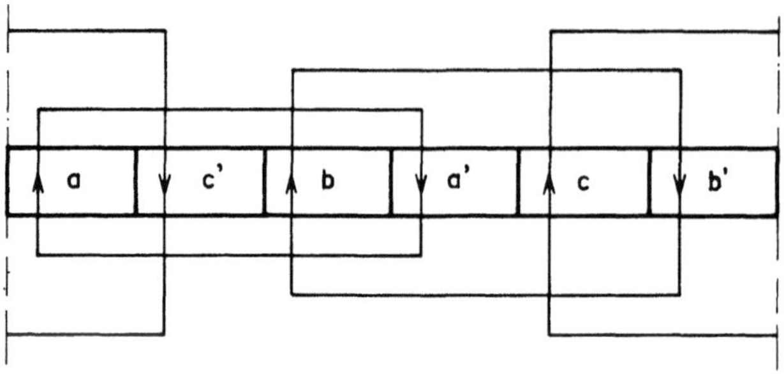

Bild 1.6
Schaltung der Leiter zu Wicklungssträngen

Hat eine Maschine p *Polpaare,* so wiederholt sich das Zonenschema p mal am Umfang. Die Zonen a, b und c sind dann gegeneinander räumlich nicht um 120° sondern um 120°/p versetzt.

1.1.1. Form und Lage der Wickelköpfe

Die Wickelköpfe ordnet man auf Zylinder- oder Kegelflächen an, deren Achsen mit der Maschinenachse zusammenfallen, oder auf Ebenen senkrecht zur Maschinenachse. Diese Möglichkeiten sind in Bild 1.7 angegeben.

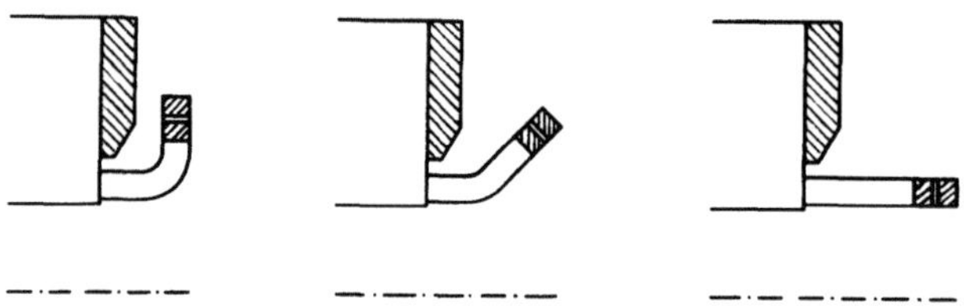

Bild 1.7
Möglichkeiten zur Anordnung der Wickelköpfe

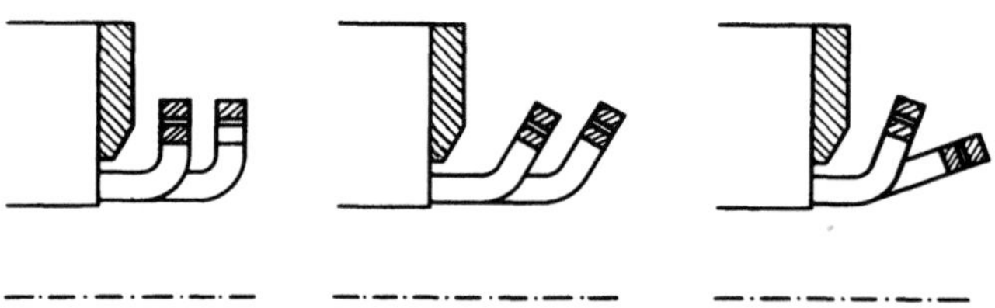

Bild 1.8
Wickelköpfe von Zweietagenwicklungen

Bei Maschinen mit mehr als einem Wicklungsstrang greifen die Spulenköpfe der einzelnen Wicklungsstränge übereinander und können daher nicht alle in der gleichen Ebene liegen. Die Wickelköpfe werden dann nach Bild 1.8 in zwei Ebenen angeordnet *(Zweietagenwicklung),* oder auch in drei Ebenen *(Dreietagenwicklung).*
Bild 1.6 stellt eine Dreietagenwicklung dar.

Nicht immer liegen die Wickelköpfe eines Stranges nur in einer Etage. Gehen die Wickelköpfe von einer Etage in eine andere über, spricht man von einer *gekröpften* oder *krummen* Spulengruppe. So kann man beispielsweise die in Bild 1.6 als Dreietagenwicklung ausgeführte Wicklung auch als Zweietagenwicklung mit gekröpften Spulen herstellen (siehe Bild 1.9).

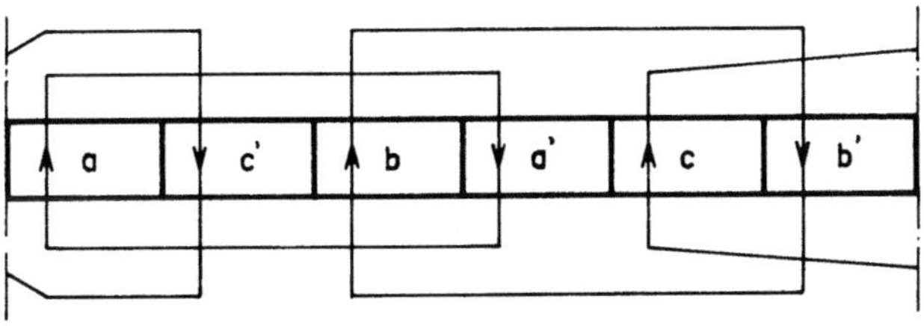

Bild 1.9
Zweietagenwicklung mit krummer Spulengruppe

1.2. Entstehung eines Drehfeldes

Die räumlich sinusförmige Verteilung der Luftspaltinduktion eines Polrades, die infolge der Drehung des Polrades gegenüber dem Ständer umläuft, bezeichnet man als *Drehfeld.* Allgemein gibt es zur Erzeugung eines Drehfeldes zwei verschiedene Möglichkeiten:

- Ein rotierendes Polrad mit einer gleichstromerregten Wicklung oder mit einem Dauermagneten,
- eine mit einem symmetrischen Mehrphasenstrom gespeiste mehrphasige Wicklung.

1.2.1. Das Drehfeld eines Polrades

Um einen analytischen Ausdruck für das Drehfeld eines Polrades zu finden, nehmen wir an:

- Das Polrad besitze 2p Pole.
- Das Polrad verursache im Luftspalt nur eine Radialkomponente der Induktion, die am Umfang sinusförmig verteilt sei.
- Der Luftspalt sei so klein, daß die Induktionen an der Ständer- und Läuferoberfläche gleich sind.
- In axialer Richtung ändere sich die Induktion nicht, so daß es genügt, einen Querschnitt durch die Maschine zu betrachten.

Wir führen für den Läufer die Umfangskoordinate α_2 (rad) ein, deren Ursprung 0_2 wir so wählen, daß er in der Mitte eines Südpoles liegt, wo die Induktion ihren Höchstwert erreicht. Den Verlauf der Luftspaltinduktion nach Bild 1.10 können wir durch den Vektor

$$\mathbf{B}_y = \mathbf{j}\, B_f$$

beschreiben, wobei $\mathbf{j}$ der Einheitsvektor in Richtung der radialgerichteten Koordinate y ist. Der Betrag des Luftspaltfeldes lautet

$$B_f = \hat{B}_f \cos p\alpha_2 . \qquad (1.1)$$

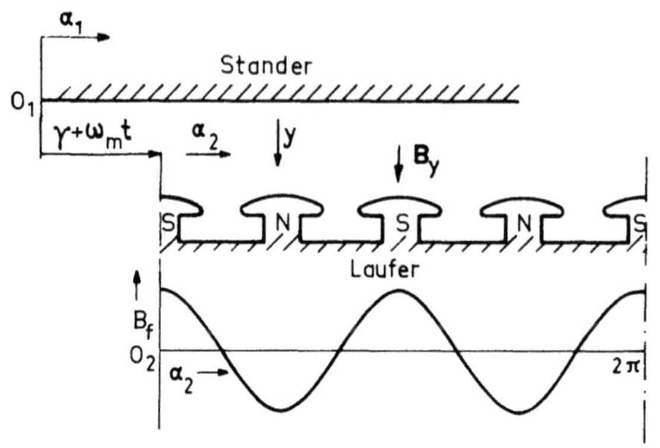

Bild 1.10
Drehfeld des Polrades mit Koordinaten

Um das Läuferfeld vom Ständer aus betrachten zu können, führen wir die in Bild 1.10 eingetragene Ständerumfangskoordinate α_1 (rad) ein, deren Ursprung 0_1 zur Zeit $t = 0$ gegenüber dem Ursprung des Läuferkoordinatensystems um den Winkel γ nach links verschoben sein möge. Bewegt sich der Läufer mit der konstanten (mechanischen) Winkelgeschwindigkeit ω_m, so gilt (vgl. Bild 1.10)

$$\boxed{\alpha_1 = \alpha_2 + \omega_m t + \gamma.} \tag{1.2}$$

Mit Hilfe der Gl. (1.2) läßt sich das Läuferfeld nach Gl. (1.1) vom Ständer aus beurteilen:

$$\boxed{B_f = \hat{B}_f \cos(p\alpha_1 - p\omega_m t - p\gamma).} \tag{1.3}$$

Führen wir hierin zur Abkürzung die Kreisfrequenz

$$\boxed{\omega = p\omega_m} \tag{1.4}$$

und den elektrischen Winkel

$$\boxed{\varphi_f = p\gamma} \tag{1.5}$$

ein, so erhalten wir

$$\boxed{B_f = \hat{B}_f \cos(p\alpha_1 - \omega t - \varphi_f).} \tag{1.6}$$

Gl. (1.6) ist der allgemeine Ausdruck für ein *Drehfeld.* In jedem festen Punkt auf der Ständeroberfläche beobachtet man eine Induktion, die sich zeitlich sinusförmig mit der Kreisfrequenz ω ändert. Beispielsweise gilt im Punkt 0_1 ($\alpha_1 = 0$):

$$\left(B_f\right)_{\alpha_1 = 0} = \hat{B}_f \cos(\omega t + \varphi_f).$$

Der räumliche Winkel γ zwischen den Koordinatenursprüngen zur Zeit $t = 0$ erscheint dabei um den Faktor p vergrößert als Zeitphasenwinkel φ_f.

|| Allgemein gilt, daß die elektrischen Winkel p mal so groß wie die mechanischen Winkel sind.

Die Kreisfrequenz ω der vom Ständer aus betrachteten Induktion hängt nach Gl. (1.4) von der mechanischen Winkelgeschwindigkeit des Polrades ω_m und der Polpaarzahl p ab. Im allgemeinen ist die Kreisfrequenz ω vorgeschrieben, so daß sich das Polrad umso langsamer drehen muß, je größer die Polpaarzahl wird.

Große schnellaufende Maschinen erhalten aus mechanischen Gründen nicht die ausgeprägten Pole nach Bild 1.3, sondern einen zylindrischen Läufer mit einer in Nuten untergebrachten Gleichstromwicklung (vgl. Bild 1.11). Auch dieser sogenannte ***Vollpolläufer*** erzeugt eine nahezu sinusförmige Verteilung der Induktion am Umfang und damit ein Drehfeld. Für die theoretische Behandlung liegt der wichtigste Unterschied gegenüber dem Polrad mit ausgeprägten Polen darin, daß der Luftspalt einer Vollpolmaschine – abgesehen von den Nuten – längs des Umfangs konstant ist.

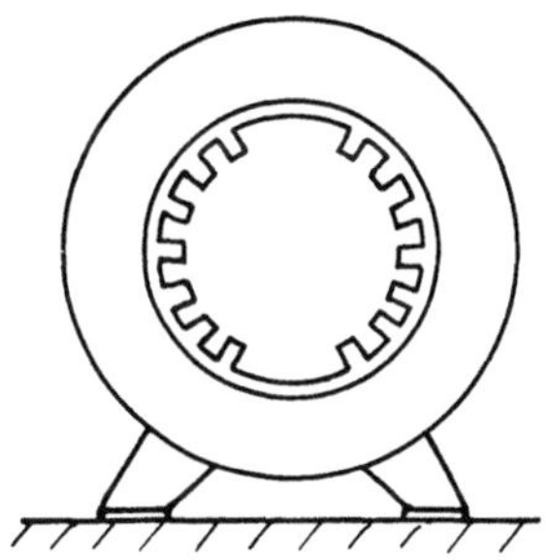

Bild 1.11
Grundsätzlicher Aufbau der Vollpolmaschine

1.2.2. Das Drehfeld einer mit Drehstrom gespeisten Wicklung

Für die Wirkungsweise der Drehfeldmaschinen ist es nun außerordentlich wichtig, daß nicht nur ein rotierendes Polrad, sondern auch eine mit einem m-phasigen Stromsystem gespeiste m-Phasenwicklung ein Drehfeld hervorruft. Am wichtigsten ist der Fall der Drehstrommaschinen mit $m = 3$, den wir im folgenden der Einfachheit halber zunächst betrachten, wobei wir außerdem einen ***konstanten Luftspalt*** voraussetzen. Zur Ermittlung dieses Drehfeldes gehen wir nach dem folgenden Schema vor:

Strombelag → Felderregerkurve → Feldkurve.

Wie bereits in Bd. I erläutert, versteht man unter dem Strombelag $A(\alpha_1, t)$ die Durchflutung einer Wicklung, bezogen auf die Längeneinheit als Funktion des Ortes α_1 und der Zeit t. Da sich der Strombelag einer Drehstromwicklung zeitlich und räumlich ändert, kann man ihn nur jeweils für einen Augenblick zeichnen.

a) Schaltung b) Ströme

Bild 1.12 Mit Drehstrom gespeiste Wicklung

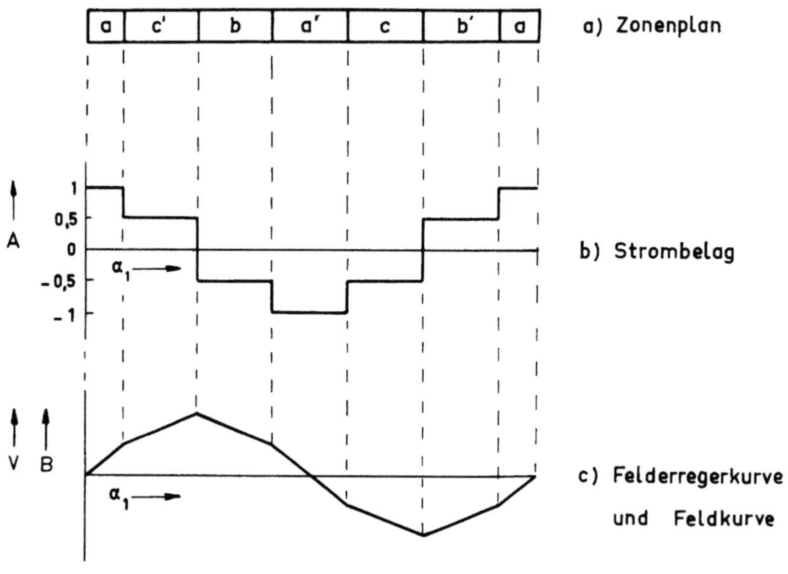

Bild 1.13 Ermittlung der Feldkurve für einen Zeitpunkt

Betrachten wir nun eine mit Drehstrom gespeiste Dreiphasenwicklung einer zweipoligen Maschine, deren Schaltung in Bild 1.12 angegeben ist. In Bild 1.13b ist der Verlauf des Strombelages dieser Maschine längs des Umfangs für den Zeitpunkt gezeichnet, daß der Strom im Wicklungsstrang a sein positives Maximum hat.
In diesem Augenblick fällt die Zeitlinie in Bild 1.12b mit der Richtung des Stromes $\underline{I}_a$ zusammen, so daß die Ströme in den Wicklungssträngen b und c negativ und halb so groß wie der Maximalwert des Stromes sind.

Durch Anwendung des Durchflutungsgesetzes auf ein Element des in Bild 1.14 mit seiner Zählrichtung dargestellten Strombelages $A(\alpha_1, t)$ erhält man, wie in

Band I Kapitel 14.4.1 gezeigt wurde, die magnetische Spannung im Luftspalt $V(\alpha_1, t)$, welche man auch als ***Felderregerkurve*** bezeichnet, zu

$$V(\alpha_1, t) = \frac{D}{2} \int A(\alpha_1, t)\, d\alpha_1 + C(t), \tag{1.7}$$

wobei D der Bohrungsdurchmesser der Maschine ist und C (t) eine Integrationskonstante bedeutet, die noch zeitabhängig sein kann.

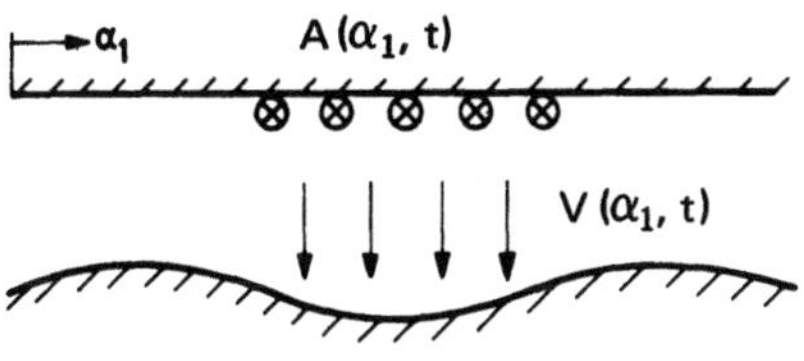

Bild 1.14
Strombelag und magnetische Spannung

Die Luftspaltinduktion ergibt sich aus der Felderregerkurve zu

$$B(\alpha_1, t) = \frac{\mu_0 V(\alpha_1, t)}{\delta(\alpha_1, t)}. \tag{1.8}$$

Hierin ist $\delta(\alpha_1, t)$ der ***effektive*** Luftspalt der Maschine.

Die Integrationskonstante C(t) können wir aus der Bedingung ermitteln, daß normalerweise kein Unipolarfluß auftritt, d. h. daß der über die Bohrungsoberfläche in den Ständer eintretende Fluß gleich dem austretenden Fluß ist:

$$\frac{D}{2} l \int_0^{2\pi} B(\alpha_1, t)\, d\alpha_1 = \frac{D}{2} l \int_0^{2\pi} \frac{\mu_0}{\delta(\alpha_1, t)} V(\alpha_1, t)\, d\alpha_1 = 0.$$

Hierin ist l die Eisenlänge des Ständers. Für den einfachsten Fall eines konstanten Luftspaltes δ bedeutet das:

$$\int_0^{2\pi} V(\alpha_1, t)\, d\alpha_1 = 0. \tag{1.9}$$

In Bild 1.13c ist die Felderregerkurve mit Hilfe der Gl. (1.7) und (1.9) ermittelt worden. Aus Gl. (1.7) geht hervor, daß der Strombelag die Steigung der Felderregerkurve bestimmt, während Gl. (1.9) angibt, daß die Flächen oberhalb und unterhalb der Abzisse gleich sein müssen. Die Feldkurve $B(\alpha_1, t)$ ergibt sich bei konstantem Luftspalt nach Gl. (1.8) aus der Felderregerkurve durch eine reine Maßstabsänderung.

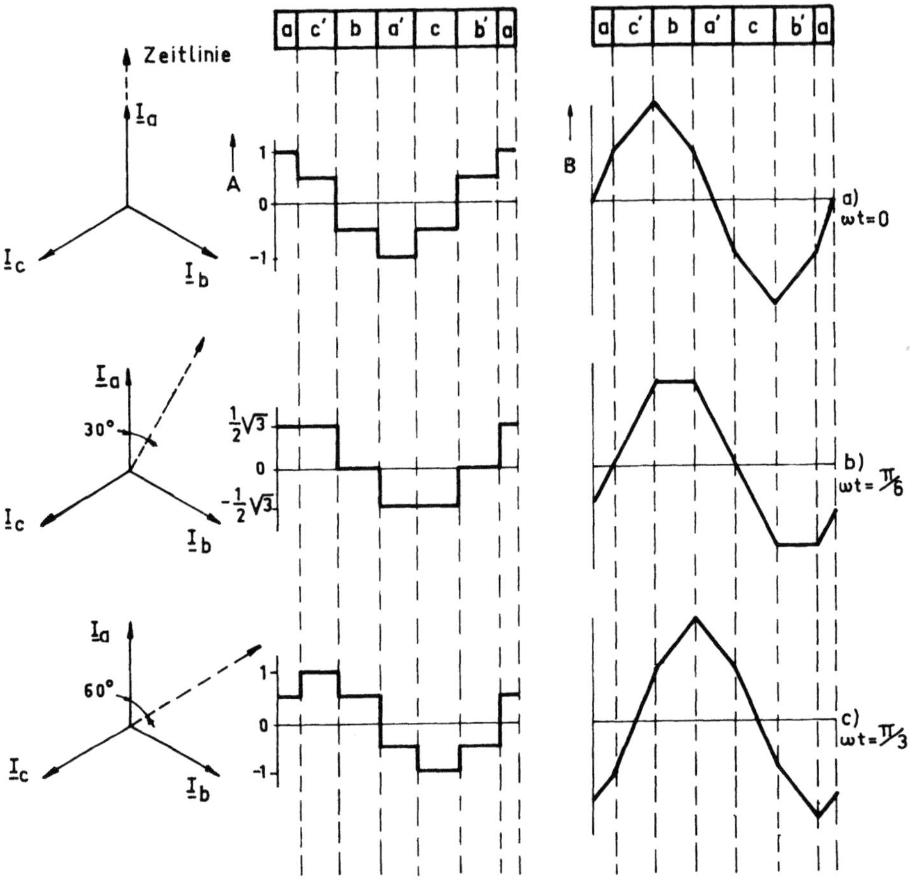

Bild 1.15 Zeitliche Veränderung des Strombelages und der Feldkurve

Strombelag und Feldkurve sind in Bild 1.15 für drei aufeinander folgende Zeitpunkte abgebildet; die Zeitlinie ist jeweils um 30° phasenverschoben. Aus dem Feldbild geht hervor, daß sich die Feldkurve im Laufe der Zeit von links nach rechts verschiebt, wobei sich gleichzeitig ihre Form verändert.

Ordnet man die Wicklung so an, daß sich die oben gezeigte Phasenfolge p mal am Umfang wiederholt, so erhält man ein Feld mit p Polpaaren. Zerlegt man die Feldkurve mit Hilfe der FOURIERanalyse in ein *Grundfeld* mit der Polpaarzahl p und eine Reihe von *Oberfeldern* mit höheren Polpaarzahlen, dann erkennt man, daß die Amplituden der so berechneten einzelnen Felder konstant bleiben, obwohl sich die Form des Gesamtfeldes zeitlich ändert. Die Verformung der Feldkurve entsteht dadurch, daß die Oberfelder mit verschiedenen Geschwindigkeiten umlaufen und dadurch ihre gegenseitige Lage wechseln.

Anmerkung

Der Strombelag ist praktisch nie gleichmäßig über eine Zone verteilt, weil die Wicklung in einzelnen Nuten untergebracht ist. Daher hat die Felderregerkurve die Gestalt einer Treppenkurve, wobei die magnetische Spannung an jeder Nut um die Nutdurchflutung springt. Hierfür ist in Bild 1.16 ein Beispiel wiedergegeben.

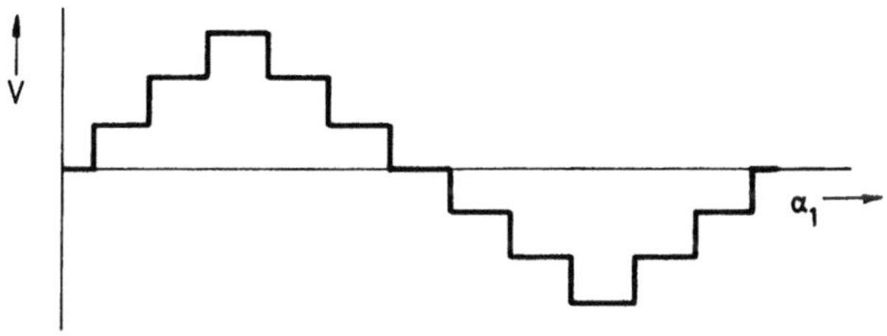

Bild 1.16 Felderregerkurve einer in Nuten verteilten Wicklung

1.3. Strombelag

Zur Berechnung des Strombelages einer Drehstromwicklung treffen wir die folgenden Voraussetzungen:

- Die Drehstromwicklung sei symmetrisch aufgebaut.
- Die Wicklung werde mit einem symmetrischen Drehstromsystem gespeist, d.h. die Ströme in den drei Wicklungssträngen haben dieselbe Frequenz, dieselbe Amplitude und gegeneinander jeweils eine Phasenverschiebung von $2\pi/3$.

Ausgangspunkt der Rechnung ist der Strombelag eines Wicklungsstranges.

1.3.1. Wechselstrombelag eines Wicklungsstranges

Der Strang a führe den Strom

$$i_a = I\sqrt{2}\cos(\omega t + \varphi). \tag{1.10}$$

Er hat einen Strombelag zur Folge, der sich mit der gleichen Kreisfrequenz ω zeitlich ändert.

Denkt man sich die Durchflutung jeder Nut gleichmäßig längs der Nutöffnung verteilt, so ergibt sich der Strombelag längs des Umfangs nach Bild 1.17b oder 1.17c. Bild 1.17b gilt für unendlich viele Nuten, Bild 1.17c für eine endliche Nutenzahl. Für den in Bild 1.17b dargestellten Fall erhalten wir den Effektivwert des Strombelages, indem wir den gesamten Strom aller Leiter der Maschine auf den Bohrungsumfang beziehen:

$$A_{eff} = \frac{m\,2w\,I}{\pi D}.$$

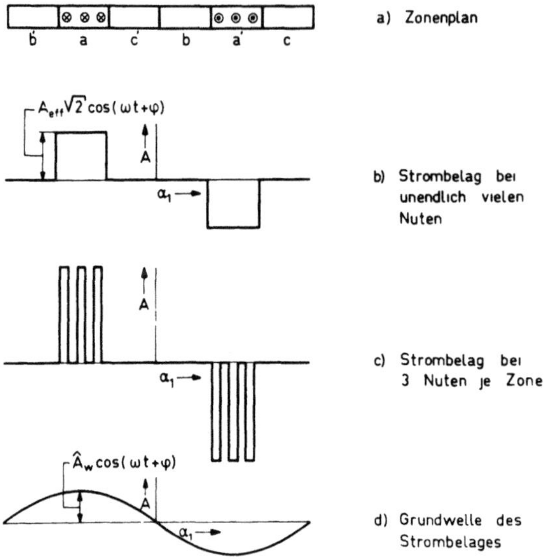

Bild 1.17
Wechselstrombelag eines Wicklungsstranges

Hierin ist

w die Anzahl der in Reihe geschalteten Windungen je Wicklungsstrang,
D der Bohrungsdurchmesser.

Dieser *effektive Strombelag* ist ein Maß für die elektrische Ausnutzung der Maschine.

Es empfiehlt sich nun, die verhältnismäßig komplizierte Verteilung des Strombelages, die sich p mal periodisch am Umfang wiederholt, einer FOURIERanalyse zu unterziehen. Hierfür legen wir den Ursprung der Umfangskoordinate α_1 (rad) – wie in Bild 1.17 dargestellt – in die magnetische Achse des Wicklungsstranges a. Dann ergibt sich die in Bild 1.17d dargestellte *Grundwelle des Wechselstrombelages* des Wicklungsstranges a zu

$$\boxed{A_a(\alpha_1, t) = -\hat{A}_w \sin p\alpha_1 \cos(\omega t + \varphi)} \tag{1.11}$$

mit der Amplitude

$$\hat{A}_w = \frac{4\sqrt{2}\,I\,w\,\xi}{\pi D} = \frac{2}{m} A_{eff}\sqrt{2}\,\xi. \tag{1.12}$$

ξ ist eine Konstante, die aus der FOURIERanalyse folgt und die man *Wicklungsfaktor* nennt. Die Durchführung der FOURIERanalyse selbst wollen wir hier übergehen. Sie ist im Anschluß an die Berechnung der EMK im *Anhang* wiedergegeben.

In entsprechender Weise liefern die beiden anderen Wicklungsstränge b und c als Grundwelle des Wechselstrombelages

$$A_b(\alpha_1, t) = -\hat{A}_w \sin p(\alpha_1 - \frac{2\pi}{3p}) \cos(\omega t + \varphi - \frac{2\pi}{3}), \tag{1.13}$$

$$A_c(\alpha_1, t) = -\hat{A}_w \sin p(\alpha_1 - \frac{4\pi}{3p}) \cos(\omega t + \varphi - \frac{4\pi}{3}). \tag{1.14}$$

Außer diesen Grundwellen ergibt die FOURIERanalyse noch Oberwellen. Der Einfachheit halber wollen wir sie in der Rechnung nicht mitführen. Es sei nur erwähnt, daß die von ihnen erzeugten Felder

- einen Teil der Streuung bilden,
- störende Nebenerscheinungen (parasitäre Drehmomente und Kräfte, Zusatzverluste, Geräusche) hervorrufen.

> Der analytische Ausdruck eines Wechselstrombelages und auch die Darstellung in Bild 1.17 lassen erkennen, daß die Grundwelle des Wechselstrombelages eine ***stehende Welle*** ist.

Die Amplituden befinden sich stets an denselben Stellen des Umfangs; es verändert sich lediglich zeitlich die Größe der Induktion an jedem Ort um denselben Faktor. Am Umfang entstehen p Wellen. Eine halbe Wellenlänge bezeichnet man als ***Polteilung.*** Im Bogenmaß ergibt sich die Polteilung zu

$$\tau_p = \frac{2\pi}{2p} = \frac{\pi}{p}. \tag{1.15}$$

1.3.2. Drehstrombelag

Die drei Wechselstrombeläge einer mit Drehstrom erregten Wicklung lassen sich zu einem einfachen Ausdruck zusammenfassen. Hierfür zerlegen wir zunächst den Wechselstrombelag des Wicklungsstranges a nach Gl. (1.11) mit Hilfe einer bekannten trigonometrischen Formel:

$$A_a(\alpha_1, t) = -\frac{\hat{A}_w}{2} \{\sin(p\alpha_1 + \omega t + \varphi) + \sin(p\alpha_1 - \omega t - \varphi)\}. \tag{1.16}$$

Ein Vergleich des zweiten Gliedes in Gl. (1.16) mit dem Drehfeld nach Gl. (1.6) läßt eine große Ähnlichkeit im mathematischen Aufbau erkennen. Offensichtlich stellt dieser zweite Anteil des Strombelages auch eine umlaufende Welle dar. Analog zu der Bezeichnung „Drehfeld“ nennt man sie ***Drehstrombelag.***

Betrachten wir nun den ersten Term der Gl. (1.16), den wir mit $A_{ag}(\alpha_1, t)$ bezeichnen wollen:

$$A_{ag}(\alpha_1, t) = -\frac{\hat{A}_W}{2}\sin(p\alpha_1 + \omega t + \varphi). \qquad (1.17)$$

Zum Zeitpunkt $t = 0$ ist dieser Strombelag

$$A_{ag}(\alpha_1, 0) = -\frac{\hat{A}_W}{2}\sin(p\alpha_1 + \varphi)$$

sinusförmig am Umfang verteilt (vgl. Bild 1.18).

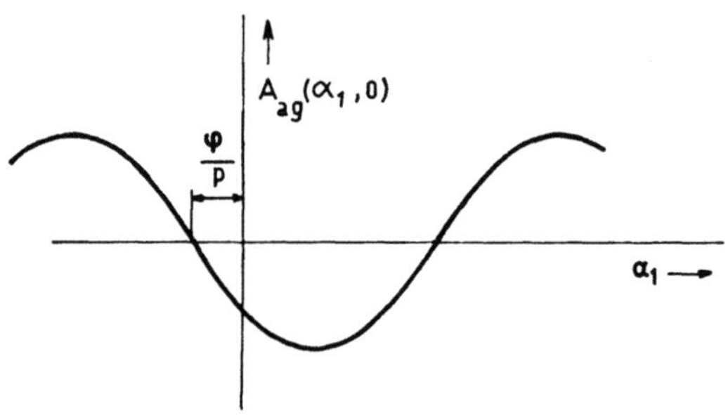

Bild 1.18
Augenblickswert des gegenlaufenden Drehstrombelages

Wir können nun das Glied ωt in Gl. (1.17) als gleichmäßig mit der Zeit anwachsenden Zuschlag zu dem Winkel φ betrachten. Die Verteilung des Strombelages $A_{ag}(\alpha_1, t)$ verschiebt sich demnach mit konstanter Winkelgeschwindigkeit nach links. Um die Größe dieser Winkelgeschwindigkeit zu bestimmen, betrachten wir einen festen Punkt auf der Sinuskurve. Für diesen gilt

$$(p\alpha_1 + \omega t + \varphi) = \text{konst.}$$

Die Winkelgeschwindigkeit $\omega_{mg} = \frac{d\alpha_1}{dt}$, mit der dieser Punkt und damit auch der Drehstrombelag umläuft, finden wir durch Differenzieren nach der Zeit

$$\frac{d\alpha_1}{dt} = -\frac{\omega}{p} = \omega_{mg}.$$

Der Strombelag $A_{ag}(\alpha_1, t)$ ist auch ein Drehstrombelag, der in entgegengesetzter Richtung wie das Drehfeld umläuft. Die Gl. (1.16) sagt demnach aus:

Ein Wechselstrombelag läßt sich in zwei in entgegengesetzten Richtungen umlaufende Drehstrombeläge halber Amplitude zerlegen.

Für die Wicklungsstränge b und c liefert diese Zerlegung

$$A_b(\alpha_1, t) = -\frac{\hat{A}_W}{2}\left\{\sin(p\alpha_1 + \omega t + \varphi - \frac{4\pi}{3}) + \sin(p\alpha_1 - \omega t - \varphi)\right\},$$

$$A_c(\alpha_1, t) = -\frac{\hat{A}_W}{2}\left\{\sin(p\alpha_1 + \omega t + \varphi - \frac{2\pi}{3}) + \sin(p\alpha_1 - \omega t - \varphi)\right\}.$$

Der Strombelag der ganzen Wicklung $A(\alpha_1, t)$ ist die Summe der Strombeläge der drei Wicklungsstränge

$$\begin{aligned} A(\alpha_1, t) &= A_a(\alpha_1, t) + A_b(\alpha_1, t) + A_c(\alpha_1, t) \\ &= -\frac{3}{2}\hat{A}_W \sin(p\alpha_1 - \omega t - \varphi). \end{aligned} \tag{1.18}$$

Ein symmetrisches Drehstromsystem erzeugt in einer symmetrischen Drehstromwicklung einen Drehstrombelag, dessen Amplitude 3/2 mal so groß ist wie die Amplitude des Wechselstrombelages eines Wicklungsstranges. Die gegenlaufenden Drehstrombeläge der drei Wicklungsstränge heben sich auf.

Man kann leicht zeigen, daß allgemein für eine symmetrisch gespeiste symmetrische m-Phasenwicklung gilt:

$$\boxed{A(\alpha_1, t) = -\frac{m}{2}\hat{A}_W \sin(p\alpha_1 - \omega t - \varphi)\ .} \tag{1.19}$$

Voraussetzung hierfür ist, daß der räumliche Winkel zwischen zwei aufeinander folgenden Wicklungssträngen 1/p mal so groß ist wie die Phasenverschiebung zwischen den Strömen dieser Wicklungsstränge und daß die Ströme alle die gleiche Amplitude haben.

Bei unsymmetrischer Speisung oder unsymmetrischen Wicklungen entstehen im allgemeinen zwei Drehstrombeläge mit verschiedenen Amplituden, die mit gleicher Winkelgeschwindigkeit in entgegengesetzten Richtungen umlaufen. Diese beiden Drehstrombeläge bilden zusammen einen sogenannten „elliptischen Drehstrombelag". Das von ihm erzeugte Luftspaltfeld nennt man ein ***elliptisches Drehfeld***.

Vertauscht man die Speisung zweier Wicklungsstränge einer Drehstromwicklung miteinander, so ergibt sich der resultierende Strombelag zu

$$A(\alpha_1, t) = -\frac{3}{2}\hat{A}_W \sin(p\alpha_1 + \omega t + \varphi).$$

Der Drehstrombelag kehrt seine Drehrichtung um, wenn man zwei Netzanschlüsse eines Drehstrommotors miteinander vertauscht. Mit dieser Maßnahme läßt sich die Richtung des Drehmomentes und auch die Drehrichtung des Läufers beeinflussen.

1.4. Berechnung des Drehfeldes

Der Berechnung des Drehfeldes legen wir die folgenden Voraussetzungen zugrunde:

- Der Luftspalt sei längs des Umfangs konstant, d. h. die Einflüsse der Nuten und eventueller exzentrischer Verlagerungen des Läufers werden vernachlässigt. Hierdurch ergeben sich insbesondere bei der mit kleinem Luftspalt ausgeführten Asynchronmaschine Abweichungen der Theorie vom wirklichen Verhalten der Maschine.
- Die Permeabilität des Eisens sei konstant.
- Der Einfluß der magnetischen Sättigung lasse sich durch einen Zuschlag zum Luftspalt berücksichtigen. Dieser Sättigungszuschlag hängt vom Betriebszustand der Maschine ab. Die Nichtlinearität des Eisens stellt die zweite wesentliche Einschränkung für die Gültigkeit der Theorie dar.
- Die Induktion sei in axialer Richtung konstant, d. h. die Randeinflüsse an den Stirnseiten der Maschine werden vernachlässigt.
- Das Luftspaltfeld verlaufe nur in radialer Richtung.
- Der Luftspalt sei so klein, daß die Krümmung der Ständer- und Läuferoberfläche vernachlässigt werden darf.

Die beiden letzten Voraussetzungen sind umso besser erfüllt, je kleiner der Luftspalt im Verhältnis zur Polteilung des betrachteten Drehfeldes ist. Im Falle der Synchronmaschine mit ihrem verhältnismäßig großen Luftspalt ergibt die Tangentialkomponente des Grundfeldes einen merkbaren Beitrag zur Streuung.

Unter den genannten Voraussetzungen gilt der allgemeine Zusammenhang zwischen dem Strombelag $A(\alpha_1, t)$ und der Felderregerkurve $V(\alpha_1, t)$ nach Gl. (1.7):

$$V(\alpha_1, t) = \frac{D}{2} \int A(\alpha_1, t)\, d\alpha_1 + C(t).$$

Wegen des konstanten Luftspaltes finden wir die Integrationskonstante $C(t)$ mit Hilfe der Gl. (1.9) zu

$$C(t) = -\frac{1}{2\pi} \int_0^{2\pi} \left[\frac{D}{2} \int A(\alpha_1, t)\, d\alpha_1 \right] d\alpha_1 .$$

Führt man für $A(\alpha_1, t)$ einen beliebigen Drehstrombelag, beispielsweise Gl. (1.19) ein, so ergibt sich

$$C(t) = 0,$$

und wir erhalten unter Verwendung der Gl. (1.8) das aus einem oder mehreren Drehfeldern aufgebaute Luftspaltfeld:

$$\boxed{B(\alpha_1, t) = \frac{\mu_0}{\delta} \frac{D}{2} \int A(\alpha_1, t)\, d\alpha_1 \quad .} \tag{1.20}$$

Den Einfluß der Nuten auf das Grundfeld kann man näherungsweise durch einen Zuschlag zum geometrischen Luftspalt δ_g berücksichtigen. Der scheinbare Luftspalt wird dann

$$\delta' = \delta_g k_c. \tag{1.21}$$

k_c ist der sogenannte CARTERsche Faktor. Er ist größer als 1. Durch eine weitere Vergrößerung des Luftspaltes erfaßt man den Einfluß der magnetischen Spannung im Eisen und erhält

$$\delta'' = \delta' \left(\frac{V_L + V_{Fe}}{V_L} \right). \tag{1.22}$$

Hierin sind V_L und V_{Fe} die magnetischen Spannungen in der Luft und im Eisen. Für praktische Berechnungen gilt dann stets

$$\delta = \delta''. \tag{1.23}$$

1.4.1. Drehfeld eines Drehstrombelages

Der Drehstrombelag $A(\alpha_1, t)$ nach Gl. (1.19) erzeugt das mit Hilfe der Gl. (1.20) berechnete Drehfeld

$$\boxed{B(\alpha_1, t) = \hat{B} \cos(p\alpha_1 - \omega t - \varphi)} \tag{1.24}$$

mit der Amplitude

$$\boxed{\hat{B} = \mu_0 \frac{m\, w\, \xi\, I \sqrt{2}}{\pi\, p\, \delta''} \; .} \tag{1.25}$$

Anmerkung

Da sich ein Wechselfeld aus zwei Drehfeldern zusammensetzt, gilt Gl. (1.20) auch zur Berechnung von Wechselfeldern. Damit geht aus Kapitel 1.3.2 hervor, daß die Amplitude des Drehfeldes einer m-phasigen Wicklung m/2 mal so groß ist wie die Amplitude des Wechselfeldes eines Wicklungsstranges:

$$\hat{B}_{\text{Drehfeld}} = \frac{m}{2} \hat{B}_{\text{Wechselfeld}} \cdot$$

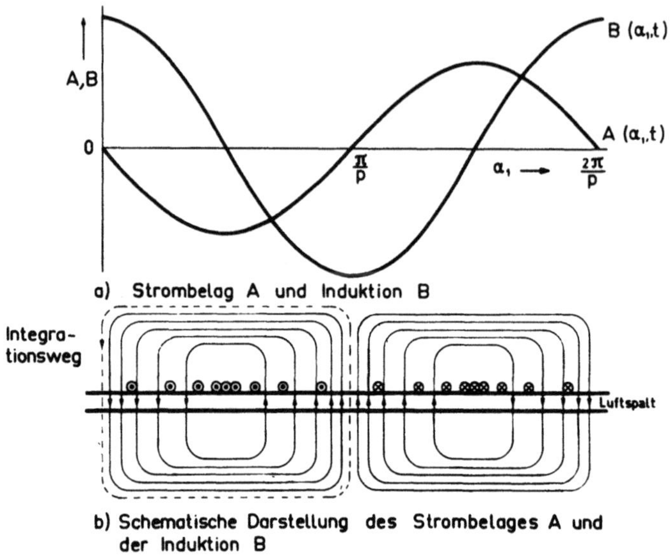

Bild 1.19 Verteilung von Strombelag und Drehfeld

Das Drehfeld nach Gl. (1.24) ist zusammen mit dem erzeugenden Drehstrombelag in Bild 1.19a für einen festen Zeitpunkt ($\omega t + \varphi = 0$) wiedergegeben. Man erkennt deutlich, daß das Drehfeld seinem Strombelag um eine halbe Polteilung vorausläuft. Bild 1.19b veranschaulicht die Verteilung der beiden Größen längs des Umfangs. Dieser Verlauf des Ständerfeldes ist in Bild 1.20 noch einmal für eine Synchronmaschine mit stromlosem Läufer dargestellt. Aus der Zeichnung geht die Veränderung der Induktion längs des Umfangs hervor. Die harmonische Analyse ermöglicht es, diese Induktionsverteilung in räumlich sinusförmige Anteile zu zerlegen.

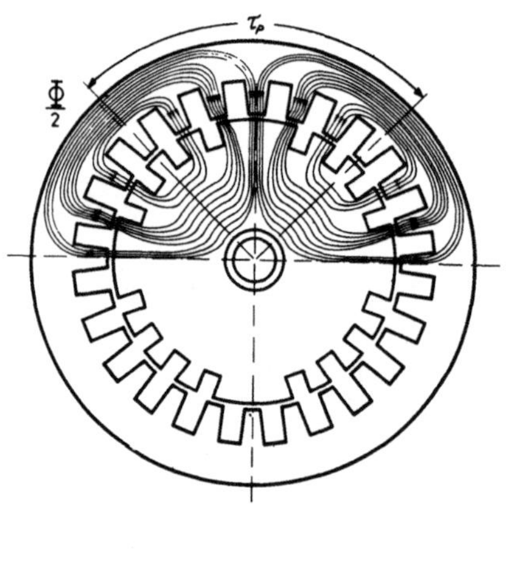

Bild 1.20 läßt ferner erkennen, daß der dem Drehfeld entsprechende Fluß die Wicklungen des Ständers durchsetzt. Seine Größe in einer Spule ergibt sich durch Integration der Luftspaltinduktion über die Spulenfläche. Wegen der Drehung des Drehfeldes mit dem Läufer ändert sich der Fluß in jeder Spule zeitlich und verursacht eine EMK.

Bild 1.20
Das magnetische Feld in einer Vollpolmaschine

Anmerkung

In der Literatur findet man häufig den Begriff der Durchflutung eines Drehstrombelages, den man auch als ***Drehdurchflutung*** Θ bezeichnet. Hierunter versteht man das bestimmte Integral des Strombelages über eine Polteilung:

$$\Theta(t) = -\int_0^{\pi/p} A(\alpha_1, t)\,\frac{D}{2}\,d\alpha_1 .$$

Die Auswertung liefert

$$\Theta(t) = \hat{\Theta}\cos(\omega t + \varphi)$$

mit der Amplitude

$$\hat{\Theta} = \frac{2\,m\,w\,\xi\,I\sqrt{2}}{\pi\,p} .$$

Der Phasenwinkel der Drehdurchflutung φ ist der gleiche wie derjenige des Stromes. Θ wird oft als Diagrammvektor dargestellt.

In Bild 1.19b ist ein Integrationsweg eingetragen, der im Luftspalt am Orte der maximalen Induktion $\hat{B}$ liegt und der außerdem die Amplitude der Drehdurchflutung $\hat{\Theta}$ umschließt. Wenden wir hierauf das Durchflutungsgesetz an, so finden wir eine Beziehung zwischen der Amplitude des Drehfeldes und der Amplitude der Drehdurchflutung:

$$\hat{B} = \hat{\Theta}\,\frac{\mu_0}{2\,\delta''} .$$

Im folgenden werden wir die Drehdurchflutung nicht benutzen.

1.4.2. Drehfeld eines Vollpolläufers

Wie in Kapitel 1.2.1 gezeigt wurde, ist das Läuferfeld eines Polrades vom Ständer aus betrachtet ein Drehfeld. Der Erregergleichstrom

$$i_f = I_f \tag{1.26}$$

verursacht auf dem Rotor einen Strombelag, der in Bild 1.21 dargestellt ist. Hierbei wird die gesamte Nutdurchflutung gleichmäßig längs der Nutöffnung verteilt angenommen. Der Ursprung des Läuferkoordinatensystems α_2 befindet sich in der Mitte des unbewickelten Teiles des Läufers.

Mit Hilfe der FOURIERanalyse erhält man die Grundwelle des Strombelages

$$A_f(\alpha_2) = -\hat{A}_f \sin p\alpha_2 . \tag{1.27}$$

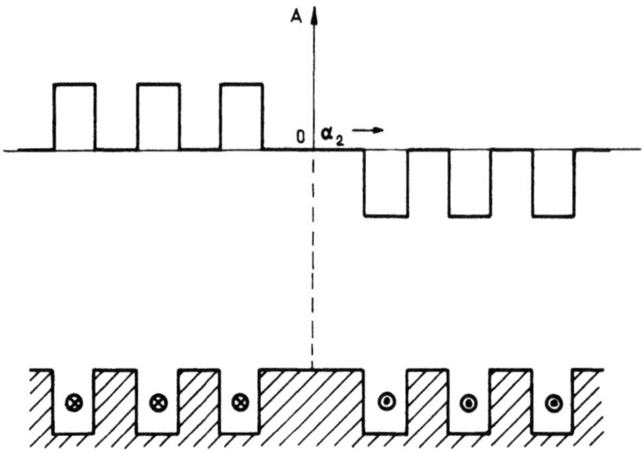

Bild 1.21
Strombelag eines Vollpolläufers

Hierin ist die Amplitude

$$\hat{A}_f = \frac{4\, I_f\, w_f\, \xi_f}{\pi D}. \tag{1.28}$$

Der Index f weist darauf hin, daß die Läuferwicklung des Polrades die „Feldwicklung“ ist.

Die Amplitude $\hat{A}_f$ läßt sich auch aus Gl. (1.12) entnehmen, wenn man den Scheitelwert des Wechselstromes $I\sqrt{2}$ durch den „Scheitelwert“ des Gleichstromes I_f ersetzt, sowie die Windungszahl der Erregerwicklung w_f und ihren Wicklungsfaktor ξ_f einführt.

Die Induktion des vom Läuferstrombelag hervorgerufenen Luftspaltfeldes, kurz *Läuferfeld* genannt, erhält man mit Hilfe der Gl. (1.20) zu

$$B_f(\alpha_2) = \hat{B}_f \cos p\alpha_2. \tag{1.29}$$

Das Läuferfeld hat die Amplitude

$$\hat{B}_f = \mu_0 \frac{2\, w_f\, \xi_f\, I_f}{p\, \pi\, \delta''}. \tag{1.30}$$

Mit Hilfe der Koordinatentransformation nach Gl. (1.2) läßt sich das Läuferfeld vom Ständer aus betrachten:

$$B_f(\alpha_1, t) = \hat{B}_f \cos(p\alpha_1 - p\,\omega_m t - p\gamma). \tag{1.31}$$

Dieses Läuferfeld bildet gemeinsam mit dem Ständerstrombelag ein Drehmoment. Wie in Kapitel 1.6 gezeigt wird, ist das Drehmoment nur dann zeitlich konstant, wenn das Läuferfeld und damit der Läufer mit derselben Geschwindigkeit umläuft wie die Drehstrombelagswelle des Ständers. Hierzu muß nach den Gl. (1.19) und (1.31) gelten:

$$\boxed{\omega_m p = \omega.} \tag{1.32}$$

Die Maschine kann daher nur dann stationär arbeiten, wenn der Läufer *synchron* mit dem Ständerstrombelag umläuft.

Zur Abkürzung führen wir den Winkel

$$\varphi_f = p\gamma \tag{1.33}$$

ein, der in Gl. (1.31) den gleichen Charakter wie der Phasenwinkel eines Wechselstromes in Gl. (1.19) besitzt. Wir erinnern uns daran, daß er p mal so groß wie der Abstand der Koordinatenursprünge des Ständers und Läufers zur Zeit $t = 0$ ist und damit aus einer Verdrehung des Polrades hervorgeht. Wir werden später sehen, daß der Winkel φ_f von der mechanischen Belastung abhängt. Mit Hilfe der Gl. (1.32) und (1.33) erhalten wir schließlich die Grundwelle des Läuferfeldes der Vollpolmaschine zu

$$\boxed{B_f(\alpha_1, t) = \hat{B}_f \cos(p\alpha_1 - \omega t - \varphi_f).} \tag{1.34}$$

1.5. Elektromotorische Kraft (EMK)

Um die Spannungsgleichung für einen Wicklungsstrang einer Drehfeldmaschine aufstellen zu können, benötigt man die EMK dieses Wicklungsstranges. Wir wollen daher der Frage nachgehen, welche EMK ein beliebiges Drehfeld in einem Wicklungsstrang hervorruft. Hierzu muß der Aufbau der Wicklung bekannt sein.

Anmerkung

Wie in Band I erläutert wurde, verstehen wir unter der EMK e die negative zeitliche Änderung des Spulenflusses Ψ einer Wicklung

$$e \equiv -\frac{d\Psi}{dt}.$$

Diese Größe wird nach EMDE auch als *magnetischer Schwund* bezeichnet.

Am einfachsten läßt sich die EMK einer sogenannten *ungesehnten Ganzlochwicklung* berechnen. Diese Wicklung wurde bereits in Kapitel 1.1 beschrieben. Sie ist dadurch gekennzeichnet, daß sie im Falle des Drehstromes für jedes Polpaar sechs Zonen am Umfang besitzt. In jeder Zone liegt die gleiche ganze Anzahl von Nuten. Die Leiter jeder Zone werden mit den um eine Polteilung entfernt liegenden Leitern zu Spulen zusammengefaßt. Die Spulen eines Wicklungsstranges kann man in Reihe oder – unter bestimmten Voraussetzungen – auch teilweise parallel schalten.

Dementsprechend empfiehlt es sich, die EMK in zwei Teilschritten zu berechnen:

- Man bestimmt die EMK einer Spule.
- Man summiert die EMKe aller in Reihe geschalteten Spulen eines Wicklungsstranges.

Für die Berechnung der EMK in Reihe geschalteter Spulen spielt die technische Ausführung der Wickelköpfe keine Rolle. So ist beispielsweise die EMK der beiden in Bild 1.22 dargestellten Wicklungsstränge einer 3-Lochwicklung gleich. Daher dürfen wir der Berechnung die in Bild 1.22a gezeichnete Wicklung mit Spulen gleicher Weite auch dann zugrunde legen, wenn die Wicklung tatsächlich nach Bild 1.22b ausgeführt ist.

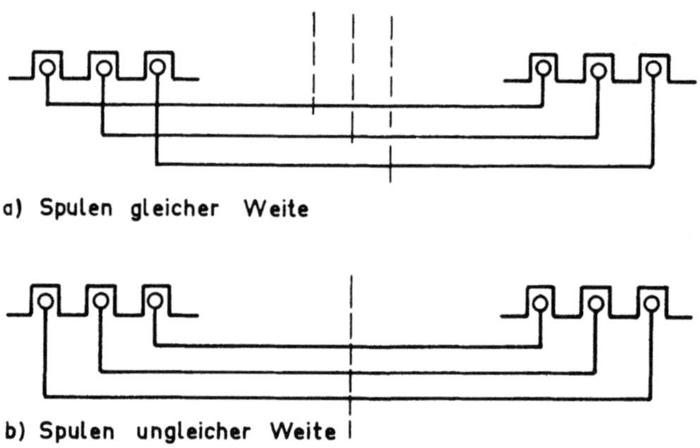

Bild 1.22 Zwei Wicklungen mit der gleichen Drehfeld-EMK

1.5.1. EMK einer ungesehnten Windung

Im einfachsten Fall besteht eine Drehstromwicklung aus Spulen, deren Hin- und Rückleiter um eine Polteilung τ_p entfernt sind. Eine solche Wicklung nennt man *ungesehnt*.

Wir wollen untersuchen, welche EMK e_s ein beliebiges Drehfeld

$$B_i(\alpha_1, t) = \hat{B}_i \cos(p\alpha_1 - \omega t - \varphi_i) \tag{1.35}$$

in einer ungesehnten Spule mit einer Windung hervorruft. Liegt die Spule so, daß ihre Achse mit dem Ursprung der Koordinate α_1 zusammenfällt (Bild 1.23), so gilt

$$e_s = -\frac{d\Phi}{dt} = -\frac{d}{dt} \int_{-\pi/2p}^{+\pi/2p} B_i(\alpha_1, t)\, l\, \frac{D}{2}\, d\alpha_1 , \tag{1.36}$$

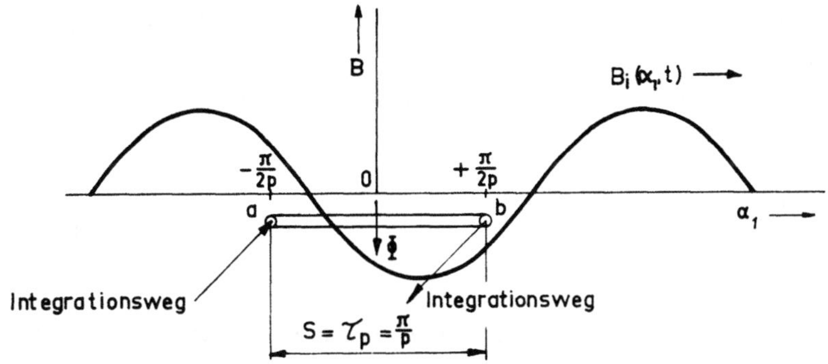

Bild 1.23 Zur Berechnung der EMK einer ungesehnten Spule

wobei l die Eisenlänge bedeutet. Die Ausrechnung ergibt

$$e_s = \frac{\hat{B}_i D l}{p} \omega \sin(\omega t + \varphi_i). \tag{1.37}$$

1.5.2. EMK eines Wicklungsstranges

Hat jeder Wicklungsstrang w in Reihe geschaltete ungesehnte Windungen, dann wäre die EMK eines Stranges we_s, sofern die EMKe aller Windungen die gleiche Phasenlage hätten. Im allgemeinen enthält jedoch jede Zone mehrere Nuten, so daß die EMKe der in benachbarten Nuten eines Wicklungsstranges liegenden Spulen gegeneinander phasenverschoben sind. Deshalb ist die EMK eines Stranges kleiner als we_s. Den Einfluß der Wicklungsverteilung, sowie auch eventueller Abweichungen der Spulenweite von einer Polteilung berücksichtigt man durch den sogenannten Wicklungsfaktor ξ, der stets ein wenig kleiner als 1 ist. Die Berechnung des Wicklungsfaktors ist im Anhang näher erläutert.

Es zeigt sich nun, daß die aus der EMK ermittelten Wicklungsfaktoren die gleichen sind, die bei der Berechnung des Strombelages auftreten (s. Anhang).

Die EMK des Drehfeldes nach Gl. (1.35) im Ständerwicklungsstrang a ist demnach

$$e_a = w \xi e_s = \hat{B}_i w \xi \frac{Dl}{p} \omega \sin(\omega t + \varphi_i). \tag{1.38}$$

Verstehen wir unter dem Drehfeld das Ständerdrehfeld nach Gl. (1.24), so haben wir $\hat{B}_i$ durch $\hat{B}$ und φ_i durch φ zu ersetzen. Dann wird die zugehörige EMK

$$\boxed{e_h = \omega L_h I \sqrt{2} \sin(\omega t + \varphi),} \tag{1.39}$$

wobei der Index h darauf hinweist, daß wir das Drehfeld als das Hauptfeld betrachten wollen.

Zur Abkürzung wurde in Gl. (1.39) die Hauptinduktivität des Drehfeldes, kurz *Drehfeldinduktivität* genannt, eingeführt. Sie ergibt sich zu:

$$L_h = \frac{\mu_0\, m (w\, \xi)^2\, D\, l}{p^2\, \pi\, \delta''} . \tag{1.40}$$

Die Drehfeldinduktivität L_h ist die Proportionalitätskonstante zwischen dem Strangstrom und dem von ***allen*** m Wicklungssträngen in einem Wicklungsstrang hervorgerufenen Spulenfluß des Hauptfeldes.

In der Induktivität L_h tritt das Produkt $w\, \xi$ quadratisch auf, weil einerseits die Amplitude des Feldes und zum andern der von der Wicklung umfaßte Spulenfluß von ihm abhängen.

Zusammenfassend können wir feststellen:

- Die Ströme in der Ständerwicklung erzeugen ein Drehfeld.
- Das Drehfeld hat in jedem Ständerwicklungsstrang eine EMK zur Folge.
- Die EMK jedes Wicklungsstranges eilt dem zugehörigen Strangstrom um 90° nach.

Anmerkung

Da das Drehfeld m/2 mal so groß ist wie das Wechselfeld eines Wicklungsstranges, ist die Drehfeldinduktivität L_h ebenfalls m/2 mal so groß wie die *Wechselfeldinduktivität* L_{hw}:

$$L_h = \frac{m}{2}\, L_{hw} . \tag{1.41}$$

Die Wechselfeldinduktivität liefert den Zusammenhang zwischen dem Strom in *einem* Wicklungsstrang und der EMK des Hauptfeldes, die dieser Strom in dem eignen Strang hervorruft, wenn alle anderen Wicklungsstränge stromlos sind.

Die EMK im Ständerwicklungsstrang a, die durch das *Läuferdrehfeld* eines Polrades entsteht, läßt sich in entsprechender Weise bestimmen. Dazu setzen wir $\hat{B}_i = \hat{B}_f$ und $\varphi_i = \varphi_f$ und finden

$$e_p = \omega\, M\, I_f \sin(\omega t + \varphi_f) , \tag{1.42}$$

wenn wir zur Abkürzung die Gegeninduktivität

$$M = \frac{\mu_0 \, 2(w\,\xi)\,(w_f\,\xi_f)\,D\,l}{p^2\,\pi\,\delta''} \tag{1.43}$$

einführen.

Anmerkung

Man erhält dieselbe EMK e_p, wenn man die Läuferwicklung eines Polrades mit einem Wechselstrom

$$i_f = I_f \cos(\omega t + \varphi_f)$$

erregt und hierbei den Läufer in der Stellung festhält, in der die Achsen der Läuferwicklung und des entsprechenden Ständerwicklungsstranges zusammenfallen. Daher bezeichnet man M auch als Gegeninduktivität zwischen der Läuferwicklung und einem Ständerwicklungsstrang (vgl. auch Kapitel 11.1).

Führen wir die Effektivwerte der EMKe E_h und E_p ein, so können wir schreiben:

$$e_h = E_h\,\sqrt{2}\,\sin(\omega t + \varphi), \tag{1.44}$$

$$e_p = E_p\,\sqrt{2}\,\sin(\omega t + \varphi_f). \tag{1.45}$$

Durch Vergleich mit den Gl. (1.39) und (1.42) finden wir

$$E_h = \omega\,L_h\,I, \tag{1.46}$$

$$E_p = \omega\,M \frac{I_f}{\sqrt{2}}. \tag{1.47}$$

Außer der Polrad-EMK e_p und der EMK des Ständerdrehfeldes e_h tritt im Ständerwicklungsstrang noch eine EMK e_σ von den Streufeldern des Ständers auf.

Die Streufelder des Ständers bestehen aus:

- *Nutenstreufeld* (Bild 1.24).
- *Luftspaltstreufeld.* Das Luftspaltstreufeld kann man aus den höheren Harmonischen des Drehfeldes berechnen, wobei man dann allerdings auch die Tangentialkomponente des magnetischen Feldes im Luftspalt zu berücksichtigen hat.
- *Stirnstreufeld.* Bild 1.25 gibt das Feld der Ständerströme im Bereich der Wickelköpfe wieder. Es ist nur teilweise mit dem Läufer verkettet. Dieses Feld denkt man sich ersetzt durch eine – vernachlässigbar geringe – Vergrößerung des Hauptfeldes und ein Stirnstreufeld nach dem Schema des Bildes 1.26, welches nur mit der eigenen Wicklung verkettet ist.

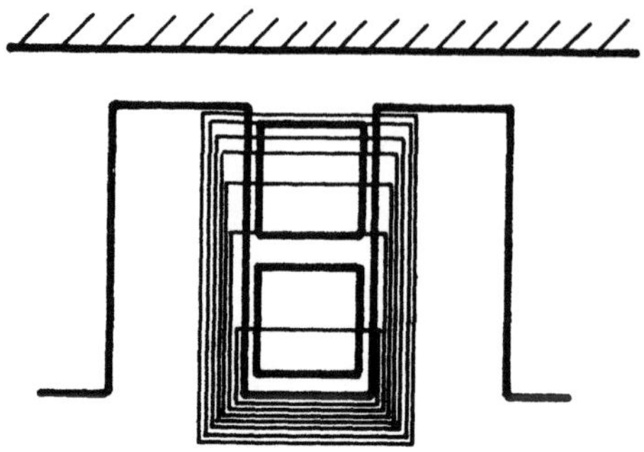

Bild 1.24
Nutenstreufeld

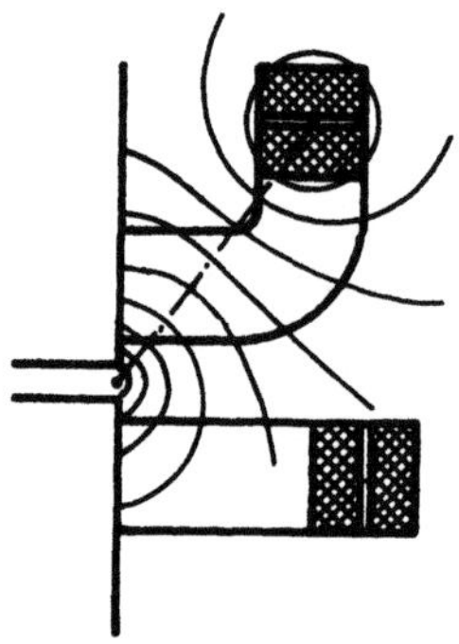

Bild 1.25
Magnetisches Feld im Bereich der Wickelköpfe bei einseitiger Erregung der Ständerwicklung

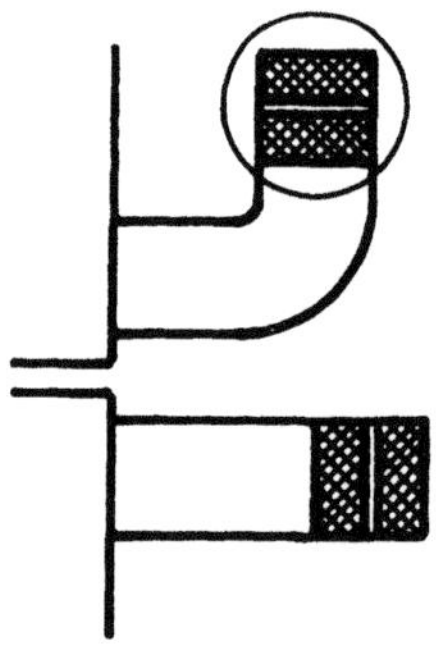

Bild 1.26
Schematische Darstellung des „Stirnstreufeldes" der Ständerwicklung

Anmerkung

In der Literatur ist es üblich, das Luftspaltstreufeld der Synchronmaschine in mehrere Komponenten zu zerlegen, beispielsweise in einen Anteil, der nicht in den Läufer eindringt (Zahnkopfstreuung) und in eine zweite Komponente, die radial verläuft und sich über das Läufereisen schließt (Spaltstreuung, Oberwellenstreuung) [15, Bd. II]. Man beachte, daß eine derartige Spaltung des magnetischen Feldes theoretisch oft nicht begründet wird und eigentlich auch nicht erforderlich ist.

Die Streufelder werden durch die Ständerströme aller drei Wicklungsstränge erregt und sind daher dem Strom i proportional. Ihre EMK e_σ eilt dem Ständerstrom nach Gl. (1.10) um 90° nach, so daß wir schreiben können:

$$\boxed{e_\sigma = \omega\, L_\sigma\, I\, \sqrt{2}\, \sin(\omega t + \varphi).} \tag{1.48}$$

Den Proportionalitätsfaktor L_σ bezeichnet man als ***Streuinduktivität*** eines Wicklungsstranges. Er läßt sich aus der magnetischen Energie der Streufelder berechnen [8, 13, 15, 18].

> Die Streuinduktivität L_σ ist die Proportionalitätskonstante zwischen dem Strangstrom und dem Spulenfluß des Streufeldes, den die Ströme ***aller*** m Wicklungsstränge in einem Wicklungsstrang hervorrufen.

1.6. Drehmomenterzeugung

Die Möglichkeiten zur Berechnung des Drehmomentes elektrischer Maschinen wurden bereits in Band I, Kapitel 14.3 erläutert. Wir wollen hier der Frage nachgehen, unter welchen Bedingungen eine Drehfeldmaschine überhaupt ein Drehmoment entwickeln kann.

Wie wir gesehen haben, läßt sich der Strombelag mit Hilfe der FOURIERanalyse als Summe von Drehstrombelägen angeben, von denen im allgemeinen die Grundwelle mit der Polpaarzahl p am stärksten ist. Bei konstantem Luftspalt erzeugt jeder Drehstrombelag ein Drehfeld gleicher Polpaarzahl. Wir wollen untersuchen, welches Drehmoment entsteht, wenn auf dem zylindrisch gedachten Läufer ein Drehstrombelag

$$A_k(\alpha_2, t) = \hat{A}_k \cos(p_k\, \alpha_2 - \omega_k t - \varphi_k) \tag{1.49}$$

und im Luftspalt ein Drehfeld

$$B_i(\alpha_2, t) = \hat{B}_i \cos(p_i\, \alpha_2 - \omega_i t - \varphi_i) \tag{1.50}$$

auftritt. Der Allgemeinheit wegen lassen wir für Drehstrombelag und Drehfeld verschiedene Polpaarzahlen p_k und p_i, Kreisfrequenzen ω_k und ω_i, sowie Phasenwinkel φ_k und φ_i zu.

Wie in Band I gezeigt wurde, gilt bei konstantem Luftspalt für das elektromagnetisch erzeugte Drehmoment

$$M_e(t) = -\left(\frac{D}{2}\right)^2 l \int_0^{2\pi} A_k(\alpha_2, t)\, B_i(\alpha_2, t)\, d\alpha_2 . \tag{1.51}$$

Anmerkung

Man findet diesen Ausdruck aus folgender Überlegung: Auf einem Längenelement des Umfangs $\frac{D}{2}\, d\alpha_2$, verursacht der Strombelag den Strom $A_k(\alpha_2, t)\, \frac{D}{2}\, d\alpha_2$. Auf das Längenelement wirkt die elektrodynamische Kraft

$$dF(\alpha_2, t) = -A_k(\alpha_2, t)\, \frac{D}{2}\, d\alpha_2\, B_i(\alpha_2, t)\, l$$

und das Drehmoment

$$dM(\alpha_2, t) = \frac{D}{2}\, dF(\alpha_2, t).$$

Das negative Vorzeichen der Kraft $dF(\alpha_2, t)$ ist eine Folge der in Bild 1.27 eingetragenen Zählrichtungen. Durch Integration über den Umfang der Maschine ergibt sich Gl. (1.51).

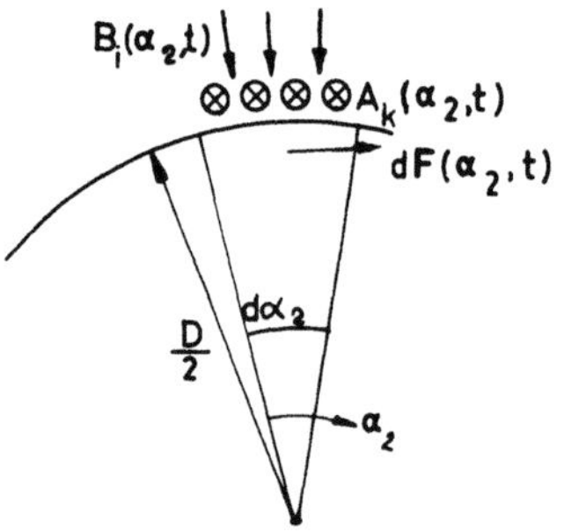

Bild 1.27
Zur Berechnung des Drehmomentes

Führen wir die Gl. (1.49) und (1.50) in Gl. (1.51) ein, so erhalten wir unter Anwendung der bekannten Formel

$$\cos\alpha \cos\beta = \frac{1}{2}\cos(\alpha - \beta) + \frac{1}{2}\cos(\alpha + \beta)$$

das Drehmoment zu

$$M_e(t) = -\left(\frac{D}{2}\right)^2 l\, \frac{\hat{A}_k\, \hat{B}_i}{2} \int_0^{2\pi} \Big\{\cos[(p_k + p_i)\,\alpha_2 - (\omega_k + \omega_i)\,t - (\varphi_k + \varphi_i)] + \cos[(p_k - p_i)\,\alpha_2 - (\omega_k - \omega_i)\,t - (\varphi_k - \varphi_i)]\Big\}\, d\alpha_2.$$

Die Integration ergibt

$$M_e(t) = \begin{cases} 0 \text{ für } p_k \neq p_i \\ \pi \left(\frac{D}{2}\right)^2 l\, \hat{A}_k\, \hat{B}_i \cos[(\omega_k - \omega_i)\, t + (\varphi_k - \varphi_i)] \text{ für } p_k = p_i \end{cases} . \tag{1.52}$$

Ist außer $p_k = p_i$ auch noch $\omega_k = \omega_i$, so gilt

$$M_e = \pi \left(\frac{D}{2}\right)^2 l\, \hat{A}_k\, \hat{B}_i \cos(\varphi_k - \varphi_i). \tag{1.53}$$

Aus diesem Ergebnis lesen wir folgende Bedingungen zur Entstehung eines Drehmomentes ab:

- Drehstrombelag und Drehfeld müssen die gleiche Polpaarzahl besitzen, damit überhaupt ein Drehmoment zustande kommt.
- Drehstrombelag und Drehfeld müssen die gleiche Umlaufgeschwindigkeit und -richtung haben, damit ein zeitlich konstantes Drehmoment auftritt. Andernfalls entsteht ein zeitlich sinusförmig pulsierendes sogenanntes *Pendelmoment,* dessen Mittelwert Null ist.
- Das zeitlich konstante Drehmoment erreicht bei gegebenen Amplituden $\hat{A}_k$ und $\hat{B}_i$ seinen Höchstwert, wenn Drehstrombelag und Drehfeld den gleichen Phasenwinkel besitzen $(\varphi_k - \varphi_i) = 0$. Beträgt dagegen die Phasenverschiebung 90°, so tritt kein Drehmoment auf. Aus diesem Grunde bildet beispielsweise ein Drehstrombelag mit dem von ihm bei konstantem Luftspalt hervorgerufenen eigenen Drehfeld kein Drehmoment.

B. Synchronmaschine

Die meisten Synchronmaschinen arbeiten an einem Dreiphasennetz. Daneben gibt es auch Einphasengeneratoren zur Speisung von Bahnnetzen. Bei der üblichen dreiphasigen Innenpol-Synchronmaschine trägt der Ständer eine Drehstromwicklung, während die Läuferwicklung über Schleifringe mit Gleichstrom erregt wird. Für die Ausführung des Polrades gibt es grundsätzlich die beiden in Bild B.1 gezeigten Möglichkeiten:

- das Schenkelpolrad, auch Schenkelpolläufer genannt;
- den Vollpolläufer, den man auch als Trommelläufer, Turboläufer oder Induktor bezeichnet.

a) Schenkelpolläufer

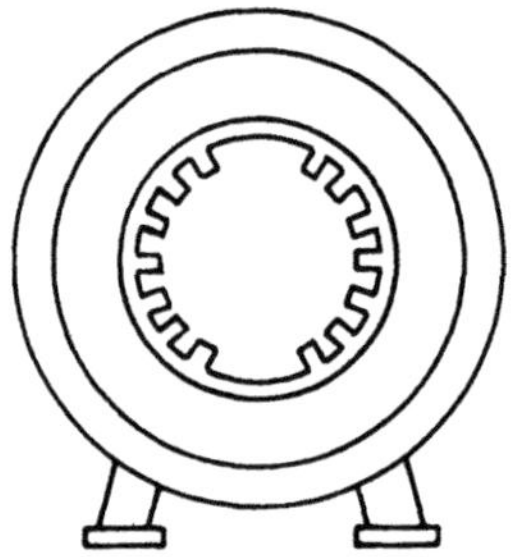

b) Vollpolläufer (p = 1)

Bild B.1
Grundsätzlicher Aufbau des Läufers

Die Synchronmaschine liegt demnach an zwei voneinander unabhängigen elektrischen Netzen. Hat die Netzspannung die Kreisfrequenz

$$\omega = 2\pi f,$$

wobei f die Netzfrequenz ist, so ergeben die von ihr in der Ständerwicklung hervorgerufenen Ströme einen Drehstrombelag, der mit der Winkelgeschwindigkeit

$$\omega_0 = \frac{\omega}{p}$$

im Raume umläuft. Andererseits rotiert das Läuferdrehfeld mit der mechanischen Winkelgeschwindigkeit ω_m des Läufers. Wie in Kapitel 1.6 gezeigt wurde, kann ein zeitlich konstantes Drehmoment nur entstehen, wenn Drehstrombelag und Drehfeld mit der gleichen Geschwindigkeit im Raume, d. h. *synchron* umlaufen. Daher hat die Synchronmaschine ihren Namen. Sie ist also an die eine einzige mechanische Winkelgeschwindigkeit des Läufers

$$\omega_m = \omega_0 = \frac{\omega}{p}$$

gebunden. Ihr entspricht die *synchrone Drehzahl*

$$n_0 = \frac{\omega_0}{2\pi} = \frac{\omega}{2\pi p} = \frac{f}{p}.$$

Für die theoretische Behandlung der Synchronmaschine seien hier zwei Wege genannt:

- Das *stationäre* Betriebsverhalten läßt sich in einfacher und physikalisch durchsichtiger Weise mit Hilfe der *Drehfeldtheorie* beschreiben, wozu man auf die in Kapitel 1 erläuterten Begriffe zurückgreift.
- Die vollständige Theorie unter Einschluß des *dynamischen* Verhaltens kann man anhand der Spannungsgleichungen für *alle* Wicklungsstränge, der Beziehung für das elektromagnetische Drehmoment und der Bewegungsgleichung des Läufers aufstellen.

Wir werden im Rahmen dieser Einführung das stationäre Verhalten mit Hilfe der Drehfeldtheorie betrachten. Ein Einblick in die allgemeine Theorie der Drehfeldmaschinen wird dagegen am Beispiel der Asynchronmaschine gegeben. Hinsichtlich des dynamischen Verhaltens der Synchronmaschine sei hier auf einige Bücher verwiesen [22, 21, 10, 11].

2. Stationärer Betrieb der Synchronmaschine mit Vollpolläufer

Liegt die Ständerwicklung einer Drehstrom-Synchronmaschine mit Vollpolläufer an einem symmetrischen Spannungssystem, so ist zu erwarten, daß in der Ständerwicklung ein symmetrisches Stromsystem der Netzfrequenz auftritt. Voraussetzung hierfür ist, daß der Läufer mit der synchronen Drehzahl umläuft. Andernfalls induziert das Läuferfeld den Ständer mit einer abweichenden Frequenz, wodurch auch fremdfrequente Spannungen und Ströme entstehen können.

Zur Berechnung des stationären Verhaltens der Synchronmaschine setzen wir voraus:

- Der Läufer rotiere mit der konstanten synchronen Winkelgeschwindigkeit ω/p.
- Die Ständerwicklung liege an einem symmetrischen Drehspannungssystem mit der Kreisfrequenz ω.
- Die Oberwellen des Luftspaltfeldes wirken nur als Streuung.
- Es gelten alle zur Berechnung des Drehfeldes in Kapitel 1.4 getroffenen Voraussetzungen.
- Die Eisenverluste werden vernachlässigt.

2.1. Spannungsgleichungen

Zur Berechnung der Ströme und Drehmomente benötigen wir die Spannungsgleichungen der Synchronmaschine. Wir greifen dazu auf die Ergebnisse des Kapitels 1 zurück. Hier hatten wir der Berechnung des Luftspaltfeldes die in Bild 2.1 angegebenen Zählrichtungen zugrunde gelegt. Außerdem waren wir zur Ermittlung des Strombelages von der Verteilung des Strombelages im Wicklungsstrang a nach Bild 2.2 ausgegangen, d. h. wir hatten den Strom mit einem in das Papier hineinweisenden Zählpfeil positiv gezählt. Das ist noch einmal in Bild 2.3 zusammen mit der Zählrichtung des Spulenflusses Ψ für den Wicklungsstrang a einer zweipoligen Maschine räumlich wiedergegeben. Wie daraus hervorgeht, fällt die Zählrichtung von Ψ mit dem Einheitsvektor **j** der Induktion zusammen. Sie ist der Zählrichtung des Stromes rechtswendig zugeordnet. Gleichzeitig ist ein Zählpfeil für die Spannung u so eingetragen, daß Strom und Spannung ein Verbraucherzählpfeilsystem (VZS) bilden.

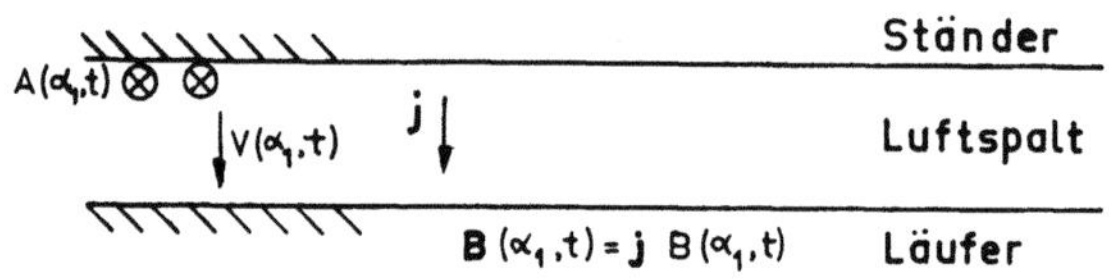

Bild 2.1
Zählrichtungen

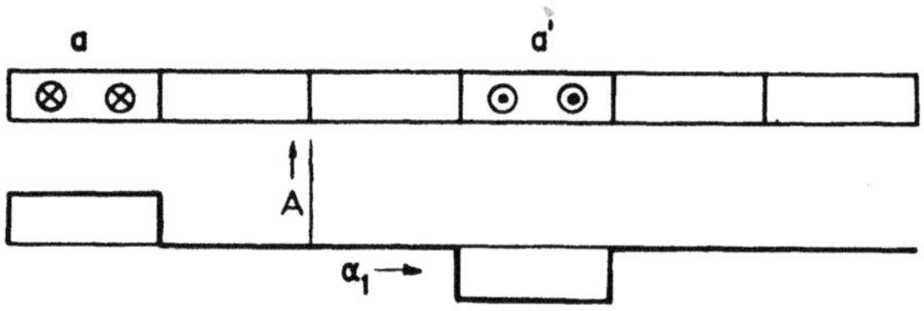

Bild 2.2
Strombelag des Wicklungsstranges a

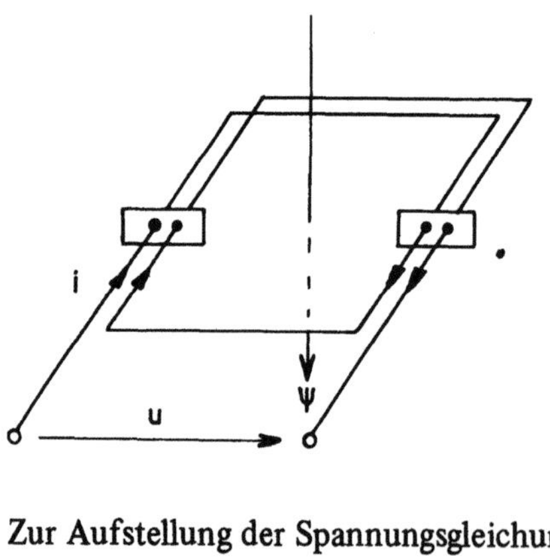

Bild 2.3
Zählpfeile für den Wicklungsstrang a einer zweipoligen Maschine

Zur Aufstellung der Spannungsgleichungen wenden wir das Induktionsgesetz

$$\oint \mathbf{E}\, d\mathbf{l} = -\frac{d\Psi}{dt}$$

auf die Wicklungsstränge a, b und c einer Synchronmaschine an, wobei wir die Zählpfeile so wie in dem Beispiel des Bildes 2.3 wählen. (Die Ableitung gilt allgemein für eine Maschine mit p Polpaaren.)

Wir erhalten dann die Umlaufspannung zu

$$\oint \mathbf{E}\,\mathrm{d}\mathbf{l} = R\,i - u,$$

und damit lauten die Spannungsgleichungen für die Wicklungsstränge a, b und c:

$$\left.\begin{aligned} R\,i_a + \frac{d\Psi_a}{dt} &= u_a, \\ R\,i_b + \frac{d\Psi_b}{dt} &= u_b, \\ R\,i_c + \frac{d\Psi_c}{dt} &= u_c. \end{aligned}\right\} \quad (2.1)$$

Der *stationäre* Betrieb der Synchronmaschine wird durch die partikuläre Lösung dieser Differentialgleichungen beschrieben. Laut Voraussetzung liegt an der Ständerwicklung das symmetrische Spannungssystem

$$\left.\begin{aligned} u_a &= U\sqrt{2}\cos\omega t, \\ u_b &= U\sqrt{2}\cos(\omega t - 2\pi/3), \\ u_c &= U\sqrt{2}\cos(\omega t - 4\pi/3). \end{aligned}\right\} \quad (2.2)$$

Es liegt daher nahe, als *Lösungsansatz* das symmetrische Stromsystem

$$\left.\begin{aligned} i_a &= I\sqrt{2}\cos(\omega t + \varphi), \\ i_b &= I\sqrt{2}\cos(\omega t + \varphi - 2\pi/3), \\ i_c &= I\sqrt{2}\cos(\omega t + \varphi - 4\pi/3) \end{aligned}\right\} \quad (2.3)$$

zu wählen. Wie in Kapitel 1 gezeigt wurde, ist dann der magnetische Schwund im Wicklungsstrang a

$$-\frac{d\Psi_a}{dt} = e_p + e_h + e_\sigma \quad (2.4)$$

auch zeitlich sinusförmig. Daher ergibt die Annahme des zeitlich sinusförmigen Stromsystems die partikuläre Lösung der Dgl. (2.1) für den Wicklungsstrang a. Dasselbe gilt für die Wicklungsstränge b und c.

Da sich die Lösungen der drei Spannungsgleichungen nur um konstante Winkel unterscheiden, genügt es, allein die Spannungsgleichung für den Strang a zu betrachten. Der Einfachheit halber lassen wir dort den Index a fort.

Setzen wir die Gl. (2.4) in Gl. (2.1) ein, so erhalten wir die Spannungsgleichung

$$u = R\,i - e_h - e_\sigma - e_p. \tag{2.5}$$

Anmerkung

Im allgemeinen nichtstationären Fall gilt für den Wicklungsstrang a die Spannungsgleichung:

$$u_a = R\,i_a + \frac{d\Psi_{aa}}{dt} + \frac{d\Psi_{ab}}{dt} + \frac{d\Psi_{ac}}{dt} + \frac{d\Psi_{ap}}{dt}. \tag{2.6}$$

Vom gesamten Spulenfluß im Wicklungsstrang a wird der Anteil:

Ψ_{aa} vom Strom im Wicklungsstrang a,

Ψ_{ab} vom Strom im Wicklungsstrang b,

Ψ_{ac} vom Strom im Wicklungsstrang c,

Ψ_{ap} vom Strom in der Erregerwicklung hervorgerufen.

Zerlegt man den gesamten Fluß in zwei Anteile, von denen der eine

- vom Luftspaltfeld mit der Grundpolpaarzahl p herrührt (Index h) und der andere
- vom restlichen Feld hervorgerufen wird, das man als Streufeld bezeichnet (Index σ),

so ergibt sich für den Wicklungsstrang a die folgende Spannungsgleichung

$$u_a = R\,i_a + \frac{d\Psi_{aah}}{dt} + \frac{d\Psi_{abh}}{dt} + \frac{d\Psi_{ach}}{dt} + \frac{d\Psi_{ap}}{dt}$$
$$+ \frac{d\Psi_{aa\sigma}}{dt} + \frac{d\Psi_{ab\sigma}}{dt} + \frac{d\Psi_{ac\sigma}}{dt}.$$

Entsprechende Spannungsgleichungen erhält man für die Wicklungsstränge b und c, sowie außerdem für die Erregerwicklung. Die grundsätzliche Berechnung der Spulenflüsse für diesen allgemeinen Fall wird später in Kapitel 11 erläutert.

Beschränkt man sich dagegen auf den stationären Zustand sowie eine symmetrische Speisung der Maschine, dann verlaufen die Ströme in der Ständerwicklung sinusförmig mit der Netzfrequenz und man kann auf die Berechnung des Luftspaltfeldes in Kapitel 1 zurückgreifen. In diesem Falle gilt

$$-\frac{d\Psi_{aah}}{dt} - \frac{d\Psi_{abh}}{dt} - \frac{d\Psi_{ach}}{dt} = e_h = \omega L_h I \sqrt{2} \sin(\omega t + \varphi)$$

und

$$-\frac{d\Psi_{ap}}{dt} = e_p = \omega M I_f \sin(\omega t + \varphi_f).$$

Auf analoge Weise kann man auch die EMK der Streufelder zusammenfassen:

$$-\frac{d\Psi_{aa\sigma}}{dt} - \frac{d\Psi_{ab\sigma}}{dt} - \frac{d\Psi_{ac\sigma}}{dt} = e_\sigma = \omega L_\sigma I \sqrt{2} \sin(\omega t + \varphi).$$

Hierdurch ergibt sich dann für den Wicklungsstrang a die einfache Spannungsgleichung (2.5). Die Wicklungsstränge b und c liefern entsprechende Gleichungen, die sich lediglich durch konstante Phasenwinkel unterscheiden. Damit läßt sich das Verhalten der drei Ankerwicklungsstränge durch eine einzige Spannungsgleichung beschreiben. Es ist ohne weiteres einzusehen, daß diese außerordentliche Vereinfachung an die oben genannten Voraussetzungen geknüpft ist.

Durch Einsetzen der Gl. (2.2), (2.3), (1.39), (1.48) und (1.42) in Gl. (2.5) finden wir

$$\begin{aligned} U\sqrt{2}\cos\omega t &= I\sqrt{2}\,[R\cos(\omega t + \varphi) - \omega(L_h + L_\sigma)\sin(\omega t + \varphi)] - \\ &- I_f\,\omega M \sin(\omega t + \varphi_f). \end{aligned} \tag{2.7}$$

Es empfiehlt sich, hier die durch Unterstreichung gekennzeichneten komplexen Größen (Zeiger) einzuführen:

$$U\sqrt{2}\cos\omega t = \mathrm{Re}\,[(U\,e^{j0})\sqrt{2}\,e^{j\omega t}] = \mathrm{Re}\,[\underline{U}\sqrt{2}\,e^{j\omega t}],$$

$$I\sqrt{2}\cos(\omega t + \varphi) = \mathrm{Re}\,[(I\,e^{j\varphi})\sqrt{2}\,e^{j\omega t}] = \mathrm{Re}\,[\underline{I}\sqrt{2}\,e^{j\omega t}],$$

$$I_f\sqrt{2}\cos(\omega t + \varphi_f) = \mathrm{Re}\,[(I_f e^{j\varphi_f})\sqrt{2}\,e^{j\omega t}] = \mathrm{Re}\,[\underline{I}_f\sqrt{2}\,e^{j\omega t}].$$

Dann erhalten wir, wenn wir uns nicht auf den Realteil beschränken und durch $\sqrt{2}\,e^{j\omega t}$ dividieren, die komplexe Spannungsgleichung für einen Ständerwicklungsstrang der Vollpolmaschine

$$\underline{U} = [R + j\omega(L_h + L_\sigma)]\,\underline{I} + j\omega M \frac{\underline{I}_f}{\sqrt{2}}. \tag{2.8}$$

Im Hinblick auf Gl. (1.47) können wir hierin auch die vom Polrad induzierte Spannung

$$-\underline{E}_p = j\omega M \frac{\underline{I}_f}{\sqrt{2}} = \frac{\omega M}{\sqrt{2}} I_f\, e^{j(\varphi_f + \pi/2)} \tag{2.9}$$

einführen. Es liegt nahe, hier den Winkel zwischen der Polradspannung $-\underline{E}_p$ und der Netzspannung $\underline{U}$

$$\boxed{\vartheta = \varphi_f + \pi/2} \tag{2.10}$$

zu definieren, so daß wir schreiben können

$$-\underline{E}_p = \frac{\omega M}{\sqrt{2}} I_f e^{j\vartheta} = E_p e^{j\vartheta}. \tag{2.11}$$

Die gesamte Reaktanz des Ankers

$$X_d = \omega(L_h + L_\sigma) \tag{2.12}$$

bezeichnet man als ***synchrone Reaktanz.*** Mit Hilfe dieser Abkürzung lautet die Spannungsgleichung des Ständers

$$\underline{U} = (R + jX_d)\, \underline{I} - \underline{E}_p. \tag{2.13}$$

Die Spannungsgleichung ist für einen Wicklungsstrang der Maschine abgeleitet worden. Daher beziehen sich auch die hierin vorkommenden Größen U, I, R usw. auf einen Wicklungsstrang. Bei der Sternschaltung der Drehstromwicklung ist die *verkettete* Klemmenspannung des Netzes $\sqrt{3}$ U, während im Falle der Dreieckschaltung der Netzstrom $\sqrt{3}$ I beträgt.

Eine entsprechende Spannungsgleichung läßt sich auch für den Läufer aufstellen. Im stationären Zustand und synchronen Lauf stehen die Felder in Bezug auf den Läufer still. Daher tritt im Läufer kein magnetischer Schwund auf und wir erhalten die Spannungsgleichung

$$R_f I_f - U_f = 0$$

oder

$$U_f = R_f I_f, \tag{2.14}$$

wobei U_f die Erregerspannung und R_f der Widerstand der Erregerwicklung sind.

Die Spannungsgleichungen liefern die Ströme für die verschiedenen stationären Betriebszustände. Durch Einstellen einer Erregerspannung, die beispielsweise mit Hilfe einer Erregermaschine gewonnen wird, ist die Größe des Erregerstromes I_f nach Gl. (2.14) gegeben.

Ist auch die Netzspannung $\underline{U}$ bekannt, dann hängt nach Gl. (2.13) und (2.11) der Ankerstrom $\underline{I}$ noch von dem Phasenwinkel ϑ ab. Dieser Winkel kann demnach nur durch die mechanische Belastung und damit durch das Drehmoment der Maschine bestimmt werden.

2.2. Drehmoment

Das elektromagnetische Drehmoment der Vollpol-Synchronmaschine läßt sich grundsätzlich, wie in Band I gezeigt wurde, auf zwei verschiedene Weisen berechnen:

- mit Hilfe der elektrodynamischen Kräfte auf stromführende Leiter oder
- aus einer Leistungsbilanz.

Wir wollen hier nur die zweite Methode anwenden.
Hierzu gehen wir von der Spannungsgleichung (2.13) aus, die wir mit Hilfe der Gl. (2.11) folgendermaßen schreiben:

$$\underline{U} = R\,\underline{I} + j\,X_d\,\underline{I} + E_p\,e^{j\vartheta}. \tag{2.15}$$

Um auf der linken Seite dieser Gleichung die aus dem Drehstromnetz aufgenommene Leistung der Maschine zu erhalten, erweitern wir die Gleichung um den Faktor $m\,\underline{I}^*$, wobei $\underline{I}^*$ der konjugiert komplexe Wert von $\underline{I}$ ist, und bilden den Realteil:

$$\mathrm{Re}\,[m\,\underline{U}\,\underline{I}^*] = \mathrm{Re}\,[m\,R\,\underline{I}\,\underline{I}^*] + \mathrm{Re}\,[m\,j\,X_d\,\underline{I}\,\underline{I}^*] + \mathrm{Re}\,[m\,E_p\,e^{j\vartheta}\,\underline{I}^*].$$

Mit

$$\underline{I}\,\underline{I}^* = I^2$$

wird hieraus

$$\mathrm{Re}\,[m\,\underline{U}\,\underline{I}^*] = m\,R\,I^2 + \mathrm{Re}\,[m\,E_p\,e^{j\vartheta}\,\underline{I}^*]. \tag{2.16}$$

In dieser Gleichung ist

$$P = \mathrm{Re}\,[m\,\underline{U}\,\underline{I}^*] = m\,U\,I\cos\varphi$$

die der Maschine aus dem Drehstromnetz zugeführte elektrische Leistung und

$$P_{Cu} = m\,R\,I^2$$

die Leistung, die in der Ständerwicklung in Wärme umgesetzt wird (Kupferverluste). Übrig bleibt die Leistung

$$P_\delta = \mathrm{Re}\,[m\,E_p\,e^{j\vartheta}\,\underline{I}^*], \tag{2.17}$$

die über den Luftspalt auf den Läufer übertragen wird und die man daher als ***Luftspaltleistung*** bezeichnet.
In der Leistungsbilanz

$$P = P_{Cu} + P_\delta \tag{2.18}$$

kommen die Eisenverluste nicht vor, weil sie bereits beim Aufstellen der Spannungsgleichung vernachlässigt wurden. Da es hier nicht um eine Wirkungsgradberechnung sondern um die Ermittlung des Drehmomentes geht, dürfen diese Verluste vor allem bei großen Maschinen vernachlässigt werden.

Die Verluste in der Läuferwicklung werden von einem getrennten Netz gedeckt, so daß die gesamte Luftspaltleistung P_δ in die elektromagnetisch erzeugte mechanische Leistung P_{me} umgesetzt wird:

$$P_\delta = P_{me}. \tag{2.19}$$

Ist M_e das elektromagnetische oder „innere" Drehmoment, dann gilt

$$P_{me} = \omega_m M_e = \frac{\omega}{p} M_e$$

und im Hinblick auf Gl. (2.19)

$$\boxed{M_e = \frac{p}{\omega} P_\delta .} \tag{2.20}$$

Anmerkung

Um das Drehmoment M_k an der Kupplung zu erhalten, haben wir von dem elektromagnetisch erzeugten Drehmoment M_e lediglich das Reibungsmoment M_R abzuziehen:

$$M_k = M_e - M_R . \tag{2.21}$$

Zur Berechnung der Drehfeldleistung benötigt man den Strom $\underline{I}$, der sich aus Gl. (2.15) ergibt:

$$\underline{I} = \frac{\underline{U} - E_p\, e^{j\vartheta}}{R + j X_d} = \frac{(U\, e^{j0} - E_p\, e^{j\vartheta})\, e^{-j(\pi/2-\rho)}}{Z_k} ,$$

wenn man zur Abkürzung die Impedanz des Ankers

$$Z_k = \sqrt{R^2 + X_d^2} \tag{2.22}$$

und ihren Phasenwinkel ρ einführt:

$$\tan\rho = \frac{R}{X_d}. \tag{2.23}$$

Wie man aus Gl. (2.15) leicht abliest, bestimmt die Impedanz Z_k im Kurzschluß ($\underline{U} = 0$) den Ankerstrom

$$I = I_k = E_p/Z_k, \tag{2.24}$$

so daß man Z_k als *Kurzschlußimpedanz* bezeichnet.

Für $\underline{I}^*$ finden wir

$$\underline{I}^* = \frac{U}{Z_k}\, e^{j(\pi/2-\rho)} - \frac{E_p}{Z_k}\, e^{j(\pi/2-\vartheta-\rho)}.$$

Setzen wir $\underline{I}^*$ in Gl. (2.17) ein, so erhalten wir unter Berücksichtigung der Beziehung für den Kurzschlußstrom nach Gl. (2.24) die Drehfeldleistung

$$\boxed{P_\delta = -\,m\,U\,I_k\,[\sin(\vartheta-\rho) + \frac{E_p}{U}\sin\rho]} \tag{2.25}$$

und das elektromagnetisch erzeugte Drehmoment der Vollpolmaschine

$$\boxed{M_e = -\,m\,\frac{p}{\omega}\,U\,I_k\,[\sin(\vartheta-\rho) + \frac{E_p}{U}\sin\rho].} \tag{2.26}$$

Anmerkung

Die Gl. (2.26) für das Drehmoment ist eine Größengleichung nach DIN 1313, in der jede Größe als Produkt eines Zahlenwertes mit einer Einheit aufzufassen ist. Bei den üblichen Einheiten Volt für U, Ampere für I_k und s^{-1} für ω erhält man das Drehmoment M_e in Newtonmeter (Nm). Bekanntlich gilt

$$1\ \text{Nm} = \frac{1}{9{,}81}\ \text{kpm}.$$

Für praktische Berechnungen ersetzt man ferner die Netzkreisfrequenz ω durch die synchrone Drehzahl in U/min

$$\frac{\omega}{\text{sec}^{-1}} = \frac{2\pi p}{60}\,\frac{n_0}{\text{U/min}}$$

und erhält die folgende zugeschnittene Größengleichung:

$$\frac{M_e}{\text{kpm}} = -\,\frac{60}{9{,}81\cdot 2\pi}\,\frac{P_\delta/\text{Watt}}{n_0/(\text{U/min})}$$

oder
$$\frac{M_e}{\text{kpm}} = -\,0{,}974\,\frac{P_\delta/\text{Watt}}{n_0/(\text{U/min})}\,. \tag{2.27}$$

Entsprechend gilt für das Drehmoment

$$\frac{M_e}{\text{kpm}} = -\,0{,}974\,\frac{m\,\frac{U}{V}\cdot\frac{I_k}{A}}{\frac{n_0}{\text{U/min}}}\left[\sin(\vartheta-\rho) + \frac{E_p}{U}\sin\rho\right].$$

Da im allgemeinen das Verhältnis R/X_d klein ist, kann man ohne großen Fehler $\rho = 0$ setzen. In diesem Fall findet man

$$P_\delta = -\,m\,U\,I_k\,\sin\vartheta \tag{2.28}$$

und
$$M_e = -\,m\,\frac{p}{\omega}\,U\,I_k\,\sin\vartheta. \tag{2.29}$$

2.3. Die Gleichungen der Vollpol-Synchronmaschine im stationären Betrieb

Das stationäre Verhalten der Synchronmaschine wird beschrieben durch die folgenden Gleichungen:

Spannungsgleichung des Ankers:

$$\underline{U} = (R + j\,X_d)\,\underline{I} + \frac{\omega M}{\sqrt{2}}\,I_f\,e^{j\vartheta},$$

Spannungsgleichung des Polrades:

$$U_f = R_f\,I_f, \tag{2.30}$$

Drehmomentgleichung:

$$M_e = -\,m\,\frac{p}{\omega}\,U\,I_k\left[\sin(\vartheta-\rho) + \frac{E_p}{U}\sin\rho\right]$$

$$\approx -\,m\,\frac{p}{\omega}\,U\,I_k\,\sin\vartheta \qquad \text{mit } I_k = \frac{\omega M}{Z_k\,\sqrt{2}}\,I_f,$$

Drehmomentengleichgewicht:

$$M_e = M_g.$$

Die Bewegungsgleichung erfordert, daß im stationären Zustand und bei Vernachlässigung des Reibungsmomentes das elektromagnetisch erzeugte Drehmoment M_e gleich dem Gegenmoment M_g ist (vgl. Band I Gl. (17.3)).

Arbeitet die Synchronmaschine an einem starren Netz (ω und U konstant) mit konstanter Erregung (I_k = const), dann hängen P_δ und M_e allein von dem Winkel ϑ ab. Im stationären Zustand ist nun bei Vernachlässigung des Reibungsmomentes das elektromagnetische Drehmoment M_e gleich dem äußeren Gegenmoment M_g.

Der Winkel ϑ wird in diesem Fall allein durch das äußere Gegenmoment bestimmt, und man nennt ϑ daher den *Lastwinkel*.

Das maximale elektromagnetische Drehmoment, das sogenannte Kippmoment, tritt bei dem Lastwinkel

$$\boxed{\vartheta_K = \pm \pi/2 + \rho} \tag{2.31}$$

auf.

Unter Vernachlässigung von ρ erhalten wir

$$\boxed{\vartheta_K = \pm \pi/2.} \tag{2.32}$$

In diesem Fall ist das Kippmoment

$$\boxed{M_{eK} = \pm m \frac{p}{\omega} U I_k.} \tag{2.33}$$

Aus den Gl. (2.28) und (2.29) geht hervor, daß die Maschine bei positivem ϑ als Generator und bei negativem ϑ als Motor arbeitet. In Bild 2.4 ist der Zusammenhang zwischen M_e und ϑ für konstante Werte von U, ω und I_k dargestellt.

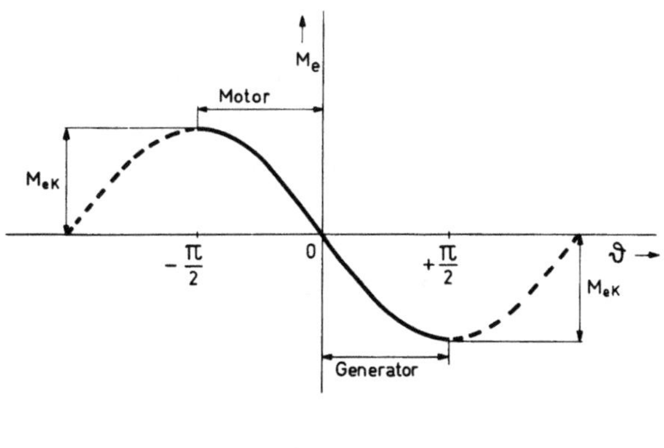

Bild 2.4
Drehmoment M_e als Funktion des Lastwinkels ϑ (R vernachlässigt)

Arbeitet eine Synchronmaschine an einem starren Netz (U und ω konstant), dann kann sie ihre synchrone Drehzahl nur beibehalten, wenn das Gegenmoment M_g nicht größer ist als das Kippmoment M_{eK}. Nur in diesem Fall kann sich das Gleichgewicht $M_e = M_g$ einstellen. Belastet man die Maschine mit einem Gegenmoment $M_g > M_{eK}$, so kann sie ihre synchrone Drehzahl nicht mehr einhalten: Die Synchronmaschine ***fällt aus dem Tritt.*** Außerhalb des Synchronismus entwickelt die Synchronmaschine nur ein Pendelmoment mit dem zeitlichen Mittelwert Null.

Der Lastwinkel ϑ_K bezeichnet demnach die Grenze des ***statisch stabilen*** Betriebsbereiches, den man jedoch mit Rücksicht auf die dynamische Stabilität nicht voll ausnutzen darf.

Die Drehmoment-Drehzahlkennlinie der Synchronmaschine ist in Bild 2.5 wiedergegeben. Hieraus geht hervor, daß die Synchronmaschine nicht ohne weiteres von allein anlaufen kann. Wie später erläutert wird, lassen sich durch besondere Maßnahmen auch im Bereich $n \neq n_0$ asynchrone Drehmomente entwickeln.

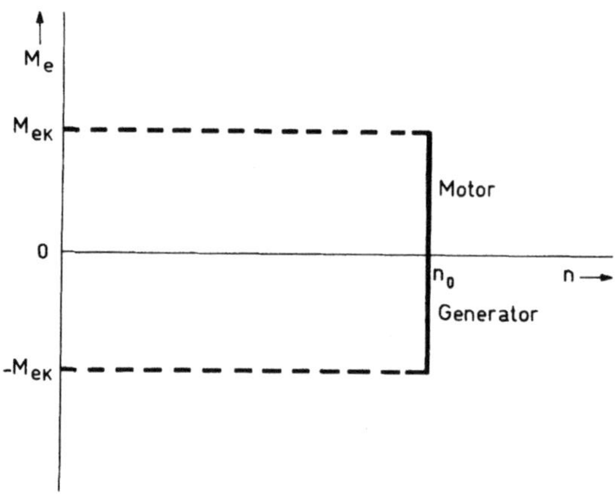

Bild 2.5
Drehmoment-Drehzahlkennlinie der Synchronmaschine

Das Kippmoment ist nach Gl. (2.33) und (2.24)

- proportional der Klemmenspannung U;
- abhängig vom Erregerstrom, weil E_p mit dem Erregerstrom zunimmt;
- umgekehrt proportional zur synchronen Reaktanz X_d. Eine Maschine mit großem Luftspalt hat bei Nennerregung einen relativ hohen Kurzschlußstrom und daher ein gutes Kippmoment.

Unter Vernachlässigung der Verluste gilt für die Nennleistung

$$P_N = \frac{\omega}{p} M_{eN} = m\, U_N\, I_N \cos\varphi_N .$$

Damit wird die ***Überlastbarkeit*** der Vollpolmaschine

$$\ddot{u} = \frac{M_{eK}}{M_{eN}} = \frac{I_k}{I_N \cos\varphi_N}. \tag{2.34}$$

Die Überlastbarkeit ist demnach besonders klein bei geringer Erregung, beispielsweise bei kapazitiver Last (vgl. Kapitel 2.5).

2.4. Physikalische Bedeutung des Lastwinkels ϑ

Um die physikalische Bedeutung des Lastwinkels ϑ zu erkennen, gehen wir von der Gl. (1.2) zwischen den Koordinaten des Ständers α_1 und des Läufers α_2 aus, wobei wir den Winkel γ nach Gl. (1.33) ersetzen:

$$\alpha_1 = \alpha_2 + \omega_m t + \frac{\varphi_f}{p}.$$

Läuft die Maschine mit ihrer synchronen Drehzahl, dann ist $\omega_m = \omega/p$ und wir können φ_f mit Hilfe der Gl. (2.10) eliminieren:

$$\alpha_1 = \alpha_2 + \frac{\omega}{p} t + \frac{\vartheta}{p} - \frac{\pi}{2p}. \tag{2.35}$$

Aus dieser Beziehung geht hervor, daß der räumliche Winkel zwischen den Ursprüngen der Koordinatensysteme zur Zeit $t = 0$ bis auf einen konstanten Wert vom Lastwinkel ϑ abhängt. Im Leerlauf ($\underline{I} = 0$) ist $\underline{U} = -\underline{E}_p$ und damit $\vartheta = 0$. Die beiden Koordinatensysteme sind dann zur Zeit $t = 0$ gegeneinander um den Winkel $-\frac{\pi}{2p}$ verschoben. Dieser Fall ist in Bild 2.6a wiedergegeben. Arbeitet die Maschine als Generator, dann ist $\vartheta > 0$, so daß zur Zeit $t = 0$ die Ursprünge der beiden Koordinatensysteme um den Winkel $\frac{\vartheta}{p} - \frac{\pi}{2p}$ auseinanderliegen (Bild 2.6b). Bild 2.6c zeigt schließlich den Fall des Motorbetriebes $\vartheta < 0$, in dem der Winkel zwischen den Koordinatenursprüngen zur Zeit $t = 0$ die Größe $-\frac{|\vartheta|}{p} - \frac{\pi}{2p}$ besitzt.

Vergleicht man die drei in Bild 2.6 dargestellten Fälle, so erkennt man, daß die Belastung im räumlichen Stand des Läufers zum Ausdruck kommt. Da in allen drei Belastungszuständen der Läufer mit synchroner Drehzahl rotiert, bleiben die Abweichungen in der Lage des Läufers gegenüber dem Leerlauf zu jeder Zeit erhalten.

Die Abweichung der Läuferstellung einer belasteten Maschine gegenüber dem Leerlauf läßt sich folgendermaßen erklären: Treibt man den Läufer einer leerlaufenden Synchronmaschine, die an einem starren Netz arbeitet, durch ein äußeres Dreh-

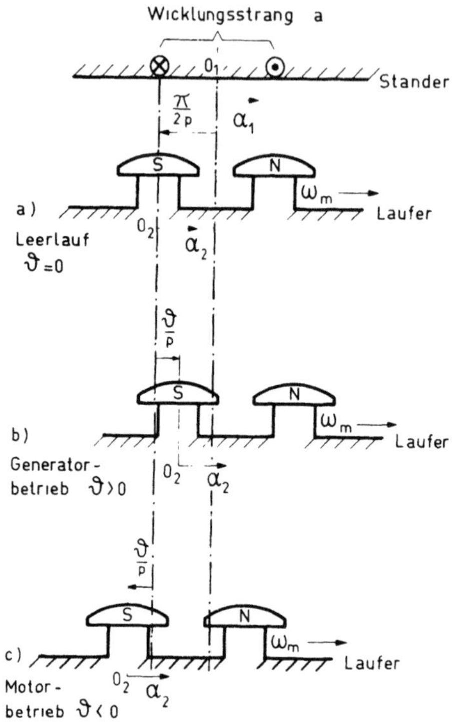

Bild 2.6

Gegenseitige Lage von Ständer und Läufer zur Zeit t = 0

moment in der Drehrichtung an, dann dreht sich der Läufer mit übersynchroner Winkelgeschwindigkeit, wodurch er sich in der Drehrichtung vorschiebt. Diese Abweichung vom synchronen Lauf hält solange an, bis das von der Maschine entwickelte elektromagnetische Drehmoment dem äußeren Drehmoment das Gleichgewicht hält. Hierdurch ist der Winkel ϑ festgelegt. In entsprechender Weise bewirkt ein bremsendes Drehmoment einen negativen Lastwinkel.

Den räumlichen Winkel ϑ/p kann man mit verschiedenen Methoden messen. Er läßt sich beispielsweise mit Hilfe eines Stroboskops unmittelbar sichtbar machen.

2.5. Belastung der Synchronmaschine am starren Netz

Die Belastung einer Synchronmaschine wird nicht nur durch die Wirkleistung, sondern auch durch die Blindleistung bestimmt. Wir wollen der Frage nachgehen, auf welche Weise man diese Belastung einer Synchronmaschine einstellen kann, wenn sie mit anderen Maschinen an einem Netz liegt. Der Einfachheit halber betrachten wir hierzu eine Vollpolmaschine an einem ***starren Netz,*** dessen Spannung $\underline{U}$

sich nicht durch die betrachtete Maschine beeinflussen läßt, und vernachlässigen den Widerstand R gegenüber der synchronen Reaktanz X_d. Die Spannungsgleichung lautet

$$\underline{U} = -\underline{E}_p + j\,X_d\,\underline{I}. \tag{2.36}$$

Für diesen Fall ist in Bild 2.7 das Ersatzschaltbild wiedergegeben.

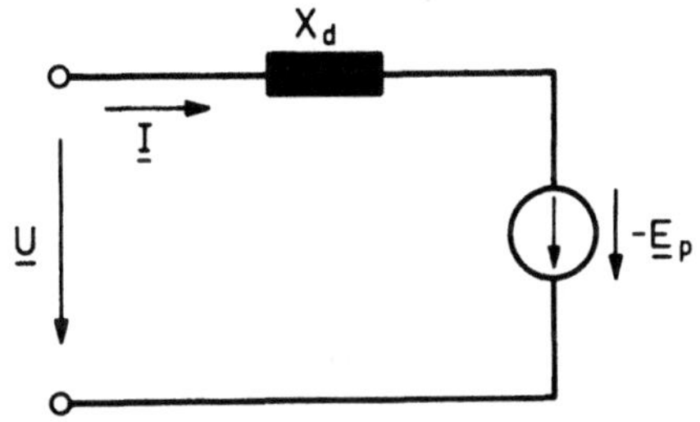

Bild 2.7
Ersatzschaltbild der belasteten Vollpolmaschine

Da die Klemmenspannung $\underline{U}$ konstant ist, hängt der Belastungsstrom $\underline{I}$ nur noch von der Polradspannung $-\underline{E}_p$ ab. Im Leerlauf ($\underline{I} = 0$) sind $\underline{U}$ und $-\underline{E}_p$ nach Größe und Phasenlage gleich. Um einen Strom hervorzurufen, muß man die Polradspannung entweder in ihrer Größe oder in ihrer Phasenlage verändern.

Durch eine andere *Erregung* ändert man den Betrag von $-\underline{E}_p$. Verstärkt man, ausgehend vom Leerlaufzustand, lediglich die Erregung, so wird $-\underline{E}_p$ größer als $\underline{U}$, aber die Phasenlage zwischen den beiden Spannungen bleibt erhalten. Wie das zu Gl. (2.36) gehörende Zeigerbild 2.8a erkennen läßt, fließt in diesem Fall ein um 90°

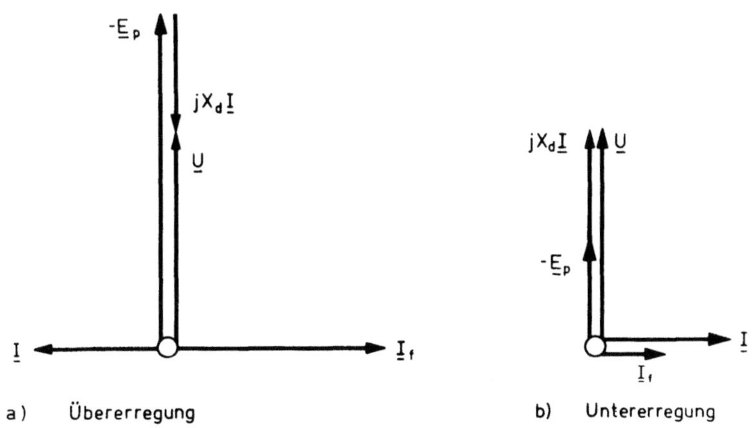

Bild 2.8 Blindlastbetrieb durch Verändern der Erregung. $M_e = 0$

voreilender Strom. Die Synchronmaschine wirkt dann wie ein Kondensator (Phasenschieber). Den Zeiger $\underline{I}_f$ finden wir aus der Beziehung

$$-\underline{E}_p = j\,\omega\,M\,\frac{I_f}{\sqrt{2}}.$$

Bei Untererregung (Bild 2.8b) wirkt dagegen die Synchronmaschine wie eine Induktivität.

Aus Bild 2.8 geht deutlich hervor, daß durch Veränderung der Erregung die Blindleistung eingestellt werden kann.

Soll die Synchronmaschine dagegen elektrische Leistung an das Netz liefern, so muß ihr diese Leistung mechanisch über die Welle zugeführt werden. Hierzu ist ein äußeres Drehmoment in Drehrichtung erforderlich, so daß im Gleichgewichtszustand das elektromagnetische Drehmoment der Synchronmaschine M_e negativ ist. Hierbei verschiebt sich das Polrad gegenüber dem Leerlauffall in Drehrichtung, und der Zeiger $-\underline{E}_p$ eilt der Klemmenspannung um den Winkel $\vartheta > 0$ voraus. Damit ergibt die Gl. (2.36) das Zeigerbild 2.9a. Der Ständerstrom hat in diesem Fall vor allem eine Wirkkomponente $\underline{I}_w$, daneben jedoch noch eine kleine Blindkomponente $\underline{I}_b$.

Entzieht man der Synchronmaschine an der Welle mechanische Leistung ($M_e > 0$), dann bleibt die Polradspannung $-\underline{E}_p$ gegenüber der Klemmenspannung um einen

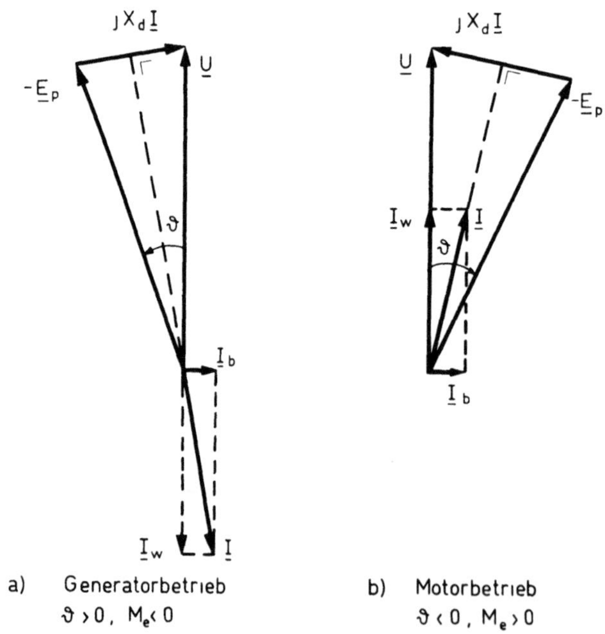

Bild 2.9
Belastung durch ein äußeres Drehmoment bei Leerlauferregung

Winkel ϑ zurück und das Zeigerbild 2.9b läßt erkennen, daß die Wirkkomponente von $\underline{I}$ positiv ist, d. h. die Synchronmaschine nimmt elektrische Leistung aus dem Netz auf.

> Die Wirkleistung, die die Synchronmaschine mit dem Netz austauscht, wird von der durch die Welle übertragenen mechanischen Leistung bestimmt.

Im Falle des Generators wird die Wirkleistung durch die Dampf- oder Brennstoffzufuhr der Antriebsmaschine eingestellt, im Falle des Motors ergibt sie sich durch die mechanische Belastung.

Das Zeigerbild für die verschiedenen Betriebszustände der Synchronmaschine ist in Bild 2.10a für das hier verwendete Verbraucher-Zählpfeilsystem (VZS) gezeichnet. Hätte man beim Aufstellen der Spannungsgleichungen das Erzeuger-Zählpfeilsystem (EZS) verwendet, so erhielte man das Zeigerbild 2.10b.

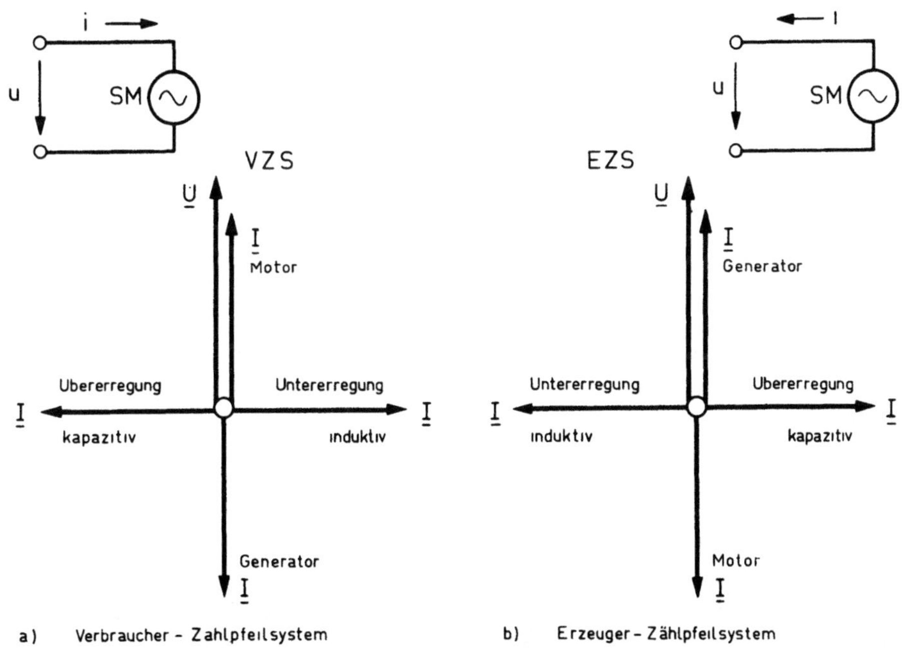

Bild 2.10 Zeigerbild für die verschiedenen Belastungszustände der Synchronmaschine

2.6. Stromortskurve

Ein besonders gutes Hilfsmittel zur Veranschaulichung verschiedener Betriebszustände ist die Ortskurve des Ständerstromes für konstante Klemmenspannung $\underline{U}$

mit dem Erregerstrom I_f als Parameter. Sie läßt vor allem den Einfluß der mechanischen Belastung und des Erregerstromes auf den Ankerstrom $\underline{I}$ erkennen. Zur Ableitung der Stromortskurve gehen wir von folgenden Voraussetzungen aus:

- $\underline{U}$ und ω seien konstant.
- Es sei $R \ll X_d$, so daß $R = 0$ gesetzt werden kann. Diese Voraussetzung ist bei nicht zu kleinen Maschinen immer gestattet. Für den Fall $R \neq 0$ sei auf die Literatur verwiesen.
- Die Permeabilität des Eisens und damit auch X_d sei konstant.
- Die Eisenverluste werden vernachlässigt.

Aus der Spannungsgleichung

$$\underline{U} = j\, X_d\, \underline{I} - \underline{E}_p$$

erhalten wir den Ständerstrom

$$\underline{I} = -j\, \frac{\underline{U}}{X_d} + j\, \frac{-\underline{E}_p}{X_d}.$$

In dieser Gleichung setzen wir zur Abkürzung

$$\frac{\underline{U}}{X_d} = I_{k0}\, e^{j0}, \tag{2.37}$$

$$\frac{-\underline{E}_p}{X_d} = I_k\, e^{j\vartheta}, \tag{2.38}$$

wobei I_{k0} der Kurzschlußstrom bei Leerlauferregung und I_k der Kurzschlußstrom ist, der zu dem Erregerstrom I_f gehört, für den die jeweilige Stromortskurve gilt. Damit wird

$$\boxed{\underline{I} = -j\, I_{k0} + j\, I_k\, e^{j\vartheta}.} \tag{2.39}$$

Das Zeigerbild nach Gl. (2.39) ist in Bild 2.11 für einen bestimmten Wert von I_k und ϑ wiedergegeben. Da $\underline{U}$ und X_d konstant sind, liegt der Zeiger $-j\, I_{k0}$ und damit der Punkt M für alle Belastungs- und Erregungszustände fest. Die Größe des Zeigers $j\, I_k\, e^{j\vartheta}$ hängt nach Gl. (2.38) von E_p und damit von der Erregung ab, während seine Richtung durch den Lastwinkel ϑ bestimmt wird.

- Bei konstantem Erregerstrom beschreibt der Endpunkt A des Zeigers $\underline{I}$ einen Kreis, wenn sich der Lastwinkel ϑ von 0 bis 2π ändert.
- Der Durchmesser des Kreises ist bei konstanter Permeabilität des Eisens dem Erregerstrom proportional.

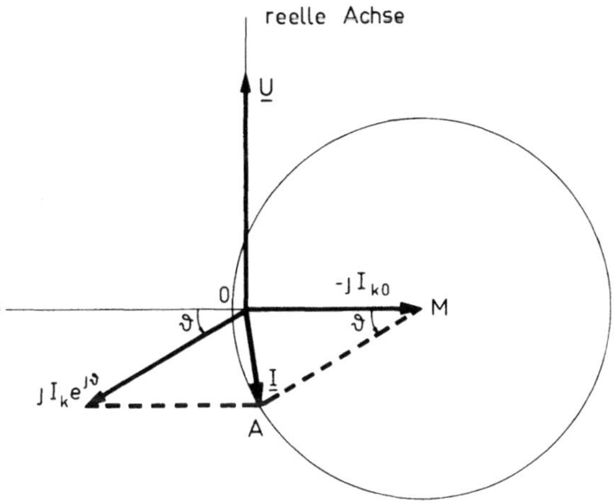

Bild 2.11
Zeigerbild nach Gl. (2.39)

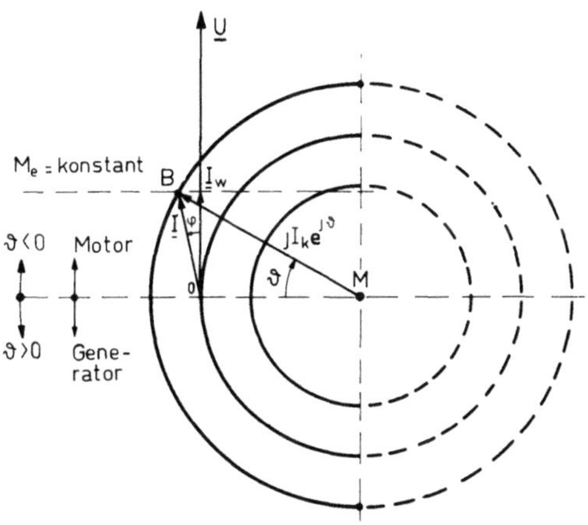

Bild 2.12
Kreisdiagramm der Vollpolmaschine

Die Stromortskurve der Vollpolsynchronmaschine, das sogenannte Kreisdiagramm, ist in Bild 2.12 noch einmal für drei verschiedene Erregerströme wiedergegeben. Der Kreis mit dem Radius M0 gehört zur Leerlauferregung.

Bei dem durch den Punkt B gekennzeichneten Belastungszustand liegt die Wirkkomponente $\underline{I}_w$ des Ankerstromes $\underline{I}$ in Phase mit $\underline{U}$. Die Maschine nimmt Wirkleistung aus dem Netz auf und arbeitet daher als Motor. Der zugehörige Lastwinkel ϑ ist negativ. Das gilt für jeden Punkt oberhalb der imaginären Achse. Daher liegt oberhalb der j-Achse das Motorgebiet und unterhalb das Generatorgebiet.

Hält man die mechanische Leistung und damit auch das Drehmoment konstant und verändert die Erregung, dann bewegt sich der Endpunkt von $\underline{I}$ auf der in Bild 2.12 gestrichelt eingetragenen Geraden, die alle Punkte gleichen Wirkstromes wiedergibt.

Anmerkung

Aus Bild 2.12 liest man folgende Beziehung ab:

$$I_w = I \cos\varphi = - I_k \sin\vartheta \qquad (\vartheta \text{ ist negativ}).$$

Da die Verluste im Ständer vernachlässigt wurden, gilt für die Luftspaltleistung

$$P_\delta = P = m\,U\,I \cos\varphi = - m\,U\,I_k \sin\vartheta,$$

und wir finden die bereits früher abgeleitete Beziehung für das elektromagnetische Drehmoment

$$M_e = - m \frac{p}{\omega} U\,I_k \sin\vartheta. \qquad \text{(vgl. 2.29)}$$

Beim Winkel

$$\vartheta = \vartheta_K = \pm \frac{\pi}{2}$$

erreicht die Maschine ihr Kippmoment M_{eK}. Überschreitet das Gegenmoment diesen Wert, so fällt die Synchronmaschine außer Tritt. Der Winkel ϑ_K gibt daher die Grenze für die statische Stabilität an.

Die Stromortskurven moderner hoch ausgenutzter Vollpolmaschinen sind wegen der merklichen Sättigung des Eisens keine Kreise [2]. Außerdem macht sich bei Turbogeneratoren die Tatsache, daß die tiefen Nuten zur Aufnahme der Erregerwicklung nur über 2/3 des Umfangs auftreten, darin bemerkbar, daß der wirksame Luftspalt längs des Umfangs nicht völlig konstant ist.

● 2.7. Einfluß der Sättigung des Eisens

Bei modernen, hoch ausgenutzten Maschinen spielt die magnetische Spannung im Eisen eine bedeutende Rolle. Der effektive Luftspalt δ'' in den Induktivitäten L_h und M hängt daher von der Sättigung des Eisens ab, die sich mit der Belastung ändert. Für einen gegebenen Betriebszustand lassen sich die Induktivitäten mit Hilfe der Leerlaufkennlinie und des Zeigerbildes ermitteln.

2.7.1. Leerlaufkennlinie

Als Leerlaufkennlinie bezeichnet man den Zusammenhang zwischen der Ständerspannung U und dem Erregerstrom I_f für den Fall, daß der Ankerstrom I = 0 ist und der Läufer mit der synchronen Drehzahl n_0 umläuft.

Setzen wir in Gl. (2.8) $\underline{I} = 0$, dann finden wir

$$\underline{U} = j\,\omega\,M \frac{\underline{I}_f}{\sqrt{2}} = - \underline{E}_p.$$

Da die Gegeninduktivität M keine Konstante ist, sondern vom Sättigungszustand des Eisens abhängt, besteht zwischen U und I_f kein linearer Zusammenhang. Mit wachsender Erregung nimmt nach Gl. (1.22) der wirksame Luftspalt wegen der Sättigung nach Überschreiten der maximalen Permeabilität zu. Hierdurch wird aufgrund der Gl. (1.43) die Gegeninduktivität mit zunehmender Sättigung kleiner.

Die Leerlaufkennlinie ist in Bild 2.13 wiedergegeben. Gleichzeitig ist gestrichelt der Zusammenhang zwischen U und I_f eingetragen, der sich bei ungesättigtem Eisen ergeben würde. Er wird allein durch den Luftspalt δ' bestimmt.

Infolge der Hysterese ergibt sich auch beim Erregerstrom $I_f = 0$ eine Remanenzspannung, sofern die Maschine schon einmal magnetisiert war. Außerdem zeigt die Magnetisierungskennlinie eine Hystereseschleife. Beides ist in Bild 2.13 vernachlässigt.

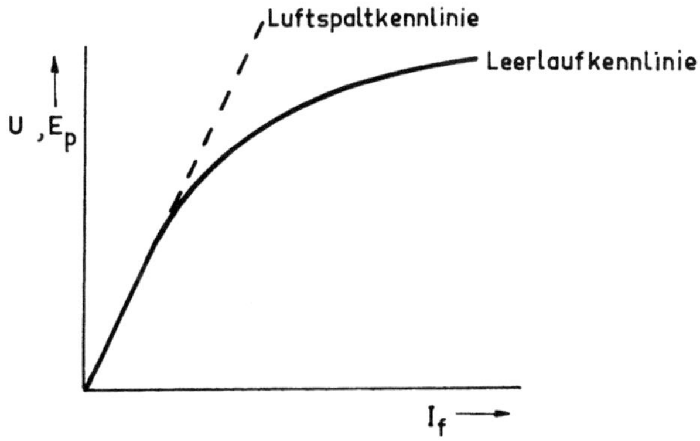

Bild 2.13
Leerlaufkennlinie

Leerlaufversuch: Durch Messung des Erregerstromes I_f, der Klemmenspannung U und der mechanisch zugeführten Leistung lassen sich bei Leerlauf der Maschine mit synchroner Drehzahl die Leerlaufkennlinie sowie die Leerverluste (Eisen- und Reibungsverluste) als Funktion der Klemmenspannung ermitteln. Hierzu wird die Synchronmaschine meist von einer Gleichstrommaschine angetrieben.

2.7.2. Zeigerbild

Für jeden Belastungszustand läßt sich mit Hilfe der Gl. (2.8) und (2.9) das zugehörige Zeigerbild zeichnen, sofern der hierbei auftretende Sättigungszustand des Eisens bekannt ist: L_h und M liegen dann fest. Wir wollen vorläufig davon ausgehen, daß diese Induktivitäten gegeben sind.

Das Zeigerdiagramm des Bildes 2.14 gilt für eine Belastung, bei welcher der Ständerstrom $\underline{I}$ der Spannung $\underline{U}$ um einen Phasenwinkel φ von mehr als $\pi/2$ voreilt. Die zugehörige Wirkleistung ist daher negativ, und da wir stets das Verbraucher-Zählpfeilsystem (VZS) benutzt haben, arbeitet die Synchronmaschine in diesem Fall als Generator.

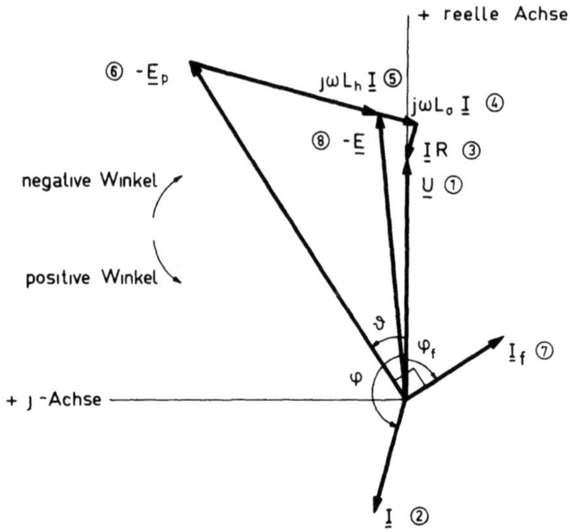

Bild 2.14
Zeigerbild für Generatorbetrieb

Die Reihenfolge, in der sich das Zeigerbild zeichnen läßt, ist durch Nummern angegeben. In Bild 2.14 sind die Winkel mit Pfeilen dargestellt. Sie sind positiv, wenn die Pfeile dem Uhrzeigersinn entgegengerichtet sind. Aus Bild 2.14 lesen wir ab:

$$\varphi_f > -\pi/2 \text{ und } \vartheta > 0.$$

Im Falle des Motorbetriebes (Bild 2.15) liegt die Wirkkomponente des Stromes $\underline{I}$ in Richtung von $\underline{U}$, so daß die Synchronmaschine positive Wirkleistung aus dem Netz aufnimmt. In diesem Fall lesen wir aus dem Zeigerbild ab:

$$\varphi_f < -\pi/2 \text{ und } \vartheta < 0.$$

Ist die Maschine unbelastet ($\underline{I} = 0$), dann erhält man das in Bild 2.16 angegebene Zeigerbild. In diesem Fall ist

$$\varphi_f = -\pi/2 \text{ und } \vartheta = 0.$$

2.7.3. Ankerrückwirkung und Magnetisierungsstrom

In den Bildern 2.14 und 2.15 ist auch ein Zeiger

$$-\underline{E} = -\underline{E}_p - \underline{E}_h$$

dargestellt. Bekanntlich ist

$$-\underline{E}_p = j\,\omega\,M\,\underline{I}_f/\sqrt{2}$$

und

$$-\underline{E}_h = j\,\omega\,L_h\,\underline{I}.$$

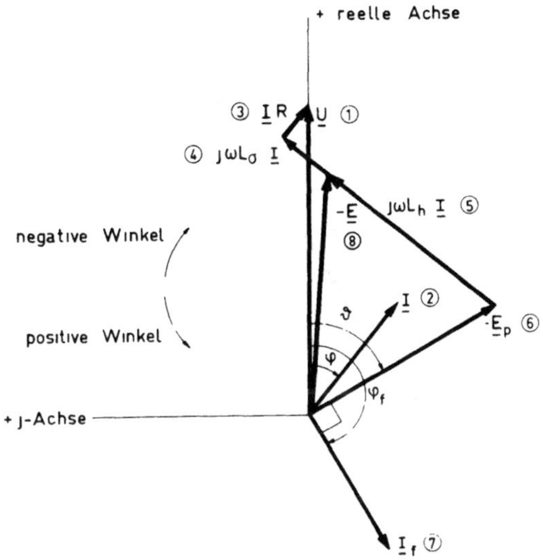

Bild 2.15. Zeigerbild für Motorbetrieb

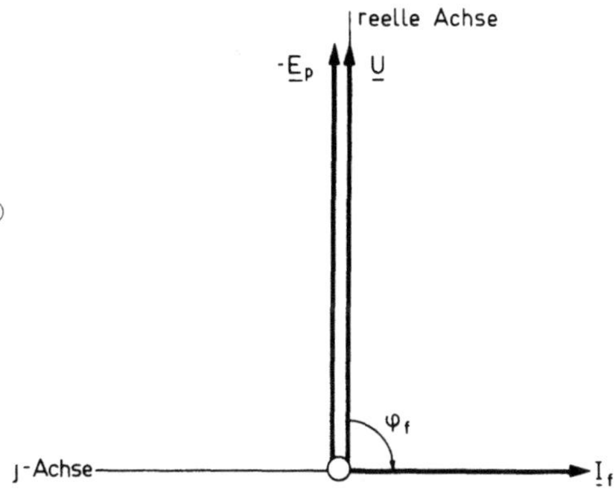

Bild 2.16. Zeigerbild für Leerlauf

Die Spannung $-\underline{E}_p$ wird durch das Läuferdrehfeld und $-\underline{E}_h$ vom Ständerdrehfeld erzeugt. $-\underline{E}$ ist daher die Spannung, die das resultierende Luftspaltfeld hervorruft. Für die belastete Synchronmaschine gilt im allgemeinen

$$E \neq E_p.$$

Ob E kleiner oder größer ist als E_p, hängt von der Art der Belastung ab. So wird bei einer induktiven Belastung des Netzes nach Bild 2.14, wobei $0 < \varphi < \pi$ ist, E sicher kleiner als E_p sein. Offensichtlich entwickeln hier die Ständerströme ein Drehfeld, das das ursprüngliche Polradfeld schwächt. Bei einer derartigen Belastung ist das resultierende Feld kleiner als das Polradfeld.

Den Einfluß der Ständerströme auf das resultierende Feld bezeichnet man als *Ankerrückwirkung*.

Das einzig wirklich auftretende Luftspaltfeld ist natürlich das resultierende Feld. Daher kommt allein der Größe $-\underline{E}$ eine physikalische Bedeutung zu, während $-\underline{E}_p$ nur eine fiktive Spannung und damit eine Rechengröße darstellt. Maßgebend für die Sättigung des Eisens ist demnach E.

Zum Zeichnen der Zeigerdiagramme der belasteten Maschine hatten wir bisher angenommen, daß der Sättigungszustand des Eisens und damit die Induktivitäten L_h und M bekannt waren. Wir wollen nunmehr sehen, wie sich das Zeigerbild ohne diese Voraussetzung mit Hilfe der Leerlaufkennlinie ermitteln läßt. Hierzu ist in

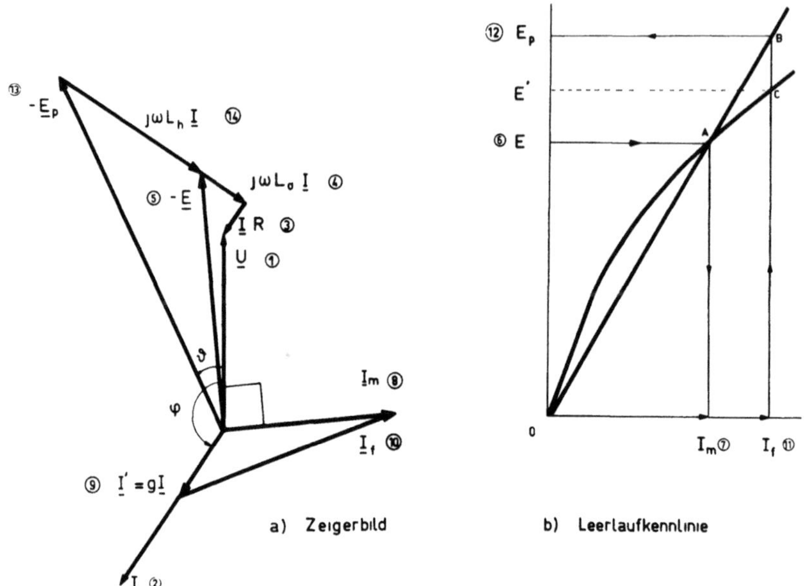

Bild 3.6
Zeigerbild der Schenkelpolmaschine für übererregten Generatorbetrieb

Bild 2.17 noch einmal das Zeigerbild für den Generatorbetrieb wiedergegeben, wobei die Reihenfolge wiederum durch Nummern bezeichnet ist.

Da sich die Streufelder zum größten Teil über erhebliche Luftstrecken schließen, kann man für die normalen Belastungszustände der Maschine die Streuinduktivität L_σ als unabhängig von der Eisensättigung betrachten. L_σ ist daher eine Konstante.

Das Zeigerbild läßt sich demnach ohne weiteres bis zum Zeiger $-\underline{E}$ zeichnen. Um weiter zu kommen, benötigt man eigentlich die sättigungsabhängige Induktivität L_h. Hier hilft nun ein Kunstgriff weiter, wozu wir die Spannungsgleichung (2.8) folgendermaßen schreiben:

$$\underline{U} - (R + j\,\omega\,L_\sigma)\,\underline{I} = j\,\omega\,\frac{M}{\sqrt{2}}\,\underline{I}_f + j\,\omega\,L_h\,\underline{I} = -\underline{E}$$

oder

$$-\underline{E} = j\,\omega\,\frac{M}{\sqrt{2}}\left(\underline{I}_f + \frac{L_h\sqrt{2}}{M}\,\underline{I}\right).$$

Der Einfluß der Ständerströme auf die EMK $\underline{E}$ des resultierenden Luftspaltfeldes läßt sich offensichtlich durch einen zusätzlichen Erregerstrom

$$\underline{I}' = \frac{L_h\sqrt{2}}{M}\,\underline{I} = g\,\underline{I} \tag{2.40}$$

beschreiben. Man bezeichnet daher $\underline{I}'$ auch als den ***auf die Erregerwicklung bezogenen Ankerstrom.*** Der Umrechnungsfaktor ergibt sich aus den Gl. (1.40) und (1.43) zu

$$g = \frac{m}{\sqrt{2}} \frac{w\,\xi}{w_f\,\xi_f} = \text{konst.} \tag{2.41}$$

Damit gilt

$$-\underline{E} = j\,\omega\,\frac{M}{\sqrt{2}}\,(\underline{I}_f + \underline{I}').$$

Es liegt nun nahe, die Summe der Ströme, welche das resultierende Luftspaltfeld bestimmen, als ***Magnetisierungsstrom***

$$\boxed{\underline{I}_m = \underline{I}_f + \underline{I}'} \tag{2.42}$$

zu bezeichnen, so daß wir schreiben können

$$\boxed{-\underline{E} = j\,\omega\,\frac{M}{\sqrt{2}}\,\underline{I}_m.} \tag{2.43}$$

Offensichtlich sind sowohl $\underline{I}'$ als auch $\underline{I}_m$ nur fiktive Ströme.

Kehren wir zum Zeigerbild zurück. Nunmehr ist es möglich, mit Hilfe der Leerlaufkennlinie den Magnetisierungsstrom I_m zu bestimmen und ihn nach Gl. (2.43) um $\pi/2$ gegenüber $-\underline{E}$ nacheilend in das Zeigerbild einzutragen. Mit Hilfe der Gl. (2.40) ergibt sich der Zeiger $\underline{I}'$, so daß nach Gl. (2.42) auch $\underline{I}_f$ festliegt. Da die Polradspannung $-\underline{E}_p$ dem Strom $\underline{I}_f$ um $\pi/2$ voreilt, ist auch ihre Richtung bekannt.

Die Sättigung des Eisens wird durch E bestimmt, so daß für den zugehörigen Betriebszustand die EMKe E_p und E_h in der Leerlaufkennlinie auf der Geraden durch 0 und A liegen.

Daß man die wirkliche Leerlaufkennlinie durch die Gerade 0A zu ersetzen hat, ist eine Folge der Rechnung mit konstanter Permeabilität, wobei der Punkt A die Permeabilität festlegt.

Zusammenfassung:

Die Ankerrückwirkung bedeutet physikalisch den Einfluß der Ständerströme auf das Luftspaltfeld. Dieser Einfluß bestimmt stark das Betriebsverhalten der Synchronmaschine.

Man kann die Ankerrückwirkung auf zwei völlig verschiedene Weisen beschreiben:

- durch einen fiktiven Strombelag auf dem Läufer, der gleich dem Strombelag des Ständers ist. Diesen fiktiven Strombleag erhält man durch den fiktiven Strom $\underline{I}'$ in der Erregerwicklung;
- durch den induktiven Spannungsabfall des Ständerstromes in der Drehfeldinduktivität L_h.

Die erste Beschreibung der Ankerrückwirkung eignet sich besonders für die Berechnung von Synchronmaschinen, die zweite dagegen zur Untersuchung des Betriebsverhaltens.

Aus Gl. (1.40) geht hervor, daß eine Vergrößerung des Luftspaltes die Drehfeldinduktivität L_h vermindert, wodurch dann auch der Spannungsabfall geringer wird.

2.7.4. Spannungsänderung bei Entlastung

Zur Betrachtung der Spannungsänderung, die bei der Entlastung eines allein arbeitenden Synchrongenerators auftritt, greifen wir auf Bild 2.17 zurück. Nach der Entlastung ($\underline{I} = 0$) wird bei gleichbleibendem Erregerstrom $\underline{I}_m = \underline{I}_f$. Gleichzeitig verändert sich jedoch der Sättigungszustand des Eisens, so daß man Bild 2.17 die neue EMK E' entnimmt, die durch den Punkt C auf der gekrümmten Leerlaufkennlinie bestimmt wird. Ferner wird die neue Klemmenspannung

$$\underline{U}' = -\underline{E}'.$$

Ist vor der Entlastung die Klemmenspannung U gleich der Nennspannung U_N, so tritt danach die relative Spannungserhöhung

$$\boxed{\frac{\Delta U}{\%} = \frac{E' - U_N}{U_N}\,100} \tag{2.44}$$

auf. Sie hängt außer von der Größe des Stromes vor allem vom Phasenwinkel φ ab. Während bei Belastung der Maschine mit Induktivitäten ($\varphi < \pi$) diese Spannungserhöhung positiv ist, kann nach kapazitiver Last sogar eine Spannungsverminderung auftreten.

Die höchstzulässige Spannungserhöhung soll nach VDE 0530 Teil 1/1 · 66 § 36 beim Nennleistungsfaktor den Wert 50 % nicht überschreiten.

Anmerkung

Zur praktischen Ermittlung des Erregerstromes bei gegebener Belastung gibt es verschiedene Näherungsmethoden, wie z. B.:

- Verfahren nach VDE 0530 Teil 4/10.66,

- das „Schwedendiagramm“,
- das Verfahren nach den amerikanischen Normalien (ASA C 50–1936).

Die beiden letzten Methoden findet man z. B. in [14].

2.8. Ersatzschaltbild

Aus der Spannungsgleichung für einen Ständerwicklungsstrang läßt sich unmittelbar das Ersatzschaltbild der Synchronmaschine ableiten. Wir setzen hierzu in Gl. (2.8) lediglich die Polrad-EMK $-\underline{E}_p$ ein:

$$\underline{U} = [R + j\,\omega\,(L_h + L_\sigma)]\;\underline{I} - \underline{E}_p.$$

Zur Abkürzung führen wir hier ferner die Drehfeldreaktanz

$$X_h = \omega\,L_h \tag{2.45}$$

und die Streureaktanz eines Ständerwicklungsstranges

$$X_\sigma = \omega\,L_\sigma \tag{2.46}$$

ein. Dann erhalten wir

$$\underline{U} = R\,\underline{I} + j\,X_\sigma\,\underline{I} + j\,X_h\,\underline{I} - \underline{E}_p. \tag{2.47}$$

In diese Gleichung können wir auch wiederum die resultierende EMK $\underline{E}$ einsetzen:

$$\underline{U} - R\,\underline{I} - j\,X_\sigma\,\underline{I} = -\underline{E}. \tag{2.48}$$

Aus den beiden letzten Gleichungen liest man das in Bild 2.18 gezeichnete Ersatzschaltbild ab.

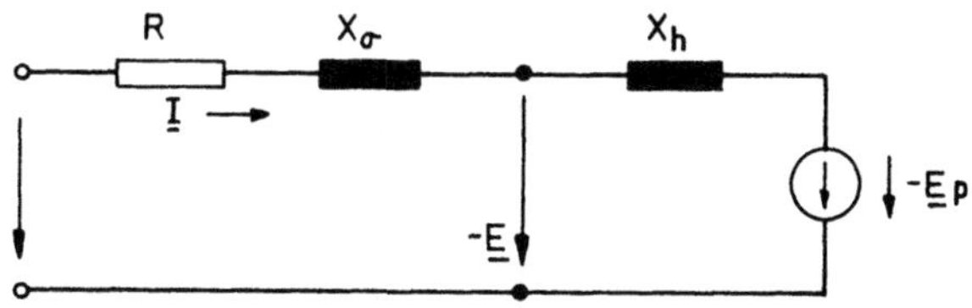

Bild 2.18
Ersatzschaltbild
der Synchronmaschine

Anmerkungen

1. Die Zeiger $-\underline{E}$ und $-\underline{E}_p$ sind keine EMKe sondern – genau so wie $\underline{U}$ – Spannungen oder „Spannungsabfälle“ (vgl. Bd. 1 Kapitel 5.3).
2. Das Besondere der Spannung $-\underline{E}_p$ liegt darin, daß sie ausschließlich durch $\underline{I}_f$ bestimmt wird und daher als eine eingeprägte Spannung aufzufassen ist.
3. Man kann das Ersatzschaltbild als Merkschema für die Spannungsgleichungen benutzen. Dabei sollte man sich jedoch stets dessen bewußt sein, daß das Ersatzschaltbild aus den Spannungsgleichungen folgt und nicht umgekehrt.

• 2.9. Kurzschluß

Unmittelbar nach dem Kurzschluß einer erregten Synchronmaschine setzt ein Ausgleichsvorgang ein, in dessen Verlauf die Ströme sehr hohe Werte erreichen. Den höchsten Augenblickswert des Stromes, der bei einem plötzlichen Klemmenkurzschluß einer auf Nennspannung erregten Maschine im ungünstigsten Schaltaugenblick auftreten kann, bezeichnet man als *Stoßkurzschlußstrom* (VDE 0530 Teil 1/1.66 § 4). Innerhalb einiger Sekunden geht der Übergangsvorgang allmählich in den stationären Zustand über und es fließt der *Dauerkurzschlußstrom*.

Maßgebend für die mechanische Beanspruchung der Maschine, insbesondere der Wickelköpfe, ist der Stoßkurzschlußstrom. Der stationäre Betrieb der Synchronmaschine im Kurzschlußzustand eignet sich zur experimentellen Ermittlung einiger charakteristischer Daten. In diesem *Kurzschlußversuch* wird zunächst die unerregte Maschine kurzgeschlossen und dann die rotierende Maschine langsam erregt, um die Stoßkurzschlußströme zu vermeiden.

Die Größe der Kurzschlußströme hängt nicht allein vom Schaltaugenblick ab, sondern auch von der Anzahl der kurzgeschlossenen Wicklungsstränge. Mit Hilfe der oben dargestellten Theorie läßt sich lediglich der dreipolige Dauerkurzschlußstrom berechnen.

2.9.1. Der dreipolige Dauerkurzschlußstrom

Das Ersatzschaltbild 2.18 gilt für alle stationären Betriebszustände, in denen die drei Wicklungsstränge symmetrisch belastet sind. Es gibt daher auch den dreipoligen Dauerkurzschluß wieder. Hierzu kann man ohne weiteres den Widerstand vernachlässigen, so daß sich der Kurzschlußzustand (U = 0) durch Bild 2.19 beschreiben läßt.

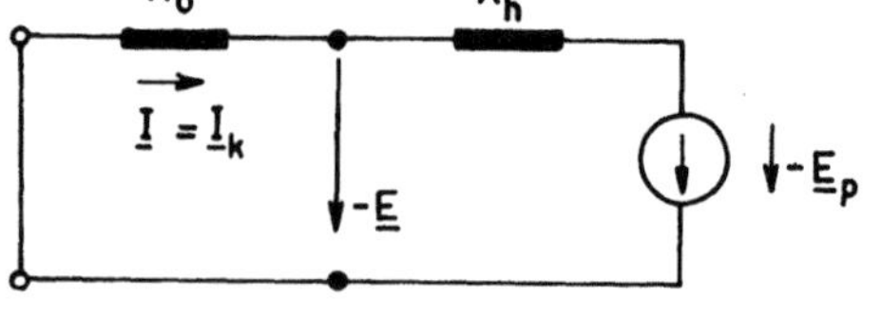

Bild 2.19
Ersatzschaltbild für den dreipoligen Dauerkurzschluß

Fassen wir wiederum die Reaktanzen zur *synchronen Reaktanz* zusammen:

$$X_d = X_\sigma + X_h, \tag{2.49}$$

so ergibt sich der Dauerkurzschlußstrom zu

$$I_k = \frac{E_p}{X_d}. \tag{2.50}$$

Da X_h der Größe des wirksamen Luftspaltes umgekehrt proportional ist und der Streukoeffizient der Ständerwicklung

$$\sigma_1 = \frac{X_\sigma}{X_h}$$

etwa zwischen 7 und 20 % liegt, hängt auch der Kurzschlußstrom in starkem Maße vom Luftspalt ab, und zwar nimmt I_k mit der Vergrößerung des Luftspaltes zu.

Das Zeigerbild für den dreipoligen Dauerkurzschluß ist in Bild 2.20a dargestellt. Es geht ohne weiteres aus Bild 2.17 hervor, wenn man $\underline{U}$ und $\underline{I}$ R gleich Null setzt.

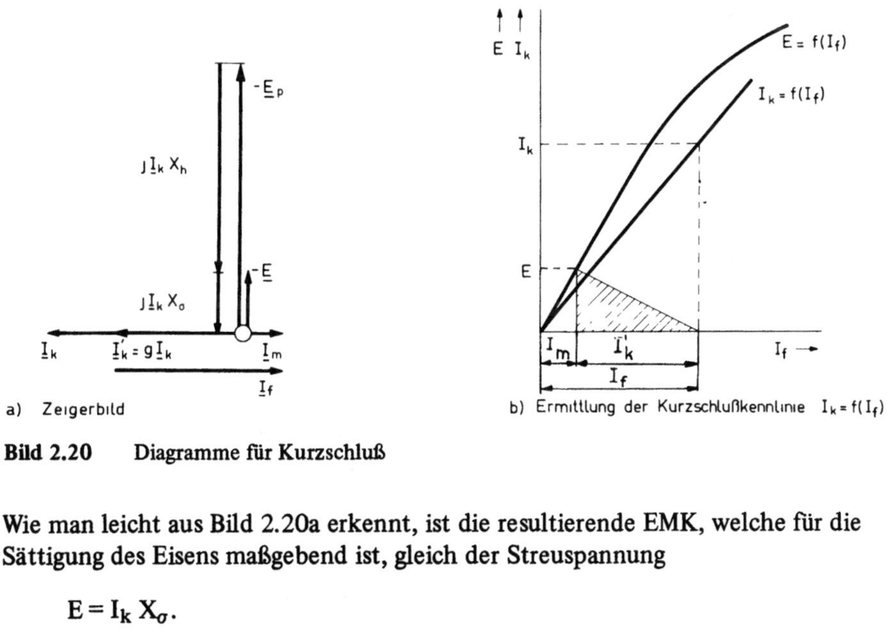

Bild 2.20 Diagramme für Kurzschluß

Wie man leicht aus Bild 2.20a erkennt, ist die resultierende EMK, welche für die Sättigung des Eisens maßgebend ist, gleich der Streuspannung

$$E = I_k X_\sigma.$$

Diese Streuspannung $I_k X_\sigma$ beträgt bei Nennstrom etwa 7 bis 20 % der Nennspannung. Daher liegt E bis weit über den Nennstrom hinaus auf dem geradlinigen Teil der Leerlaufkennlinie.

Die EMK E sowie die Ströme des Zeigerbildes sind in Bild 2.20b noch einmal gemeinsam mit der Leerlaufkennlinie gezeichnet. Betrachtet man das hierin schraffierte Dreieck, so erkennt man, daß die Seiten

$$E = X_\sigma I_k$$

und

$$I'_k = g\, I_k$$

dem Kurzschlußstrom I_k proportional sind. Solange die EMK E auf dem geradlinigen Teil der Leerlaufkennlinie liegt, besteht dann auch zwischen I_k und I_f ein linearer Zusammenhang. Diese sogenannte *Kurzschlußkennlinie* $I_k = f(I_f)$ ist ebenfalls in Bild 2.20b eingetragen. Das in Bild 2.20b schraffierte Dreieck nennt man *Kurzschlußdreieck* oder *POTIER-Dreieck*. Seine Seiten sind proportional I_k.

Anmerkung

Mit Hilfe des POTIER-Dreiecks läßt sich die Ständerstreureaktanz X_σ bestimmen, wenn der Ankerrückwirkungsfaktor g bekannt ist und umgekehrt.

2.9.2. Leerlauf-Kurzschlußverhältnis

Eine kennzeichnende Größe für das Betriebsverhalten einer Synchronmaschine ist das sogenannte Leerlauf-Kurzschlußverhältnis λ. Bezeichnen wir mit:

I_{k0} = stationärer Kurzschlußstrom bei Leerlauferregung,

I_N = Ankernennstrom,

dann ist das *Leerlauf-Kurzschlußverhältnis* definiert als

$$\boxed{\lambda = \frac{I_{k0}}{I_N}\,.} \tag{2.51}$$

Unter der *Leerlauferregung* versteht man dabei diejenige Erregung, bei der im Leerlauf die Nennspannung U_N auftritt. Hierzu ist der in Bild 2.21 eingetragene Leerlauf-Erregerstrom I_{f0} erforderlich.

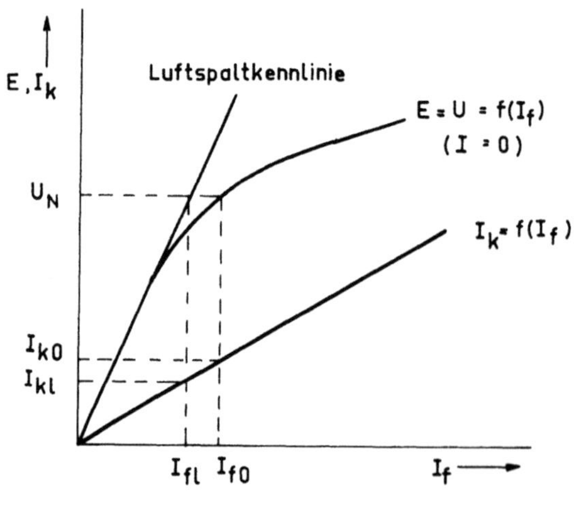

Bild 2.21
Zur Definition des Leerlauf-Kurzschlußverhältnisses

Um festzustellen, in welcher Weise das Leerlauf-Kurzschlußverhältnis mit anderen „Maschinen-Konstanten“ zusammenhängt, definieren wir mit Hilfe von Bild 2.21 folgende Größen:

- Die ungesättigte synchrone Reaktanz

$$X_d = \frac{E_p}{I_k} = \frac{U_N}{I_{kl}}, \tag{2.52}$$

- die gesättigte synchrone Reaktanz

$$X_{d\,\text{gesättigt}} = \frac{U_N}{I_{k0}}, \tag{2.53}$$

- die relative ungesättigte synchrone Reaktanz

$$x_d = X_d \frac{I_N}{U_N}, \tag{2.54}$$

- die relative gesättigte synchrone Reaktanz

$$x_{d\,\text{gesättigt}} = X_{d\,\text{gesättigt}} \frac{I_N}{U_N}. \tag{2.55}$$

Durch Einsetzen der Gl. (2.53) in Gl. (2.55) erhalten wir

$$x_{d\,\text{gesättigt}} = \frac{I_N}{I_{k0}}. \tag{2.56}$$

Damit läßt sich das Leerlauf-Kurzschlußverhältnis durch die relative gesättigte synchrone Reaktanz ausdrücken:

$$\boxed{\lambda = \frac{1}{x_{d\,\text{gesättigt}}}.} \tag{2.57}$$

Das Leerlauf-Kurzschlußverhältnis beträgt etwa

- bei Vollpolmaschinen $\lambda = 0{,}5$ bis $0{,}7$,
- bei Schenkelpolmaschinen $\lambda = 0{,}8$ bis $1{,}4$.

Je kleiner der Luftspalt ist, umso größer wird die synchrone Reaktanz und umso kleiner das Leerlauf-Kurzschlußverhältnis. Synchronmaschinen mit einem kleinen Leerlauf-Kurzschlußverhältnis benötigen daher eine verhältnismäßig geringe Erregerdurchflutung.

Anmerkung

Wie aus den oben genannten Zahlen für λ hervorgeht, beträgt der Dauerkurzschlußstrom bei Leerlauferregung nur etwa das 0,5- bis 1,4fache des Nennstromes. Der Kurzschlußstrom ist deshalb so gering, weil im Kurzschluß das resultierende Luftspaltfeld auf einen kleinen Betrag zurückgeht. Dieselbe Erscheinung tritt beim Stromtransformator auf (Band I Kapitel 9). Wie bei diesem ist beim Synchrongenerator der primäre Strom, als den man den Erregerstrom I_f auffassen kann, gegeben und der Fluß hängt von der Belastung des Netzes ab, das der Generator speist. Im Kurzschlußfall wird der Fluß sehr klein.

Der allein arbeitende Synchrongenerator wirkt daher wie ein Stromtransformator.

Demgegenüber ist beim normalen Leistungstransformator die Primärspannung und damit der Fluß konstant. Der Dauerkurzschlußstrom des Leistungstransformators ist daher groß.

2.9.3. Stoßkurzschluß

Zur Berechnung der Ströme und Drehmomente, die nach einem plötzlichen Kurzschluß auftreten, hat man von dem vollständigen System der Spannungsgleichungen auszugehen, welche außer dem stationären Zustand auch den nichtstationären Zustand beschreiben. Die Aufstellung und Lösung dieser Gleichungen für den Stoßkurzschluß würde den Rahmen dieser Einführung sprengen, so daß hierfür auf die Literatur [10, 11] verwiesen wird.

Wie aus diesen Büchern hervorgeht, wird der Stoßkurzschlußstrom durch die ***Streureaktanzen*** der Ständerwicklung, der Erregerwicklung und der Dämpferwicklung bestimmt. Die Größe des Stoßkurzschlußstromes hängt ferner von der Anzahl der kurzgeschlossenen Wicklungsstränge ab.

Nach VDE 0530, Teil 1/1.66 § 41 soll der Stoßkurzschlußstrom $i_{k\max}$ einer auf Nennspannung erregten und dann allpolig kurzgeschlossenen Synchronmaschine mit Rücksicht auf die mechanische Beanspruchung die folgende Bedingung einhalten:

$$\boxed{i_{k\max} \leqslant 15\sqrt{2}\, I_N,}$$

wobei für Turbogeneratoren besondere Vorschriften gelten (VDE 0530 Teil 3/1.66 §§ 8b und 31b). Die Tatsache, daß derartige Begrenzungen nötig sind, läßt erkennen, daß der Stoßkurzschlußstrom in Synchronmaschinen sehr hohe Werte erreichen kann. Hierbei treten erhebliche mechanische Kräfte vor allem in den Wickelköpfen auf.

2.10. Blindlastkennlinie

Der Blindlastversuch bietet eine Möglichkeit zur Ermittlung des POTIER-Dreiecks (VDE 0530 Teil 4/10.66 § 33). Hierzu benutzt man einen Punkt der Blindlastkennlinie

$$U = f(I_f) \quad \text{bei } I = \text{const}, \cos\varphi = 0 \text{ übererregt.}$$

Für eine bestimmte Spannung wird dieser Belastungszustand durch das Zeigerdiagramm in Bild 2.22 beschrieben, wenn man den Einfluß des Widerstandes R vernachlässigt. Aus dem Zeigerbild geht hervor

$$E = U + X_\sigma I, \qquad (2.58)$$
$$I_f = I_m + I'. \qquad (2.59)$$

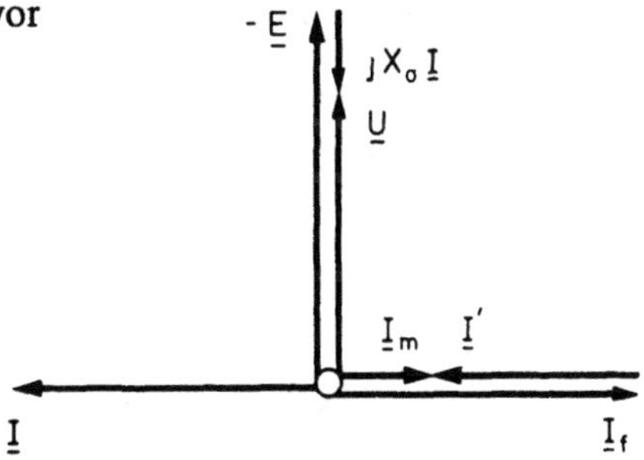

Bild 2.22
Zeigerbild für Blindlast cos φ = 0 übererregt

Mit Hilfe dieser beiden Beziehungen läßt sich die Blindlastkennlinie aus der Leerlaufkennlinie $E = f(I_f)$ ableiten (Bild 2.23), sofern der Ankerrückwirkungsfaktor $g = I'/I$ bekannt ist. Ausgehend von einer bestimmten EMK E (Punkt A) erhält man mit Hilfe der Gl. (2.58) den Punkt B und aus Gl. (2.59) den Punkt C auf der Blindlastkennlinie. Bei konstantem Strom bleibt das zwischen der Leerlauf- und der Blindlastkennlinie liegende POTIERdreieck ABC unabhängig von der Spannung gleich. Für U = 0 liegt der dreipolige Dauerkurzschluß vor (vgl. Bild 2.20b).

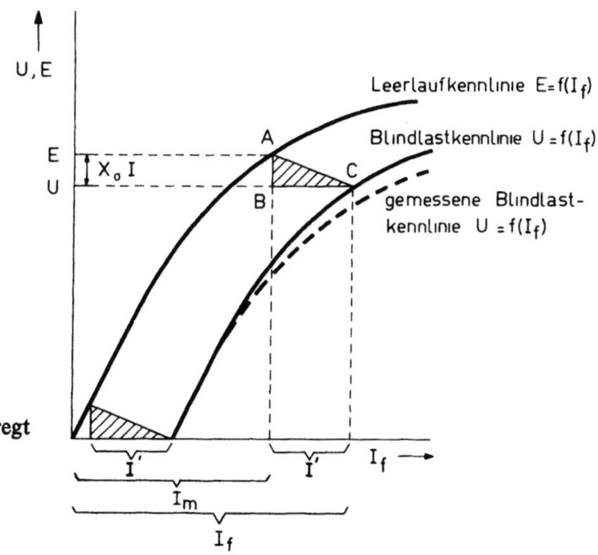

Bild 2.23
Blindlastkennlinie für cos φ = 0 übererregt

Anmerkung

Die auf diese Weise konstruierte Blindlastkennlinie weicht von der in Bild 2.23 gestrichelt eingetragenen gemessenen Blindlastkennlinie ab. In der obigen Betrachtung wurde nämlich stillschweigend vorausgesetzt, daß die Sättigung des Eisens allein durch das Hauptfeld bestimmt wird. Tatsächlich erhöht sich jedoch diese Sättigung noch mit steigendem Erregerstrom durch den Streufluß der Erregerwicklung.

● 3. Stationärer Betrieb der Schenkelpolmaschine

Auch die Behandlung der Schenkelpolmaschine beschränken wir hier auf das stationäre Verhalten. Daher gelten auch für die Schenkelpolmaschine die bereits zu Beginn des 2. Kapitels genannten Voraussetzungen.

Führt eine symmetrisch belastete Synchronmaschine im Ständerstrang a den Strom

$$i = I\sqrt{2}\cos(\omega t + \varphi), \tag{3.1}$$

so ergibt der Strom aller Ständerwicklungsstränge den Strombelag

$$A(\alpha_1, t) = -\hat{A}\sin(p\,\alpha_1 - \omega t - \varphi). \tag{3.2}$$

In Bild 3.1 sind dieser Strombelag und der Stand des Polrades einer zweipoligen Maschine für den Zeitpunkt t = 0 schematisch wiedergegeben. Das Luftspaltfeld dieses Strombelages ist bei der Schenkelpolmaschine nicht mehr räumlich sinusförmig verteilt, weil der Luftspalt längs des Umfanges nicht konstant ist. Die Form

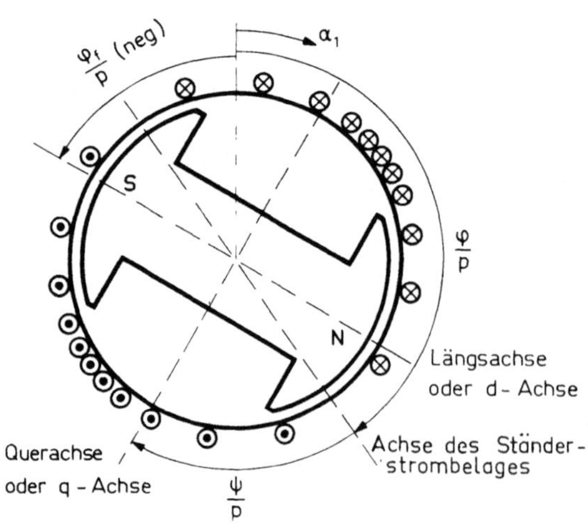

Bild 3.1
Lage des Polrades zum Strombelag für t = 0

dieses Feldes ändert sich mit der Belastung, weil der Stand des Polrades gegenüber dem Strombelag durch die Belastung bestimmt wird. Hierdurch wird die Berechnung des Ständerfeldes schwieriger als bei der Vollpolmaschine.

3.1. Zerlegung des Ständerstrombelages

Zur Berechnung des Ständerfeldes erweist es sich als zweckmäßig, in der Maschine zwei magnetische Achsen zu unterscheiden, nämlich

- die sogenannte *Längsachse* (Index d: direct axis) und
- die sogenannte *Querachse* (Index q: quadrature axis).

Diese Achsen sind in Bild 3.1 angegeben. In diesem Bild ist ferner zu sehen, daß die Ständerwicklung wie eine umlaufende Spule wirkt, deren Achse durch den Ständerstrombelag bestimmt wird. Diese Achse fällt im allgemeinen nicht mit der Längsachse zusammen. Den elektrischen Winkel zwischen der Achse des Ständerstrombelages und der Querachse bezeichnen wir mit ψ.

Die Berechnung des Ständerfeldes wird besonders einfach, wenn man den erzeugenden Ankerstrombelag in zwei Komponenten zerlegt, deren magnetische Achsen mit der Längs- und der Querachse zusammenfallen (Bild 3.2).

Aus den Bildern 3.1 und 3.2 gehen die folgenden Beziehungen zwischen den räumlichen Winkeln hervor:

$$\frac{\varphi_q}{p} = \frac{\varphi}{p} + \frac{\psi}{p},$$

$$\frac{\varphi_d}{p} = \frac{\varphi}{p} + \frac{\psi}{p} - \frac{\pi/2}{p},$$

so daß für die elektrischen Winkel gilt:

$$\left.\begin{aligned} \varphi_q &= \varphi + \psi, \\ \varphi_d &= \varphi + \psi - \pi/2. \end{aligned}\right\} \tag{3.3}$$

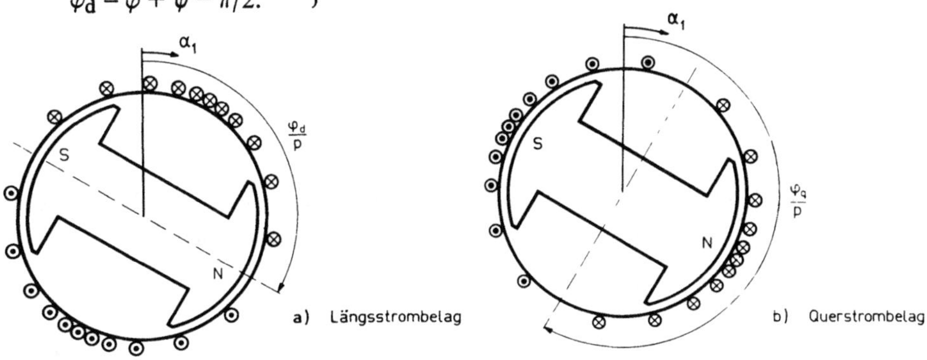

Bild 3.2 Die beiden Komponenten des Strombelages für t = 0

Bild 3.2 läßt ferner erkennen, daß der Längsstrombelag durch die Beziehung

$$A_d(\alpha_1, t) = -\hat{A}_d \sin(p\alpha_1 - \omega t - \varphi_d) \tag{3.4}$$

und der Querstrombelag durch

$$A_q(\alpha_1, t) = -\hat{A}_q \sin(p\alpha_1 - \omega t - \varphi_q) \tag{3.5}$$

wiedergegeben wird. Die Summe dieser beiden Komponenten muß den ursprünglichen Strombelag ergeben:

$$A(\alpha_1, t) = A_d(\alpha_1, t) + A_q(\alpha_1, t). \tag{3.6}$$

$A_d(\alpha_1, t)$ bzw. $A_q(\alpha_1, t)$ kann man dadurch erhalten, daß man im Ständer ein symmetrisches Stromsystem fließen läßt, dessen Strom im Wicklungsstrang a wir mit i_d bzw. i_q bezeichnen:

$$i_d = I_d \sqrt{2} \cos(\omega t + \varphi_d),$$
$$i_q = I_q \sqrt{2} \cos(\omega t + \varphi_q).$$

Es empfiehlt sich daher, den wirklichen Ankerstrom i in diese beiden Komponenten zu zerlegen:

$$i = i_d + i_q$$

oder

$$I \sqrt{2} \cos(\omega t + \varphi) = I_d \sqrt{2} \cos(\omega t + \varphi_d) + I_q \sqrt{2} \cos(\omega t + \varphi_q).$$

Mit Hilfe der komplexen Rechnung finden wir die Bedingung

$$I e^{j\varphi} = I_d e^{j\varphi_d} + I_q e^{j\varphi_q}.$$

Setzen wir

$$\underline{I} = I e^{j\varphi}; \quad \underline{I}_d = I_d e^{j\varphi_d}; \quad \underline{I}_q = I_q e^{j\varphi_q},$$

dann ist

$$\boxed{\underline{I} = \underline{I}_d + \underline{I}_q.} \tag{3.7}$$

Nach Gl. (3.3) sind $\underline{I}_d$ und $\underline{I}_q$ um $\pi/2$ phasenverschoben. Die Zeiger $\underline{I}$, $\underline{I}_d$ und $\underline{I}_q$ sind in Bild 3.3 dargestellt. Hieraus liest man folgende Beziehungen ab:

$$\underline{I}_q = \underline{I} \cos\psi \, e^{j\psi}, \tag{3.8}$$
$$\underline{I}_d = \underline{I} \sin\psi \, e^{j(\psi - \pi/2)}, \tag{3.9}$$

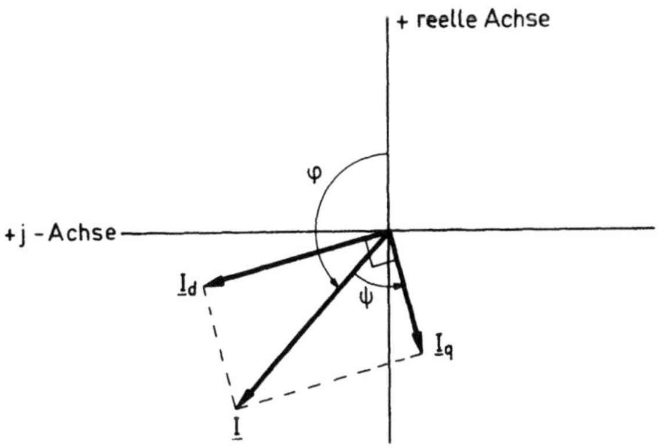

Bild 3.3
Zerlegung des Ankerstromes $\underline{I}$

so daß für die Strombelagsamplituden gilt:

$$\hat{A}_d = \hat{A} \sin\psi, \quad \hat{A}_q = \hat{A} \cos\psi, \quad \hat{A} = \sqrt{\hat{A}_d^2 + \hat{A}_q^2}. \tag{3.10}$$

Das Ankerlängsfeld, das vom Längsstrombelag $A_d(\alpha_1, t)$ gebildet wird, und das von $A_q(\alpha_1, t)$ herrührende Ankerquerfeld nehmen eine unveränderliche und symmetrische Lage zum Polrad ein. Die Zerlegung der Ströme ermöglicht es daher, das gesamte Ankerfeld, dessen Größe und Form von der Belastung abhängt, stets aus dem Ankerlängs- und Ankerquerfeld zu berechnen.

3.2. Ermittlung der Induktivitäten

Jeder der beiden Achsen können wir eine Drehfeldinduktivität zuordnen. Zu ihrer Berechnung müssen wir die Felder des Längs- und Querstrombelages ermitteln.

Der sinusförmig verteilte Strombelag $A_d(\alpha_1, t)$ würde bei ununterbrochen konstantem Luftspalt das in Bild 3.4a angegebene räumlich sinusförmige Ankerlängsfeld mit der Amplitude $\hat{B}'_d$ hervorrufen. Das wirkliche Feld nimmt außerhalb der Polschuhe stark ab und man erhält bei konstantem Luftspalt unter den Polschuhen näherungsweise das in Bild 3.4a schraffierte Feld, dessen Grundfeld die Amplitude $\hat{B}_d$ besitzt.

In entsprechender Weise ergibt sich aus Bild 3.4b die Amplitude $\hat{B}_q$ des Ankerquerfeldes. Hier sinkt die Induktion in der Pollücke auf etwa 1/6 der bei glattem Läufer auftretenden Feldamplitude $\hat{B}'_q$ ab.

Da sich die Feldverteilung nach Bild 3.4 im stationären Zustand mit konstanter Geschwindigkeit gegenüber dem Ständer bewegt, haben diese Felder in der Ständer-

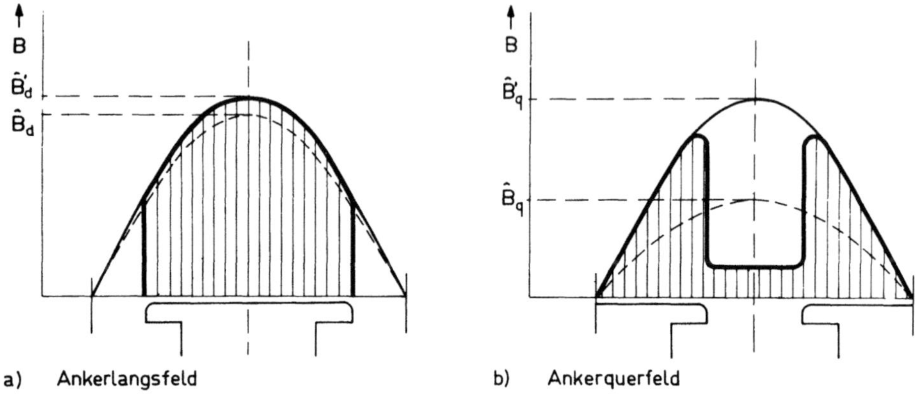

Bild 3.4. Ankerfeld

– für den Fall eines längs der gesamten Maschine konstanten Luftspaltes (Vollpolmaschine)
▬ angenäherter Verlauf unter Berücksichtigung der Pollücken
-- Grundwelle des angenäherten Feldverlaufs

wicklung EMKe zur Folge. Die Grundwelle induziert die Ständerwicklung mit Netzfrequenz, die aus einer FOURIERanalyse zu ermittelnden höheren Harmonischen entsprechend ihren höheren Polpaarzahlen mit Vielfachen der Netzfrequenz. Zur Berechnung der EMK des Grundfeldes definiert man die folgenden Induktivitäten:

- Die Proportionalitätskonstante zwischen dem Spulenfluß der Grundwelle des Ankerlängsfeldes im Ständerwicklungsstrang a und dem Längsstrom i_d in diesem Strang bezeichnet man als Drehfeldinduktivität der Längsachse L_{hd}.
- Die Proportionalitätskonstante zwischen dem Spulenfluß der Grundwelle des Ankerquerfeldes im Ständerwicklungsstrang a und dem Querstrom i_q in diesem Strang bezeichnet man als Drehfeldinduktivität der Querachse L_{hq}.

Damit ergibt $\omega L_{hd} I_d$ die Grundschwingung der EMK des Längsfeldes und $\omega L_{hq} I_q$ die Grundschwingung der EMK des Querfeldes im Wicklungsstrang a. Die Oberschwingungen der EMK infolge der höheren Harmonischen des Ankerfeldes wollen wir im folgenden vernachlässigen.

Anmerkung

Vor allem das Ankerquerfeld besitzt eine starke dritte Harmonische, die besonders bei Wirklast in den drei Wicklungssträngen gleichphasige Spannungen der dreifachen Netzfrequenz hervorruft. Ist die Ständerwicklung in Stern geschaltet, so tritt diese Spannung im Netz nicht auf.

Wegen der Pollücken sind die Drehfeldinduktivitäten L_{hd} und L_{hq} kleiner als die Drehfeldinduktivität L_h der Vollpolmaschine. Wir setzen

$$L_{hd} = c_d\, L_h \quad c_d < 1, \tag{3.11}$$

$$L_{hq} = c_q\, L_h \quad c_q < 1. \tag{3.12}$$

Da der Spulenfluß und damit auch die EMK eines sinusförmigen Drehfeldes propor tional der Amplitude dieses Feldes ist, gilt:

$$c_d = \frac{\hat{B}_d}{\hat{B}'_d} \quad \text{und} \quad c_q = \frac{\hat{B}_q}{\hat{B}'_q} .$$

Es ist ohne weiteres einzusehen, daß die Faktoren c_d und c_q abhängen von

- dem Verhältnis zwischen der Polschuhbreite b_p und der Polteilung τ_p,
- der Form der Polschuhe,
- dem Verhältnis des Luftspaltes δ_m in der Mitte der Polschuhe zur Polteilung τ_p,
- der Sättigung des Eisens.

Zur genaueren Ermittlung dieser Faktoren zeichnet man die Feldbilder. Auf diese Weise sind unter Vernachlässigung der Eisensättigung von TITTEL [16] die in Bild 3.5 dargestellten Faktoren bestimmt worden.

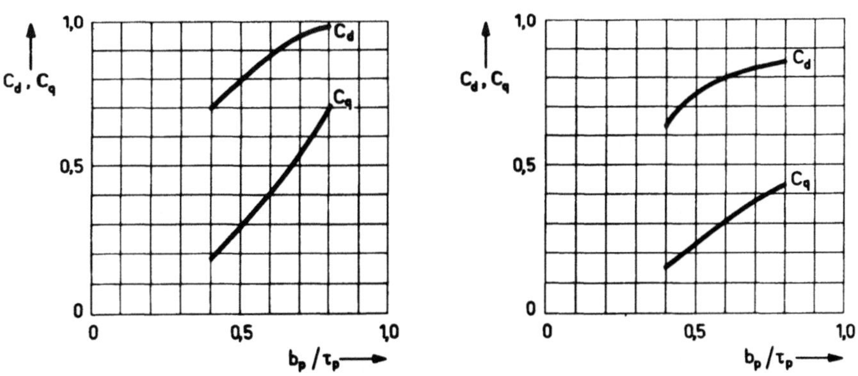

a) für konstanten Luftspalt ($\delta_m/\tau_p \approx 0{,}02$)

b) für sinusförmigen Luftspalt ($\delta_m/\tau_p \approx 0{,}015$)

Bild 3.5 Faktoren c_d und c_q nach TITTEL [16]

Anmerkung

In Generatoren verwendet man mit Rücksicht auf die Spannungsform meist einen sinus- oder trapezförmigen Luftspalt.

3.3. Spannungsgleichung

Die Komponente $\underline{I}_d$ des Ankerstromes ruft in der Längsachse ein Drehfeld hervor, dessen EMK im Wicklungsstrang a

$$\underline{E}_d = -j\,\omega\,L_{hd}\,\underline{I}_d = -j\,X_{hd}\,\underline{I}_d \tag{3.13}$$

beträgt. Entsprechend gilt für den netzfrequenten Anteil der EMK des Querfeldes:

$$\underline{E}_q = -j\,\omega\,L_{hq}\,\underline{I}_q = -j\,X_{hq}\,\underline{I}_q. \tag{3.14}$$

Das Polrad magnetisiert stets in der Längsachse. Die EMK des Polrades $\underline{E}_p$ im Ständerwicklungsstrang a ist

$$\underline{E}_p = -j\,\omega\,M'\,\frac{\underline{I}_f}{\sqrt{2}}. \tag{3.15}$$

Die Gegeninduktivität M', deren Berechnung hier nicht durchgeführt wird, unterscheidet sich von der Gegeninduktivität M der Vollpolmaschine, weil

- der Luftspalt längs des Umfangs nicht konstant ist (Pollücken und sinusförmiger bzw. trapezförmiger Luftspalt unter den Polschuhen);
- die Schenkelpolmaschine eine konzentrierte Erregerwicklung besitzt.

Auf entsprechende Weise wie bei der Vollpolmaschine finden wir die Spannungsgleichung der Schenkelpolmaschine:

$$\boxed{\underline{U} = (R + j\,X_\sigma)\,\underline{I} - (\underline{E}_p + \underline{E}_d) - \underline{E}_q.} \tag{3.16}$$

Hierin können wir die EMK des gesamten in der Längsachse wirkenden Feldes zusammenfassen zu

$$\underline{E}_l = \underline{E}_p + \underline{E}_d. \tag{3.17}$$

Die Zerlegung des Ankerfeldes war ja gerade so durchgeführt worden, daß die Achse des $\underline{E}_d$ erzeugenden Feldes mit der Achse des Erregerfeldes zusammenfällt. Daher können $\underline{E}_d$ und $\underline{E}_p$ nur in Phase oder in Gegenphase sein und es gilt für den Effektivwert von $\underline{E}_l$ bei Untererregung

$$E_l = E_p + E_d$$

und bei Übererregung

$$E_l = E_p - E_d.$$

Setzen wir in die Spannungsgleichung (3.16) die Werte für die EMKe nach Gl. (3.13) bis (3.15) ein, so folgt:

$$\underline{U} = (R + j X_\sigma) \underline{I} + j \omega \frac{M'}{\sqrt{2}} (\underline{I}_f + \underline{I}'_d) + j \omega L_{hq} \underline{I}_q, \tag{3.18}$$

wenn wir den auf die Erregerwicklung bezogenen Ankerlängsstrom

$$\underline{I}'_d = \frac{L_{hd} \sqrt{2}}{M'} \underline{I}_d = g_d \underline{I}_d \tag{3.19}$$

einführen. Im allgemeinen unterscheidet sich g_d von dem Faktor g der Vollpolmaschine.

Man kann nun auf dieselbe Weise den Ankerquerstrom $\underline{I}_q$ auf die Erregerwicklung beziehen:

$$\underline{I}'_q = \frac{L_{hq} \sqrt{2}}{M'} \underline{I}_q = g_q \underline{I}_q. \tag{3.20}$$

Anmerkung

Aus Gl. (3.20) darf man jedoch nicht folgern, daß ein Strom $\underline{I}'_q$ in der Erregerwicklung dasselbe Luftspaltfeld ergibt wie der Strom $\underline{I}_q$ in der Ständerwicklung. Der Strom in der Erregerwicklung magnetisiert nämlich immer in der Längsachse, der Strom $\underline{I}_q$ dagegen in der Querachse. Ist das Eisen nicht gesättigt, dann ist zwar die Amplitude des Drehfeldes in beiden Fällen gleich, nicht jedoch seine Phasenlage.

Die beiden in der Längsachse magnetisierenden Ströme $\underline{I}_f$ und $\underline{I}'_d$ können wir zu einem in der Längsachse wirksamen Magnetisierungsstrom

$$\underline{I}_m = \underline{I}_f + \underline{I}'_d \tag{3.21}$$

zusammenfassen. Da die EMKe $\underline{E}_p$ und $\underline{E}_d$ nur in Phase oder in Gegenphase sein können, gilt das auch für die zugehörigen Magnetisierungsströme und wir finden für die Absolutwerte

$$I_m = I_f \pm I'_d,$$

wobei das + Zeichen für Untererregung und das – Zeichen für Übererregung gilt. Daß im Falle der Untererregung das + Zeichen gilt, läßt sich auf folgende Weise leicht einsehen:

Arbeitet eine Synchronmaschine an einem starren Netz, dann sorgt im Leerlauf ($\underline{I} = 0$) allein das Polrad für die erforderliche Magnetisierung. Verringert man nun die Erregung, dann muß die Maschine einen Blindstrom aus dem Netz aufnehmen, der die Magnetisierung des Polrades unterstützt, so daß die erforderliche EMK entstehen kann.

3.4. Zeigerbild

Mit Hilfe der soeben abgeleiteten Gleichungen läßt sich für jeden Belastungszustand das Zeigerbild zeichnen, sofern man den hierbei auftretenden Sättigungszustand des Eisens kennt. L_{hd} und M' sind dann bekannte Größen. ***Vorläufig*** nehmen wir an, daß außerdem auch der Winkel ψ bekannt ist. Dann ist es möglich, das Zeigerbild in der in Bild 3.6 durch Nummern angegebenen Reihenfolge zu zeichnen.

Wie erhält man nun das Zeigerbild, wenn lediglich die Größen U, I, R, X_σ, der Winkel φ und die Leerlaufkennlinie bekannt sind? In diesem Fall können wir mit Hilfe der Spannungsgleichung

$$-\underline{E} = \underline{U} - R\,\underline{I} - j\,X_\sigma\,\underline{I}$$

das Diagramm bis zum Zeiger $-\underline{E}$ zeichnen. Um nun den Winkel ψ zu ermitteln, wenden wir einen von SUMEC angegebenen Kunstgriff an. Wie aus Bild 3.6 hervorgeht, erscheint nämlich der Winkel ψ noch einmal in dem Dreieck PRQ. In diesem Dreieck ist die Strecke

$$\overline{RP} = \frac{E_q}{\cos\psi}.$$

Da

$$E_q = X_{hq}\,I_q$$

ist, gilt

$$\frac{E_q}{\cos\psi} = X_{hq}\,\frac{I_q}{\cos\psi} = X_{hq}\,I.$$

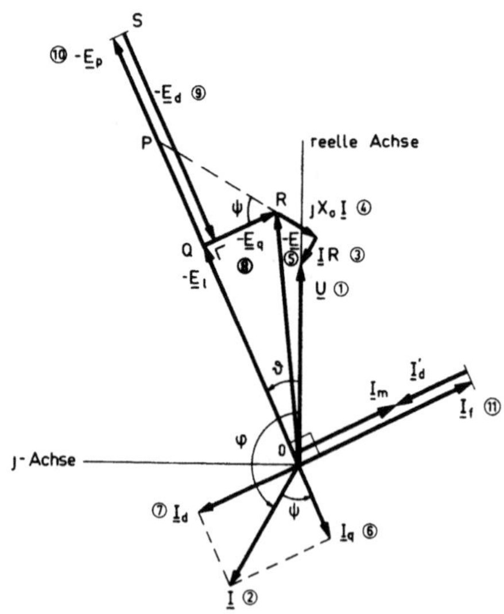

Bild 3.6
Zeigerbild der Schenkelpolmachine
für übererregten Generatorbetrieb

Diese Beziehung läßt sich nun folgendermaßen interpretieren: $E_q/\cos\psi$ ist offensichtlich der Betrag einer EMK, die entstehen würde, wenn der volle Ankerstrom I die Querachse magnetisierte. Beziehen wir den Strom I auf das Polrad

$$I'_{qI} = g_q\, I,$$

so läßt sich $E_q/\cos\psi$ als die zu I'_{qI} gehörende EMK aus der Leerlaufkennlinie entnehmen (Bild 3.7). Wegen der Pollücken ist das Eisen in der Querachse näherungsweise ungesättigt, so daß $E_q/\cos\psi$ auf dem geraden Teil der Leerlaufkennlinie liegt. Diese Hilfsspannung können wir in das Zeigerbild 3.6 als rückwärtige Verlängerung des Zeigers $j\,X_\sigma\,\underline{I}$ eintragen und erhalten Punkt P (vgl. auch Bild 3.8, das die neue Reihenfolge für das Zeichnen der Zeiger angibt). Hiermit liegt die Richtung von $-\underline{E}_p$ fest, so daß der Winkel ψ und damit auch die Komponenten $\underline{I}_d$ und $\underline{I}_q$ bekannt sind. Fällen wir das Lot von R auf OP, dann finden wir den Punkt Q und damit die Zeiger $-\underline{E}_q$ und $-\underline{E}_l$.

Die resultierende Spannung $-\underline{E}_l$ ist für das Feld in der Längsachse und damit auch für die Sättigung in dieser Achse maßgebend. Mit Hilfe von E_l lesen wir I_m aus der Leerlaufkennlinie (Bild 3.7) ab und tragen den Zeiger $\underline{I}_m$ ein. Da in diesem Beispiel $\underline{I}_d$ und $\underline{I}_m$ in Gegenphase sind, erhalten wir den Erregerstrom zu $I_f = I_m + I'_d$.

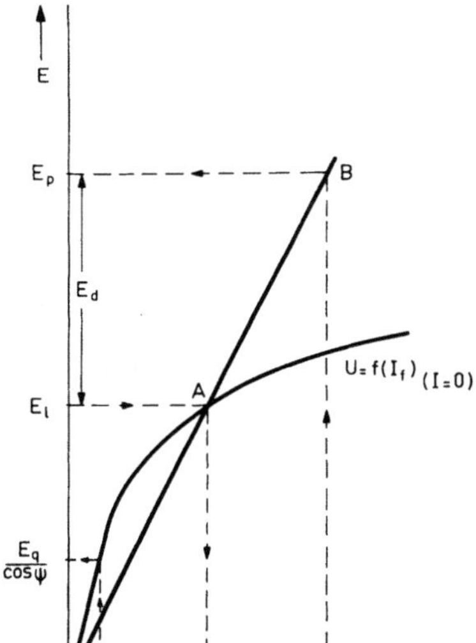

Bild 3.7
Zur Ermittlung der EMKe der Schenkelpolmaschine aus der Leerlaufkennlinie

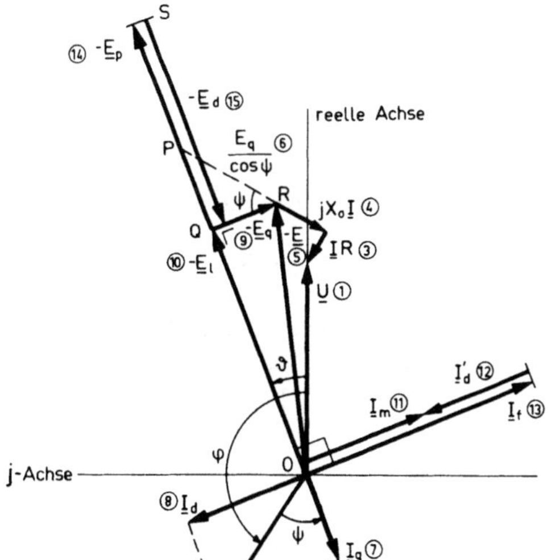

Bild 3.8
Ermittlung des Zeigerbildes der Schenkelpolmaschine bei unbekanntem Winkel ψ und unbekannten Induktivitäten mit Hilfe der Leerlaufkennlinie

Die Gerade durch den Punkt A der Leerlaufkennlinie ergibt nun die Größen E_p und E_d, die ebenfalls in das Zeigerbild eingetragen werden.

Anmerkung

Vergleichen wir die Zeigerdiagramme nach Bild 3.8 und Bild 2.17 miteinander, dann erkennen wir, daß bei der Schenkelpolmaschine der Endpunkt S des Zeigers $-\underline{E}_p$ nicht mit dem Punkt P zusammenfällt. Dieser Unterschied läßt sich mit Hilfe des Bildes 3.9, das einen Teil des Bildes 3.8 wiedergibt, folgendermaßen erklären

$$\tan\beta = \frac{E_d}{E_q} = \frac{\omega\, c_d\, L_h\, I_d}{\omega\, c_q\, L_h\, I_q} = \frac{c_d\, I_d}{c_q\, I_q} = \frac{c_d}{c_q}\,\mathrm{tg}\,\psi\,.$$

Da für die Schenkelpolmaschine $c_d > c_q$ gilt, ist $\sphericalangle\beta > \sphericalangle\psi$ und der Punkt S liegt außerhalb des Dreiecks PRQ. Bei der Vollpolmaschine ist dagegen $c_d = c_q$, wenn man den Einfluß der Läufernuten nicht berücksichtigt, so daß $\beta = \psi$ ist und die Punkte S und P zusammenfallen.

3.5. Synchrone Reaktanzen

Auf die gleiche Weise wie bei der Vollpolmaschine definiert man für die Schenkelpolmaschine die beiden folgenden synchronen Reaktanzen:

- die synchrone Längsreaktanz

$$X_d = X_{hd} + X_\sigma, \qquad (3.22)$$

- die synchrone Querreaktanz

$$X_q = X_{hq} + X_\sigma. \qquad (3.23)$$

Damit könnnen wir die Spannungsgleichung (3.16) folgendermaßen schreiben:

$$\boxed{\underline{U} = R\,\underline{I} + j\,X_d\,\underline{I}_d + j\,X_q\,\underline{I}_q - \underline{E}_p,} \qquad (3.24)$$

wobei

$$\underline{I} = \underline{I}_d + \underline{I}_q \qquad (3.25)$$

und

$$-\underline{E}_p = j\,\omega\,\frac{M'}{\sqrt{2}}\,\underline{I}_f \qquad (3.26)$$

ist.

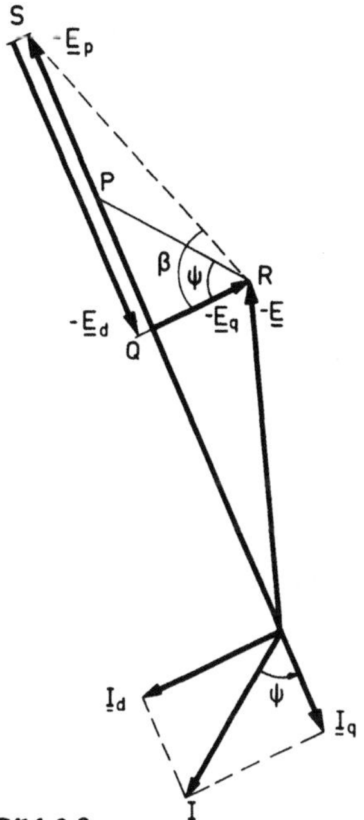

Bild 3.9
Zum Vergleich der Zeigerdiagramme der Schenkelpol- und Vollpolmaschine

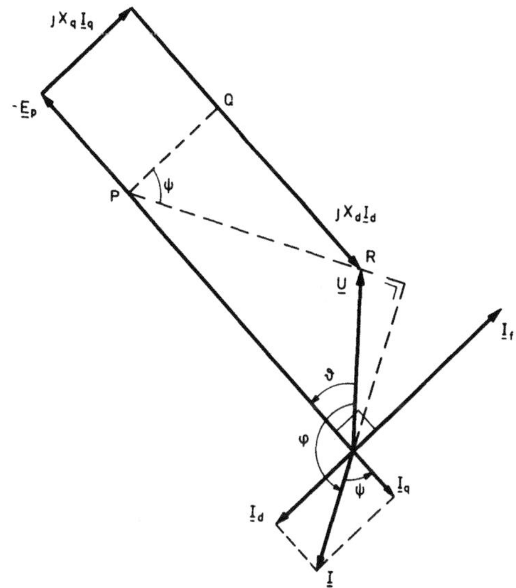

Bild 3.10
Synchrone Reaktanzen im Zeigerbild der Schenkelpolmaschine

Da man die Zweiachsen-Methode auch auf die Vollpolmaschine anwenden kann, gilt Gl. (3.24) ganz allgemein. Für die Schenkelpolmaschine ist

$$X_q \approx 0{,}5 \div 0{,}75\ X_d.$$

Auch beim Turbogenerator ist wegen der Läufernuten $X_q \neq X_d$. Für diese Maschinen gilt

$$X_q \approx 0{,}9\ X_d.$$

Mit Hilfe der Gl. (3.24) bis (3.26) ist in Bild 3.10 das Zeigerdiagramm für Generatorbetrieb gezeichnet, wobei R vernachlässigt wurde. Auch hier tritt wieder das Problem auf, daß der Winkel ψ bzw. die Richtung des Zeigers $-\underline{E}_p$ ermittelt werden muß. Zieht man in Bild 3.10 die Gerade $\overline{RP}$ senkrecht zu $\underline{I}$ und die Gerade $\overline{PQ}$ parallel zu $\underline{I}_d$, dann findet man den Winkel $\sphericalangle RPQ = \psi$. Hieraus folgt

$$\overline{RP} = \frac{X_q I_q}{\cos\psi} = \frac{X_q I_q}{I_q/I} = X_q I.$$

Wir finden daher den Punkt P, indem wir von R aus das Lot auf $\underline{I}$ fällen und auf seiner rückwärtigen Verlängerung die Länge $X_q I$ abtragen.

Vernachlässigen wir wiederum den Ankerwiderstand R, dann können wir leicht feststellen, daß für die Schenkelpolmaschine bei *Kurzschluß* und *Blindlast* ($\cos\varphi = 0$) folgendes gilt:

$$\vartheta = 0, \quad \underline{I}_d = \underline{I},$$

$$\psi = \pm \frac{\pi}{2}, \; \underline{I}_q = 0, \; \underline{E}_q = 0.$$

In allen diesen Fällen tritt das Drehfeld nur in der Längsachse auf, so daß die in Bild 3.11 und 3.12 dargestellten Ersatzschaltbilder gelten. Sie stimmen völlig mit dem Ersatzschaltbild der Vollpolmaschine überein.

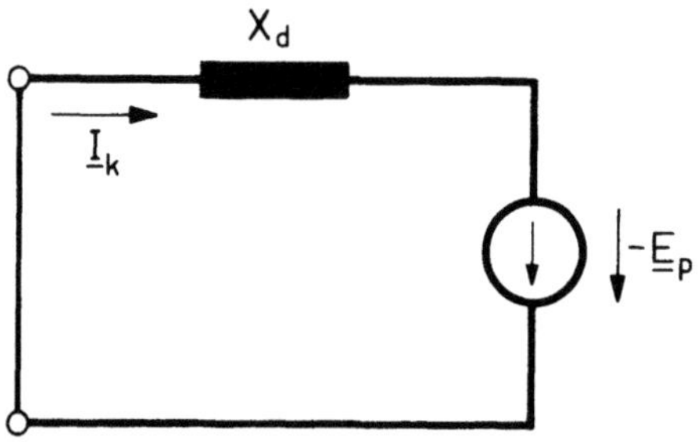

Bild 3.11
Ersatzschaltbild der Schenkelpolmaschine für den Kurzschlußzustand $\underline{I}_d = \underline{I}_k$

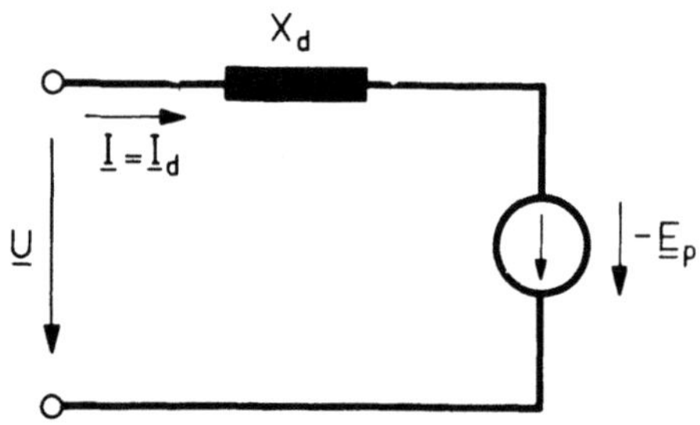

Bild 3.12
Ersatzschaltbild der Schenkelpolmaschine für Blindlast ($\cos\varphi = 0$)

3.6. Drehmoment für R = 0

Zur Berechnung des Drehmomentes der Schenkelpolmaschine vernachlässigen wir

- die Eisenverluste,
- die Kupferverluste im Ständer (R = 0).

Diese Vereinfachungen sind im Hinblick auf das Drehmoment bei großen Maschinen stets zulässig.

Wir ermitteln das Drehmoment mit Hilfe einer Leistungsbilanz, wozu wir von der Spannungsgleichung (3.24) ausgehen und hierin R = 0 setzen:

$$\underline{U} = j X_d \, \underline{I}_d + j X_q \, \underline{I}_q - \underline{E}_p.$$

Aufgrund der Vernachlässigungen wird die gesamte elektrische Leistung P über den Luftspalt übertragen:

$$P = P_\delta = m U I \cos\varphi = \mathrm{Re}\,[m \, \underline{I} \, \underline{U}^*].$$

Mit Hilfe der Gl. (3.7)

$$\underline{I} = \underline{I}_d + \underline{I}_q$$

erhalten wir die Luftspaltleistung

$$P_\delta = \text{Re}\,[m\,\underline{I}_d\,\underline{U}^* + m\,\underline{I}_q\,\underline{U}^*]. \tag{3.27}$$

Zur Auswertung dieser Beziehung müssen $\underline{I}_d$ und $\underline{I}_q$ berechnet werden. Am einfachsten geht das mit Hilfe des in Bild 3.13 wiedergegebenen Zeigerdiagramms, das einen Teil des Bildes 3.10 darstellt und in dem die Netzspannung $\underline{U}$ in zwei Komponenten $\underline{U}_d$ und $\underline{U}_q$ zerlegt ist. Aus Bild 3.13 lesen wir ab:

$$\underline{U}_q = \underline{U}\sin\vartheta\, e^{j(\vartheta-\pi/2)} = j\,X_q\,\underline{I}_q.$$

Hieraus folgt

$$\underline{I}_q = -\frac{\underline{U}}{X_q}\sin\vartheta\, e^{j\vartheta}.$$

Ferner geht aus Bild 3.13 hervor

$$\underline{U}_d = \underline{U}\cos\vartheta\, e^{j\vartheta} = -\underline{E}_p + j\,X_d\,\underline{I}_d.$$

Mit Hilfe der Beziehung $-\underline{E}_p = E_p\,e^{j\vartheta}$ finden wir

$$\underline{I}_d = -\frac{\underline{U}}{X_d}\cos\vartheta\, e^{j(\vartheta+\pi/2)} + \frac{E_p}{X_d}\,e^{j(\vartheta+\pi/2)}.$$

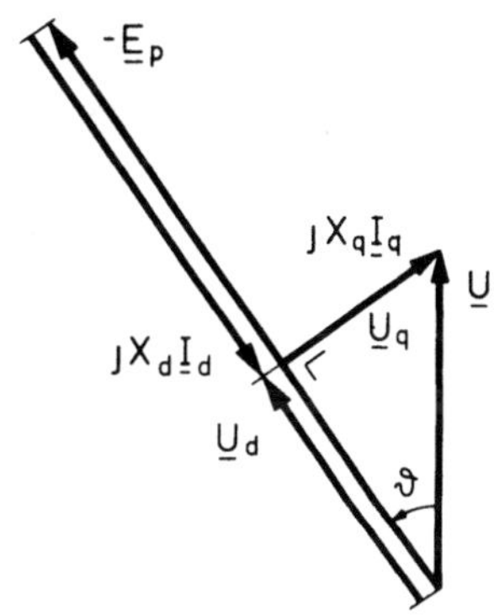

Bild 3.13
Zeigerbild zur Berechnung der Ströme einer Schenkelpolmaschine

Durch Einsetzen von $\underline{I}_d$ und $\underline{I}_q$ in Gl. (3.27) ergibt sich die Luftspaltleistung

$$P_\delta = m\,\frac{U^2}{X_d}\cos\vartheta\,\sin\vartheta - m\,U\,\frac{E_p}{X_d}\sin\vartheta - m\,\frac{U^2}{X_q}\sin\vartheta\,\cos\vartheta$$

oder

$$P_\delta = -m\left[U\,\frac{E_p}{X_d}\sin\vartheta + U^2\,\frac{(X_d - X_q)}{2\,X_d\,X_q}\sin 2\vartheta\right]. \tag{3.28}$$

Diese Leistung wird in mechanische Leistung umgesetzt

$$P_\delta = \frac{\omega}{p}\,M_e,$$

so daß wir das elektromagnetisch erzeugte Drehmoment erhalten zu

$$M_e = -m \frac{p}{\omega} \left[U I_k \sin\vartheta + U^2 \frac{(X_d - X_q)}{2 X_d X_q} \sin 2\vartheta \right]. \tag{3.29}$$

Das erste Glied stimmt vollkommen mit dem Drehmoment der verlustfreien Vollpolmaschine überein. Es hängt insbesondere von der Klemmenspannung, der Erregung und $\sin\vartheta$ ab. Hierzu kommt bei der Schenkelpolmaschine noch ein Drehmoment, das bereits bei unerregter Maschine vorhanden ist. Wie der Faktor $(X_d - X_q)$ erkennen läßt, wird es durch die Pollücken verursacht. Man nennt es *Reaktionsmoment.*

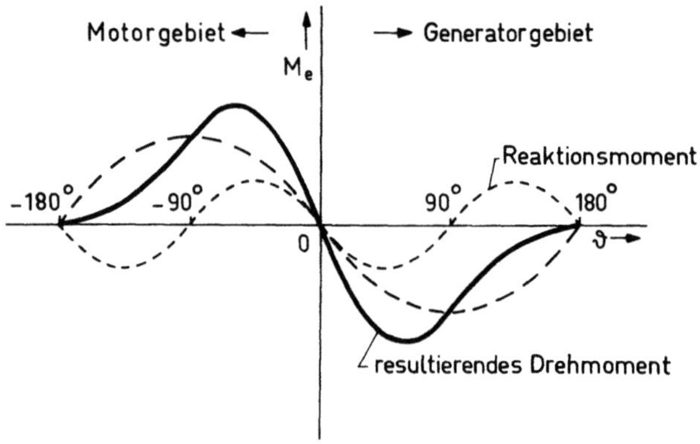

Bild 3.14
Drehmomente der Schenkelpolmaschine für $E_p = U$ und $X_d = 2\,X_q$

Die beiden Anteile des Drehmomentes sind in Bild 3.14 für den Fall der Leerlauferregung $E_p = U$ und $X_d = 2\,X_q$ gestrichelt wiedergegeben. Gleichzeitig ist das resultierende Drehmoment der Schenkelpolmaschine eingetragen.

Aus Bild 3.14 können wir ablesen, daß das Reaktionsmoment der Schenkelpolmaschine im Vergleich zur Vollpolmaschine

- das Kippmoment der Maschine vergrößert,
- bei gleichem Drehmoment den Lastwinkel ϑ verringert,
- den zum Kippmoment gehörenden Lastwinkel verkleinert ($\vartheta_K < \pi/2$).

4. Pendelungen von Synchronmaschinen

Zu jedem stationären Betriebszustand einer Synchronmaschine gehört ein bestimmter Lastwinkel. Alle Änderungen der mechanischen Belastung, beispielsweise Laststöße oder zeitlich periodisch veränderliche Belastungen veranlassen den Läufer der Synchronmaschine zu mechanischen Schwingungen. Aber auch Schwankungen der Netzspannung können Ursache für derartige Pendelungen sein.

Um zu erkennen, daß die Synchronmaschine ein schwingungsfähiges System ist, betrachten wir zunächst den Begriff des statischen synchronisierenden Momentes.

4.1. Das statische synchronisierende Moment

Zur Erleichterung der Vorstellung setzen wir voraus, daß alle betrachteten Änderungen des Polradwinkels so langsam verlaufen, daß das Verhalten der Synchronmaschine durch die für den *stationären* Zustand geltenden Beziehungen beschrieben werden kann.

Belastet man eine Synchronmaschine mit einem zeitlich konstanten Gegenmoment M_{g0}, dann wird sich der Läufer nach einiger Zeit mit der synchronen Winkelgeschwindigkeit drehen, wobei sich ein Lastwinkel ϑ_0 einstellt. Der Lastwinkel ϑ_0 wird durch das Drehmomentengleichgewicht bestimmt, das im Falle der Vollpolmaschine unter Vernachlässigung der Reibung und des Ständerwiderstandes lautet:

$$M_{g0} = M_{e0} = - M_{eK} \sin\vartheta_0 . \tag{4.1}$$

Bei der Schenkelpolmaschine tritt noch das Reaktionsmoment hinzu, das der Größe $\sin 2\vartheta_0$ proportional ist, wodurch sich im Prinzip nichts ändert.

Nimmt nun durch die eine oder andere Ursache der Lastwinkel zu, ohne daß sich dabei das Gegenmoment M_{g0} ändert, dann treibt die Differenz ΔM_e zwischen dem Drehmoment M_e, das zu dem tatsächlichen Lastwinkel ϑ gehört, und dem für das Gegenmoment erforderlichen Drehmoment M_{e0} den Läufer nach der Gleichgewichtslage. Das beschleunigende Drehmoment ist daher

$$\Delta M_e = M_e - M_{e0} = - M_{eK} (\sin\vartheta - \sin\vartheta_0)$$

oder

$$\Delta M_e = - M_{eK} \frac{\sin\vartheta - \sin\vartheta_0}{\vartheta - \vartheta_0} (\vartheta - \vartheta_0).$$

Ist die Auslenkung

$$\Delta\vartheta = \vartheta - \vartheta_0$$

klein, dann gilt mit guter Näherung

$$\Delta M_e = \left(\frac{\partial M_e}{\partial\vartheta}\right)_{\vartheta=\vartheta_0} \Delta\vartheta. \tag{4.2}$$

Die Größe ΔM_e nennt man das *statische synchronisierende Drehmoment.* Mit Hilfe der Größe

$$c = - \left(\frac{\partial M_e}{\partial\vartheta}\right)_{\vartheta=\vartheta_0} \tag{4.3}$$

kann man auch schreiben

$$\boxed{\Delta M_e = -c\Delta\vartheta.} \tag{4.4}$$

Im Falle der Vollpolmaschine ist

$$c = +M_{eK}\cos\vartheta_0. \tag{4.5}$$

Die Konstante des synchronisierenden Momentes c ist in Bild 4.1 dargestellt. Innerhalb des statisch stabilen Betriebsbereiches $-\pi/2 < \vartheta_0 < +\pi/2$ ist c positiv.

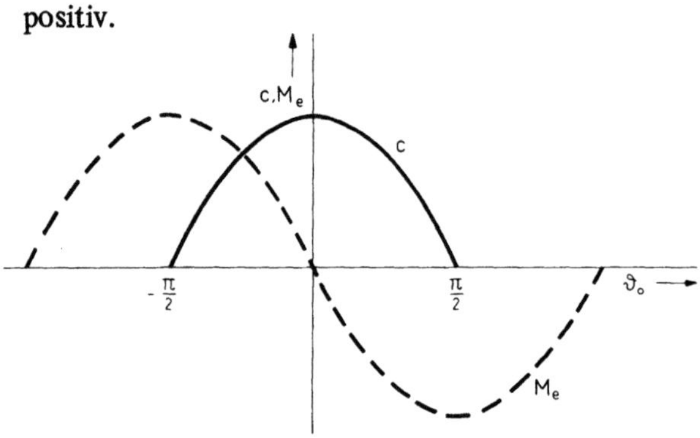

Bild 4.1
Die Konstante des statischen synchronisierenden Drehmomentes c der Vollpolmaschine

Bleibt das Polrad um die Winkeldifferenz $\Delta\vartheta$ hinter der Gleichgewichtslage ϑ_0 zurück ($\Delta\vartheta < 0$), so tritt ein positives Drehmoment auf, das den Läufer in Drehrichtung beschleunigt, solange ΔM_e positiv ist. In der Gleichgewichtslage ϑ_0 besitzt der Läufer dann die größte Abweichung von der synchronen Winkelgeschwindigkeit, so daß er über ϑ_0 hinausschwingt. Nunmehr kehrt sich die Richtung des Drehmoments ΔM_e um. Dieses Spiel wiederholt sich solange, bis es durch die Dämpfung des Systems abgeklungen ist.

Hieraus geht hervor, daß die Synchronmaschine ein schwingungsfähiges System ist.

Anmerkung

Wie Gl. (4.4) erkennen läßt, tritt bei einer Auslenkung der Synchronmaschine aus der durch den Lastwinkel ϑ_0 gekennzeichneten Ruhelage ein Drehmoment ΔM_e auf, dessen Richtung der Auslenkung entgegengesetzt ist. Jedes derartige mechanische System ist bekanntlich schwingungsfähig. Die Synchronmaschine verhält sich daher ähnlich wie das in Bild 4.2 wiedergegebene Drehfeder-Drehmasse-System, auf das auch ein der Auslenkung φ entgegen gerichtetes Drehmoment M ausgeübt wird:

$$M = -c\,\varphi,$$

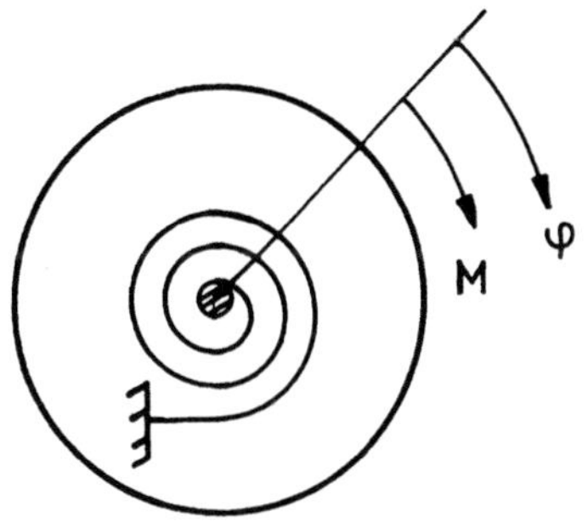

Bild 4.2
Drehfeder-Drehmasse-System

wobei c die Drehfederkonstante ist. Im Gegensatz zu der Drehfederkonstanten ist die Konstante des synchronisierenden Drehmomentes von der Ruhelage ϑ_0 abhängig.

Ein stets der Auslenkung entgegengerichtetes synchronisierendes Drehmoment ist die Voraussetzung dafür, daß die Synchronmaschine im Synchronismus bleibt.

Wie aus Gl. (4.4) in Verbindung mit Bild 4.1 hervorgeht, ist das bei der Vollpolmaschine für $R = 0$ nur im Bereich $-\pi/2 < \vartheta_0 < +\pi/2$ möglich. Nur in diesem Bereich arbeitet die Maschine daher ***statisch stabil.***

Die Voraussetzungen der obigen Betrachtungen waren:

- Sehr kleine Pendelwinkel. Andernfalls ist c keine Konstante.
- Sehr langsame Pendelungen. Andernfalls darf man die Drehmomente nicht aus dem stationären Betriebsverhalten ableiten.

Anstelle des statischen synchronisierenden Drehmomentes hat man daher bei Pendelungen im allgemeinen mit dem dynamischen synchronisierenden Drehmoment $-c_d \, \Delta\vartheta$ zu rechnen. Hinsichtlich seiner Ermittlung sei auf die Literatur verwiesen [16, 21, 10]. Die Rechnung mit dem statischen synchronisierenden Drehmoment stellt demnach eine Näherung dar, deren Gültigkeit im Einzelfall zu überprüfen bleibt.

4.2. Bewegungsgleichung

Für das in Bild 4.3 dargestellte System aus einer Synchronmaschine und einer Arbeits- oder Kraftmaschine gilt bei starrer Welle die folgende Bewegungsgleichung:

$$J \frac{d^2\Theta}{dt^2} = M_e - M_g - d_m \frac{d\Theta}{dt} . \qquad (4.6)$$

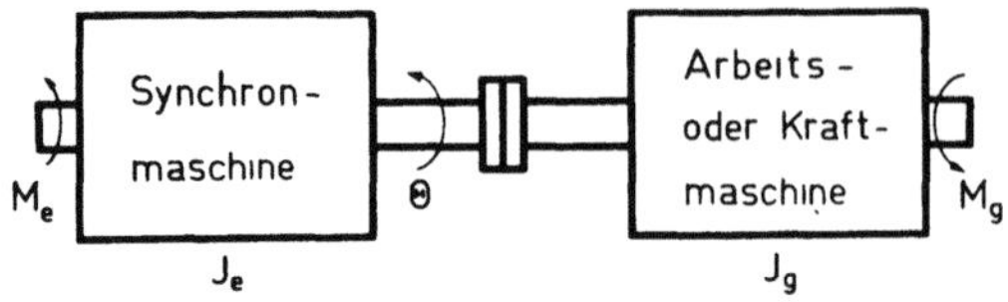

Bild 4.3
Mechanisches System der pendelnden Synchronmaschine mit Zählrichtungen

Hierin ist

$J = J_e + J_g$	das resultierende polare Massenträgheitsmoment der gesamten Anordnung,
Θ	der Drehwinkel,
M_e	das elektromagnetisch erzeugte Drehmoment der Synchronmaschine,
M_g	das Drehmoment der Arbeits- oder Kraftmaschine,
$d_m \dfrac{d\Theta}{dt}$	das mechanische Reibungsmoment der Anordnung.

Zur Beschreibung des Drehwinkels Θ können wir jeden beliebigen Punkt auf dem Läufer betrachten. Für $\alpha_2 = 0$ wird $\Theta = \alpha_1$ und wir erhalten mit Hilfe der Gl. (2.35) den Drehwinkel

$$\Theta = \frac{\omega}{p} t + \frac{\vartheta}{p} - \frac{\pi}{2p}. \tag{4.7}$$

Durch Einsetzen dieser Beziehung in Gl. (4.6) finden wir

$$\boxed{\frac{J}{p} \ddot{\vartheta} = M_e - M_g - \frac{d_m}{p} (\omega + \dot{\vartheta}),} \tag{4.8}$$

wobei der Punkt die Ableitung nach der Zeit t bedeutet. Im allgemeinsten Fall kann das Gegenmoment M_g aus einem konstanten Anteil M_{g0} und einem zeitlich veränderlichen Glied $M_{gw} = M_{gw}(t)$ bestehen:

$$M_g = M_{g0} + M_{gw}(t). \tag{4.9}$$

Auch den Lastwinkel können wir stets in einen konstanten Wert ϑ_0 und einen veränderlichen Winkel $\vartheta_w = \vartheta_w(t)$ zerlegen

$$\vartheta = \vartheta_0 + \vartheta_w(t). \tag{4.10}$$

Setzen wir Gl. (4.9) und (4.10) in Gl. (4.8) ein, so folgt durch Hinzufügen von $(M_{e0} - M_{e0})$

$$\frac{J}{p} \ddot{\vartheta}_w(t) = (M_e - M_{e0}) + M_{e0} - M_{g0} - M_{gw}(t) - \frac{d_m}{p} [\omega + \dot{\vartheta}_w(t)]. \tag{4.11}$$

Da die zeitlich konstanten und die veränderlichen Drehmomente je für sich gleich sein müssen, zerfällt diese Gleichung in zwei Beziehungen, von denen die erste

$$\boxed{0 = M_{e0} - M_{g0} - \frac{d_m}{p}\,\omega} \tag{4.12}$$

einen stationären Zustand beschreibt, um den eine Schwingung nach der Beziehung

$$\boxed{\frac{J}{p}\,\ddot{\vartheta}_w = (M_e - M_{e0}) - M_{gw} - \frac{d_m}{p}\,\dot{\vartheta}_w} \tag{4.13}$$

erfolgt. Vernachlässigt man die Reibung ($d_m = 0$), dann ist Gl. (4.12) identisch mit Gl. (4.1).

Im quasistationären Fall gilt nach Gl. (4.4) für kleine Pendelungen

$$M_e - M_{e0} = -\,c\,\vartheta_w. \tag{4.14}$$

Eine Betrachtung des dynamischen Verhaltens der Synchronmaschine zeigt nun, daß das elektromagnetische Drehmoment bei Pendelungen durch eine stationäre Betrachtungsweise, (vgl. Gl. (4.14)), meist nicht richtig wiedergegeben wird.

Im allgemeinen ist das Drehmoment M_e eine komplizierte Funktion des Drehwinkels und der Zeit. Die Abweichung vom stationären Verhalten entsteht dadurch, daß bei einer Schwingung des Polrades zusätzliche fremdfrequente Ströme in den Wicklungen der Synchronmaschine entstehen. Für kleine Pendelungen kann man das Drehmoment $(M_e - M_{e0})$ durch ein *dynamisches synchronisierendes Drehmoment* $-\,c_d\,\vartheta_w$ und ein *Dämpfungsmoment elektromagnetischen Ursprungs* $-\,d_e\,\dot{\vartheta}_w$ wiedergeben:

$$M_e - M_{e0} = -\,c_d\,\vartheta_w - d_e\,\dot{\vartheta}_w. \tag{4.15}$$

Es zeigt sich, daß $c_d > c$ ist. c_d und d_e hängen von der Frequenz der Läuferpendelung ab.

Um eine gute elektromagnetische Dämpfung zu erzielen, erhält der Läufer von Synchronmaschinen noch eine zusätzliche Wicklung. Diese sogenannte *Dämpferwicklung* besteht bei der Schenkelpolmaschine aus Stäben in den Polschuhen, die durch Ringe kurzgeschlossen werden (vgl. Bild 7.4 auf Seite 96).

Insgesamt entsteht das Dämpfungsmoment elektromagnetischen Ursprungs durch

- Ströme, die durch Induktionswirkung in der Dämpferwicklung auftreten und deren Größe ungefähr proportional zu $\dot{\vartheta}_w$ ist;

- Wirbelströme im massiven Läufereisen;
- Ströme in der Ständerwicklung, deren Frequenzen von der Netzfrequenz abweichen.

Die Berechnung des Drehmomentes ($M_e - M_{e0}$) ergibt, daß auch der Fall einer negativen Dämpfung ($d_e < 0$) denkbar ist, wodurch ***selbsterregte Schwingungen*** auftreten können. Man hat daher darauf zu achten, daß in der Praxis stets $d_e > 0$ ist.

Fassen wir die Dämpfung elektromagnetischen Ursprungs mit der mechanischen Dämpfung zusammen:

$$d = d_e + \frac{d_m}{p}, \tag{4.16}$$

so geht die Bewegungsgleichung nach Einsetzen der Gl. (4.15) über in

$$\boxed{\frac{J}{p}\,\ddot{\vartheta}_w + d\,\dot{\vartheta}_w + c_d\,\vartheta_w = -\,M_{gw}.} \tag{4.17}$$

Diese Bewegungsgleichung gilt lediglich für kleine Pendelungen ϑ_w.
Die „Konstanten" d und c_d hängen von der Frequenz der Pendelung ab.

Um die grundsätzlichen Erscheinungen in einfacher Weise überblicken zu können, werden im folgenden d und c_d als Konstanten betrachtet.

4.3. Freie Pendelungen

Eine Synchronmaschine arbeite stationär mit dem Lastwinkel ϑ_1. Zur Zeit $t = 0 - \epsilon$ mit $\epsilon \to 0$ werde die Last plötzlich so verändert, daß der zugehörige neue stationäre Lastwinkel ϑ_0 beträgt. Wir wollen den zeitlichen Verlauf des Lastwinkels untersuchen.

Nach der Laständerung ist $M_{gw} = 0$ und die Bewegungsgleichung (4.17) für die Abweichung des Polradwinkels vom stationären Endwert ϑ_0

$$\vartheta_w = \vartheta - \vartheta_0$$

lautet dann

$$\frac{J}{p}\,\ddot{\vartheta}_w + d\,\dot{\vartheta}_w + c_d\,\vartheta_w = 0.$$

Die Lösung dieser linearen Dgl. hat die Form

$$\vartheta_w = A\,e^{\lambda_1 t} + B\,e^{\lambda_2 t},$$

wobei λ_1 und λ_2 aus der charakteristischen Gleichung

$$\frac{J}{p}\lambda^2 + d\lambda + c_d = 0$$

folgen zu

$$\lambda_{1,2} = -\frac{pd}{2J} \pm \sqrt{\left(\frac{pd}{2J}\right)^2 - \frac{pc_d}{J}}\,.$$

Nun ist bei der Synchronmaschine

$$\left(\frac{pd}{2J}\right)^2 < \frac{p\,c_d}{J}\,,$$

so daß wir schreiben können

$$\lambda_{1,2} = -\frac{pd}{2J} \pm j\sqrt{\frac{p\,c_d}{J} - \left(\frac{pd}{2J}\right)^2}\,.$$

Führen wir hierin die *Zeitkonstante*

$$\boxed{T = \frac{2J}{pd}} \tag{4.18}$$

und die *Eigenkreisfrequenz*

$$\boxed{\omega_e = \sqrt{\frac{p\,c_d}{J} - \left(\frac{pd}{2J}\right)^2}} \tag{4.19}$$

ein, dann gilt

$$\vartheta_w = e^{-t/T}\,(A\,e^{j\omega_e t} + B\,e^{-j\omega_e t}).$$

Da nur reelle Werte von ϑ_w eine physikalische Bedeutung haben, müssen A und B konjugiert komplex sein. Wir setzen

$$A = \frac{1}{2}C\,e^{j\alpha} \text{ und } B = \frac{1}{2}C\,e^{-j\alpha},$$

wobei C und α reelle Konstanten sind. Damit wird

$$\boxed{\vartheta_w = C\,e^{-t/T}\cos(\omega_e t + \alpha)}\ . \tag{4.20}$$

Zur Bestimmung der beiden Konstanten betrachten wir die Anfangsbedingungen zur Zeit $t = 0$:

- Der Läufer ist gegenüber dem Polradwinkel ϑ_0, welcher der stationären Belastung entspricht, um den Winkel $\vartheta_1 - \vartheta_0$ ausgelenkt:

  $$(\vartheta_w)_{t=0} = \vartheta_1 - \vartheta_0 = C \cos\alpha.$$

- Der Läufer besitzt wegen seiner Schwungmasse noch die synchrone Winkelgeschwindigkeit:

  $$(\dot{\vartheta}_w)_{t=0} = 0 = -C \left(\frac{1}{T} \cos\alpha + \omega_e \sin\alpha\right).$$

Hieraus folgen die Konstanten

$$\boxed{C = \frac{\vartheta_1 - \vartheta_0}{\cos\alpha}} \quad \text{und} \quad \boxed{\operatorname{tg}\alpha = -\frac{1}{\omega_e T}.}$$

Damit wird der resultierende Polradwinkel

$$\vartheta = \vartheta_0 + \vartheta_w = \vartheta_0 + \frac{(\vartheta_1 - \vartheta_0)}{\cos\alpha} e^{-t/T} \cos(\omega_e t + \alpha). \tag{4.21}$$

Er ist in Bild 4.4 wiedergegeben. Der neue stationäre Polradwinkel ϑ_0 stellt sich nach einer gedämpften Schwingung ein. Die Eigenkreisfrequenz ω_e der freien Pendelung unterscheidet sich nur sehr wenig von der Eigenkreisfrequenz der ungedämpften Pendelung ($d = 0$)

$$\omega_{e0} = \sqrt{p\, c_d / J}. \tag{4.22}$$

Die zugehörige Eigenfrequenz großer Synchronmaschinen liegt in der Größenordnung von 2 Hz.

4.4. Erzwungene Pendelungen

Arbeitet eine Synchronmaschine mit einer Kolbenmaschine zusammen, so ist das Gegenmoment M_g eine periodische Funktion der Zeit. Bild 4.5 zeigt ein Beispiel für ein derartiges Gegenmoment.

Mit Hilfe der FOURIER-Analyse läßt sich das Gegenmoment M_g stets in ein zeitlich konstantes Drehmoment M_{g0} und eine Reihe zeitlich sinusförmig veränderlicher Drehmomente

$$M_{gw} = \Sigma\, \hat{M}_{g\nu} \cos(\Omega_\nu t + \alpha_\nu) \tag{4.23}$$

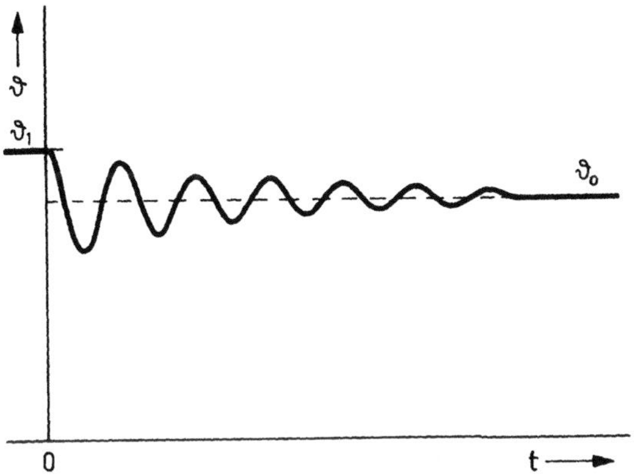

Bild 4.4
Zeitlicher Verlauf des Polradwinkels nach einer Teilentlastung

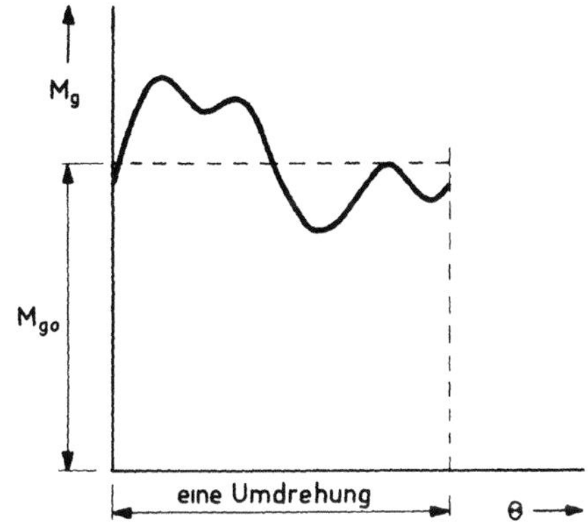

Bild 4.5
Gegenmoment eines Einzylinder-Zweitakt-Dieselmotors

zerlegen. Sie haben die Phasenwinkel α_ν und die Kreisfrequenzen

$$\Omega_\nu = \frac{\nu\omega}{p}, \quad \nu = 1, 2, 3, \ldots . \tag{4.24}$$

Wir wollen den Fall untersuchen, daß die Synchronmaschine an einem starren Netz liegt. Dann werden kleine Pendelungen durch die Bewegungsgleichung (4.17) beschrieben. Da es eine lineare Differentialgleichung ist, gilt das Überlagerungsprinzip, so daß wir uns auf die Betrachtung eines äußeren Pendelmomentes

$$M_{g\nu} = \hat{M}_{g\nu} \cos(\Omega_\nu t + \alpha_\nu) \tag{4.25}$$

beschränken können, und wir erhalten die folgende Bewegungsgleichung für den durch $M_{g\nu}$ hervorgerufenen Pendelwinkel $\vartheta_W = \vartheta_\nu$:

$$\frac{J}{p} \ddot{\vartheta}_\nu + d\dot{\vartheta}_\nu + c_d \vartheta_\nu = -\hat{M}_{g\nu} \cos(\Omega_\nu + \alpha_\nu). \tag{4.26}$$

In diesem Fall interessiert vor allem die *partikuläre Lösung,* welche den *stationären* Zustand beschreibt. Entsprechend dem Störglied

$$M_{g\nu} = \mathrm{Re}\,[\hat{M}_{g\nu}\, e^{j\alpha_\nu}\, e^{j\Omega_\nu t}] = \mathrm{Re}\,[\underline{M}_{g\nu}\, e^{j\Omega_\nu t}]$$

wählen wir den *Lösungsansatz*

$$\vartheta_\nu = \hat{\vartheta}_\nu \cos(\Omega_\nu t + \beta_\nu) = \mathrm{Re}\,[\hat{\vartheta}_\nu\, e^{j\beta_\nu}\, e^{j\Omega_\nu t}] = \mathrm{Re}\,[\underline{\vartheta}_\nu\, e^{j\Omega_\nu t}]. \tag{4.27}$$

Durch Einsetzen dieser Beziehungen in Gl. (4.26) erhalten wir

$$\left(-\frac{J}{p}\,\Omega_\nu^2 + j\,d\,\Omega_\nu + c_d\right)\underline{\vartheta}_\nu = -\,\underline{M}_{g\nu}.$$

Hieraus folgt die Amplitude der Läuferpendelung

$$\hat{\vartheta}_\nu = |\underline{\vartheta}_\nu| = \frac{\hat{M}_{g\nu}/c_d}{\sqrt{\left(1-\dfrac{J}{p\,c_d}\,\Omega_\nu^2\right)^2 + \left(\dfrac{d\,\Omega_\nu}{c_d}\right)^2}}\,.$$

Führen wir hier die Eigenkreisfrequenz ω_{e0} der ungedämpften freien Pendelung nach Gl. (4.22) ein, dann wird die Amplitude der erzwungenen Pendelung

$$\boxed{\hat{\vartheta}_\nu = \frac{\hat{M}_{g\nu}/c_d}{\sqrt{\left[1-\left(\dfrac{\Omega_\nu}{\omega_{e0}}\right)^2\right]^2 + \left(\dfrac{\Omega_\nu}{\omega_{e0}}\right)^2 D^2}}}\,, \tag{4.28}$$

wenn wir zur Abkürzung außerdem das Dämpfungsmaß

$$D = d\,\sqrt{\frac{p}{c_d\,J}} \tag{4.29}$$

definieren.

Die größten Pendelungen treten für den Fall

$$\frac{d\,\hat{\vartheta}_\nu}{d\Omega_\nu} = 0$$

auf, woraus sich die *Resonanzkreisfrequenz* der gedämpften Schwingung für $\Omega_\nu = \omega_r$

$$\omega_r = \omega_{e0}\,\sqrt{1-\frac{1}{2}\,D^2} \tag{4.30}$$

ergibt. Im allgemeinen gilt

$$\omega_r \approx \omega_{e0}.$$

Die Dämpfung begrenzt die Pendelamplitude bei Resonanz. Auf die Resonanzfrequenz hat sie jedoch praktisch keinen Einfluß.

In der Nähe der Resonanz treten große Pendelungen des Polrades auf. Störend ist vor allem, daß hiermit starke Schwankungen der Netzleistung verbunden sind.

Zur genauen Berechnung dieser Pendelungen in Resonanznähe gelten die oben abgeleiteten Beziehungen nicht mehr, weil die Voraussetzung kleiner Pendelungen nicht erfüllt ist. Die vereinfachte Theorie, vor allem Gl. (4.30), läßt jedoch erkennen, welche Maßnahme zu treffen sind, um den Resonanzfall zu vermeiden. Mit Sicherheit kann man nämlich davon ausgehen, daß keine Resonanz auftritt, wenn ein genügend großer Abstand zwischen den Kreisfrequenzen Ω_ν und der Resonanzkreisfrequenz ω_r vorhanden ist.

Da die Störkreisfrequenzen Ω_ν festliegen, liegt es nahe, bereits bei der Auslegung der Synchronmaschine für eine geeignete Eigenkreisfrequenz ω_{e0} zu sorgen. Um einige Größen zu erkennen, die hierbei eine Rolle spielen, vernachlässigen wir den Einfluß der fremdfrequenten Ströme auf das Drehmoment. Dann gilt für die Vollpolmaschine

$$\omega_{e0} \approx \sqrt{p\,c/J}, \qquad \text{wobei} \qquad c = M_{eK} \cos\vartheta_0$$

ist. Bei großen langsamlaufenden Kolbenkompressoren ist es möglich, daß die Eigenkreisfrequenz ω_{e0} des Antriebsmotors in der Nähe der tiefsten Kreisfrequenz Ω_ν auftritt. Man kann dann versuchen, ω_{e0} zu verringern. Da das synchronisierende Moment durch die Leistung und Überlastbarkeit der Maschine praktisch festliegt, bleibt nur die Wahl eines entsprechend großen Trägheitsmomentes J.

Auch bei hochpoligen Dieselgeneratoren, die in Parallelbetrieb ein kleineres Netz speisen, kann die Eigenkreisfrequenz in der Nähe von Ω_ν liegen. Mit Rücksicht auf die Frequenzregelung vergrößert man in diesen Fällen nicht das Trägheitsmoment, sondern betreibt den Maschinensatz in Resonanznähe und begrenzt die Schwingungen durch eine große Dämpfung.

Anmerkung

Speist ein Synchrongenerator allein ein eigenes Netz, dann folgen Spannung, Frequenz und Drehzahl den Pendelungen des Polrades. In diesem Fall gibt es kein synchronisierendes Drehmoment und keine Dämpfung, so daß die Bewegungsgleichung lautet:

$$\frac{J}{p}\,\ddot{\vartheta}_w = -\,\Sigma\,\hat{M}_{g\nu} \cos(\Omega_\nu t + \alpha_\nu).$$

Die stationäre Lösung ergibt sich in diesem Fall zu

$$\vartheta_w = \Sigma\,\hat{\vartheta}_\nu \cos(\Omega_\nu t + \alpha_\nu),$$

wobei die ν-te Pendelamplitude

$$\hat{\vartheta}_\nu = \frac{p}{J\,\Omega_\nu^2}\,\hat{M}_{g\nu}$$

ist. Es treten demnach keine Resonanzen auf. Die Pendelungen werden in diesem Fall nur durch die Schwungmasse begrenzt.

5. Anlauf und Synchronisierung

Eine Synchronmaschine kann nur dann ein konstantes elektromagnetisches Drehmoment entwickeln, wenn das Polradfeld mit derselben Winkelgeschwindigkeit umläuft wie der Ankerstrombelag. Wird eine stillstehende Synchronmaschine auf das Netz geschaltet, so bilden Polradfeld und Ankerstrombelag nur ein zeitlich sinusförmig veränderliches Drehmoment, ein sogenanntes *Pendelmoment*. Daher kann eine Synchronmaschine nicht ohne weiteres von selbst anlaufen. Um den Anlauf auf die synchrone Drehzahl dennoch zu ermöglichen, gibt es verschiedene Möglichkeiten.

5.1. Der asynchrone Anlauf

Baut man in die Polschuhe eine in sich kurzgeschlossene Wicklung ein, so arbeitet der Ständer der Synchronmaschine zusammen mit dieser Kurzschlußwicklung ähnlich wie eine Asynchronmaschine. Die Synchronmaschine läuft daher von selbst bis auf eine Drehzahl an, die etwas unterhalb der synchronen Drehzahl liegt. Erregt man anschließend die Polradwicklung, so zieht sich der Läufer unter bestimmten Bedingungen in den Synchronismus.

Bei großen Synchronmaschinen oder kleinerer Netzleistung wird bei direkter Einschaltung der Anlaufstrom zu groß. Man vermindert ihn dann mit Hilfe eines Anlaßtransformators in Sparschaltung oder bei kleinen Synchronmotoren auch durch den Stern-Dreieck-Anlauf. Eine weitere Möglichkeit zur Verminderung des Anlaufstromes ist der Teilwicklungsanlauf, wobei nur Teile der Ankerwicklung zum Anlauf benutzt werden.

Während des Anlaufs würde das Ständerdrehfeld in der offenen Erregerwicklung unzulässig hohe Spannungen induzieren. Man schließt daher die Erregerwicklung über einen Widerstand, der etwa 6 bis 10 mal so groß ist wie der ohmsche Widerstand der Erregerwicklung.

5.2. Anlauf mit einem Hilfsmotor

Der *Synchrongenerator* kann stets mit Hilfe der mit ihm gekuppelten Kraftmaschine auf synchrone Drehzahl gebracht werden.

Synchronmotoren kann man auch mit einem Asynchronmotor kleinerer Leistung hochfahren. Hat dieser Motor die gleiche Polpaarzahl wie der Synchronmotor, so muß sich die Synchronmaschine wie beim asynchronen Anlauf selbst synchronisieren. Diese Methode kommt bei kleinem Gegenmoment in Betracht, vor allem bei sogenannten Phasenschiebern, die lediglich Blindleistung liefern. Es ist auch möglich, dem Hilfsmotor eine kleinere Polpaarzahl zu geben. Unter bestimmten Bedingungen läßt sich die Synchronmaschine synchronisieren.

5.3. Frequenzanlauf

Speist man den Synchronmotor mit einem eigenen Generator, so ist es möglich, die Frequenz von Null an stetig zu erhöhen und den Synchronmotor in ständigem Synchronismus hochzufahren. Diese Methode wird nur in besonderen Fällen angewandt.

5.4. Synchronisierung

Beim Anlauf eines Synchronmotors mit Dämpferkäfig oder mit einem Asynchronmotor muß sich der Läufer selbst in den Synchronismus ziehen, wobei verhältnismäßig große Ströme auftreten. Fährt man dagegen die Synchronmaschine vor dem Zusammenschalten mit dem Netz auf die synchrone Drehzahl hoch, so ist es möglich, stromlos zu schalten. Diese Synchronisierung kommt vor allem für Generatoren großer Leistung infrage.

Um stromlos zu schalten, müssen die Spannungen der Synchronmaschine und des Netzes in jeder Beziehung gleich sein. Die Spannungen müssen daher übereinstimmen in der

- Frequenz,
- Größe,
- Phasenfolge,
- Phasenlage.

6. Einphasengenerator

Vor allem zur Speisung von Wechselstrombahnnetzen benötigt man Einphasengeneratoren. Wie in Kapitel 1 gezeigt wurde, verwendet man auch für die einphasige Synchronmaschine ein Polrad, dessen Drehfeld in der über 2/3 des Umfangs untergebrachten Ankerwicklung eine Wechselspannung hervorruft.

Im Gegensatz zu allen mehrphasigen Synchronmaschinen erzeugt jedoch der Ankerstrom in der Einphasenwicklung kein Drehfeld sondern ein Wechselfeld. Zerlegen wir dieses mathematisch in zwei Drehfelder, so erkennen wir, daß außer dem bekannten, synchron mit dem Läufer mitlaufenden Drehfeld noch ein *gegenlaufendes Drehfeld* auftritt, das gegenüber dem Polrad die doppelte synchrone Drehzahl besitzt. Es induziert in der Erregerwicklung eine Spannung mit der Frequenz

$$f_2 = 2\,f.$$

Dieses Spannungssystem hat in der Erregerwicklung Ströme der doppelten Netzfrequenz zur Folge, die sich dem Gleichstrom überlagern. Der Wechselstrom baut

seinerseits ein Wechselfeld auf, das wir in zwei Drehfelder zerlegen können, die mit doppelter synchroner Drehzahl gegenüber dem Laufer umlaufen. Das gegenlaufende Läuferfeld hat gegenüber dem Ständer dieselbe Geschwindigkeit wie das gegenlaufende Ständerfeld, und wir können es daher als Rückwirkung des Läufers auffassen, die das ursprüngliche gegenlaufende Feld schwächt. Das mitlaufende Läuferfeld besitzt gegenüber dem Ständer die dreifache synchrone Drehzahl und verursacht in der Ständerwicklung eine Spannung der dreifachen Netzfrequenz, wodurch eine unerwünschte Verformung der Spannungskurve auftreten kann. Diese Spannung hat ihrerseits Ankerströme der dreifachen Netzfrequenz zur Folge, die wiederum ein Wechselfeld ergeben usw. Auf diese Weise entstehen in der Erregerwicklung Ströme mit den Frequenzen 2 f, 4 f, 6 f, . . . und in der Ankerwicklung Ströme mit den Frequenzen 3 f, 5 f, 7 f, . . .
Die Folgen des inversen Ankerfeldes sind demnach

- Verzerrung der Ankerspannung,
- zusätzliche Verluste durch fremdfrequente Ströme,
- Pendelmomente durch das Zusammenwirken der gegeneinander umlaufenden Felder und Strombeläge.

> Um die Spannungen des inversen Ankerfeldes gering zu halten, bringt man bei allen Einphasen-Synchronmaschinen eine kräftige Dämpferwicklung auf dem Läufer an.

Das gegenlaufende Ankerdrehfeld kann dann in dieser Käfigwicklung einen *Drehstrombelag* hervorrufen, dessen Drehfeld das inverse Ankerfeld bis auf einen Bruchteil aufhebt, welcher durch die Streuung und den Widerstand der Dämpferwicklung bedingt ist (vgl. auch Kapitel 9.1 in Band I).
Mit Rücksicht auf die Pendelmomente müssen Einphasen-Synchronmaschinen federnd aufgestellt werden.

Anmerkung

Ähnliche Erscheinungen treten bei Drehstromgeneratoren auf, die unsymmetrisch belastet werden. Aus diesem Grunde ist die zulässige Unsymmetrie der Belastung begrenzt.

7. Konstruktiver Aufbau der Synchronmaschine

Fast alle Drehstromgeneratoren sind Synchronmaschinen. Als Motor verwendet man Synchronmaschinen vor allem bei großen Leistungen, weil die Synchronmaschine keine Blindleistung aus dem Netz benötigt. Daneben findet man sehr kleine Synchronmotoren, oft in besonderen Ausführungen mit Dauermagneten.

Die meisten Synchronmaschinen sind Innenpolmaschinen. Im folgenden wollen wir daher nur den Aufbau dieser Ausführungsart betrachten, wobei wir in erster Linie an größere Maschinen denken. Bei der Innenpolmaschine trägt der Ständer die Ankerwicklung und der Läufer die Erregerwicklung.

Einen starken Einfluß auf das elektromagnetische Verhalten der Synchronmaschine hat die Größe des Luftspaltes zwischen Ständer und Läufer. Da die Synchronmaschine die Magnetisierungsblindleistung im Gegensatz zur Asynchronmaschine nicht aus dem Netz zu beziehen braucht, darf der Luftspalt verhältnismäßig groß sein. Für einen großen Luftspalt sprechen folgende Gründe:

- hohes Kippmoment und damit gute Überlastbarkeit,
- geringe Ankerrückwirkung und daher kleiner Spannungsanstieg bei Entlastung sowie eine geringe Verzerrung der Feldform bei der Schenkelpolmaschine,
- kleine Zusatzverluste im Läufer durch Oberfelder.

Andererseits wächst mit dem Luftspalt die benötigte Erregerdurchflutung, wodurch die Maschine teurer wird und die Erregerverluste ansteigen.

7.1. Ständer

Da sich die magnetische Induktion im Ständer zeitlich mit der Netzfrequenz ändert, muß das aktive Eisen des Ständers, welches den Fluß führt, aus Blechen aufgebaut werden. Jede Blechlage setzt sich bei großen Maschinen aus vielen einzelnen Segmenten zusammen, die nach dem Schichten mit hohem Druck gepreßt werden. Das Blechpaket wird in dem Gehäuse verankert, das bei größeren Maschinen aus einer Schweißkonstruktion besteht.

Der Ständer erhält eine ein- oder mehrphasige, meistens eine dreiphasige Wicklung. Diese wird aus gegeneinander isolierten Windungen aufgebaut, die zu Spulen vereinigt sind. Die Spulen liegen in axialen Nuten, die längs des Ständerinnendurchmessers (Bohrung) verlaufen. Sehr wichtig ist eine gute Abstützung der Wickelköpfe, weil im Stoßkurzschlußfall sehr starke Kräfte auf die Wickelköpfe ausgeübt werden. Der fertige Ständer einer Synchronmaschine ist in Bild 7.1 wiedergegeben.

Die einzelnen Leiter großer Maschinen nehmen solche Querschnitte an, daß in ihnen unzulässig hohe Stromverdrängungserscheinungen auftreten können. Man bedenke, daß die Wicklung in Eisen eingebettet ist, wodurch bei Belastung erhebliche Streufelder durch die Nuten gehen, deren EMK im Leiter zu einer ungleichmäßigen Verteilung der Stromdichte und damit zu erhöhten Verlusten führt.
Die Stromverdrängung vermindert man nach einer Erfindung von ROEBEL weitgehend dadurch, daß der Leiter in einzelne verdrillte Teilleiter zerlegt wird, deren Lage in der Nut beim Durchlaufen der Eisenlänge so wechselt, daß jeder Teilleiter mit dem gleichen Streufluß verkettet ist. Ein derartiger ROEBELstab ist in Bild 7.2 wiedergegeben.

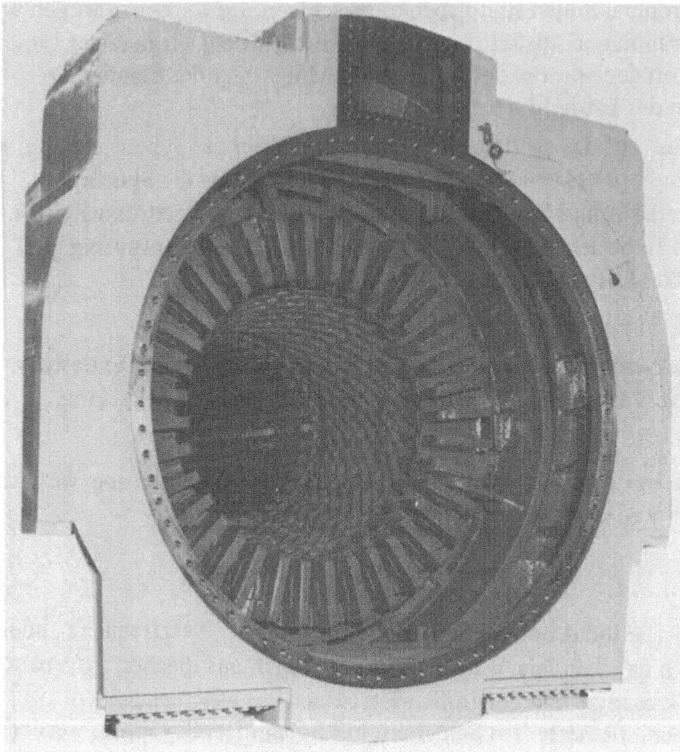

Bild 7.1 Ständer eines Turbogenerators für 400 MVA (Kraftwerk Union)

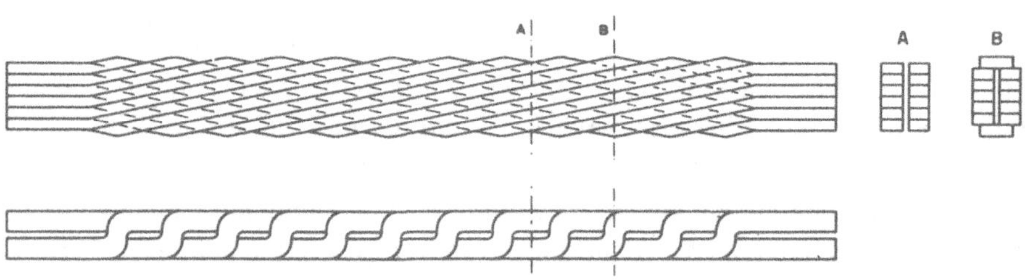

Bild 7.2 ROEBELstab zur Verminderung der Wirbelstromverluste durch Stromverdrängung

7.2. Läufer

Da das Drehfeld mit der Grundpolpaarzahl p im Läufer eine zeitlich konstante Induktion hervorruft, darf der Läufer massiv sein. Er kann als Schenkelpolrad oder als Vollpolläufer ausgeführt werden.

7.2.1. Schenkelpolrad

Das Schenkelpolrad besteht aus einer geraden Anzahl von Magnetpolen, die auf ein ringförmiges Poljoch montiert werden (Bild 7.3). Jeder Pol trägt eine konzentrierte Erregerspule, die mit Gleichstrom erregt wird. Diese Spulen werden so geschaltet, daß abwechselnd ein Nord- und ein Südpol entsteht.

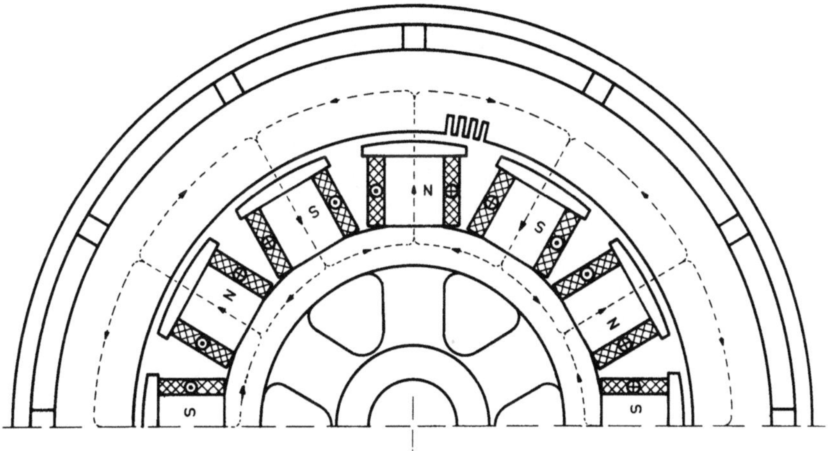

Bild 7.3 Querschnitt durch eine Schenkelpolmaschine

Jeder Pol besteht aus einem Polkern und einem Polschuh. Um die gewünschte sinusförmige Verteilung der magnetischen Induktion längs des Umfangs zu erzielen, erhalten die Polschuhe von Generatoren eine hierfür geeignete Form.

Polkern und Polschuh können massiv sein. Um jedoch die Zusatzverluste infolge der Oberfelder des Ankers, welche im Gegensatz zum Grundfeld gegenüber dem Läufer nicht stillstehen, zu vermindern, oder auch aus konstruktiven Gründen wird der Polschuh häufig geblecht ausgeführt. Aus konstruktiven Gründen wird manchmal auch der gesamte Pol aus Blechen aufgebaut.

Sind die Polschuhe geblecht, dann müssen sie eine Dämpferwicklung, auch Dämpferkäfig genannt, erhalten, die in Nuten nahe der Bohrung untergebracht wird. In Bild 7.4 ist dieser Dämpferkäfig deutlich zu erkennen. Bei massiven Polschuhen wirkt das massive Eisen ähnlich wie eine Dämpferwicklung. Die Aufgaben der Dämpferwicklung sind:

- Abdämpfen der Pendelungen des Läufers nach Laständerungen oder Schwankungen der Netzspannung,
- asynchroner Anlauf von Synchronmotoren,
- Dämpfen des gegenlaufenden Feldes bei Einphasengeneratoren oder bei unsymmetrischer Belastung von Drehstromgeneratoren.

Bild 7.4 Polrad einer Schenkelpolmaschine für 300 kVA (Smit-Slikkerveer)

7.2.2. Vollpolläufer

Bei großen schnellaufenden Synchronmaschinen, vor allem bei den von Dampfturbinen angetriebenen ***Turbogeneratoren*** mit 3000 U/min, werden durch die großen Umfangsgeschwindigkeiten die Fliehkräfte so groß, daß sich der Läufer nicht mehr als Schenkelpolrad ausführen läßt. In diesen Fällen verwendet man den Vollpolläufer.

Hierbei wird der ganze Läufer aus einem Stück geschmiedet. Zur Aufnahme der Erregerwicklung, die aus einzelnen Spulen besteht, werden Nuten eingefräst (vgl. Bild 7.5). Die Erregerwicklung nimmt etwa 2/3 des Umfangs ein. In der Längsachse der Maschine befinden sich daher keine Nuten oder weniger tiefe Nuten zur Aufnahme der Dämpferwicklung. Ein Vollpolläufer mit Erregerwicklung ist in Bild 7.6 dargestellt. Die Nuten werden durch metallische unmagnetische Keile verschlossen und die Wickelköpfe durch nahtlose Kappen aus unmagnetischem Stahl gegen die Fliehkräfte abgestützt.

Bei der Vollpolmaschine verhält sich das massive Läufereisen ähnlich wie ein Dämpferkäfig. Zusätzlich erhält die Vollpolmaschine noch eine Dämpferwicklung aus flachen Kupferstäben, die unterhalb der Nutenkeile liegen.

Bild 7.5 Blick auf das turbinenseitige Wellenende des Läuferkörpers eines 400 MVA Turbogenerators (Kraftwerk Union)

Bild 7.6 Läufer eines Turbogenerators mit Erregerwicklung (Kraftwerk Union)

An die mechanischen Eigenschaften der Läufer von Turbogeneratoren werden hohe Anforderungen gestellt, da bereits kleine Exzentrizitäten sehr hohe Kräfte zur Folge haben. So muß man beispielsweise sehr genau darauf achten, daß sich der Läufer im Betrieb vollkommen symmetrisch erwärmt. Ferner hat man zur Vermeidung von Schwingungen dafür zu sorgen, daß das Widerstandsmoment längs des Umfangs konstant ist. Da nun die Nuten in der Längsachse weniger tief sind, erhält der Läufer hier Schlitze im Umfangsrichtung.

7.3. Kühlung

Der exponentiell anwachsende Bedarf an elektrischer Energie hat nicht nur zur Zunahme der Anzahl von Turbogeneratoren, sondern auch zur Vergrößerung der Nennleistungen geführt. Wie die Wachstumsgesetze zeigen, ergibt die Vergrößerung der Nennleistung eine Verbesserung des Wirkungsgrades und eine Abnahme des Gewichts je Leistungseinheit.

Konnte man anfänglich noch die Leistung der Turbogeneratoren durch Vergrößern der Abmessungen erhöhen, so wurde das schließlich aus mechanischen Gründen fast unmöglich. Wegen der Fliehkräfte ist der Durchmesser begrenzt (ca. 1,2 m bei 3000 U/min); auch die Länge des Läufers läßt sich mit Rücksicht auf die Laufruhe nicht beliebig vergrößern.

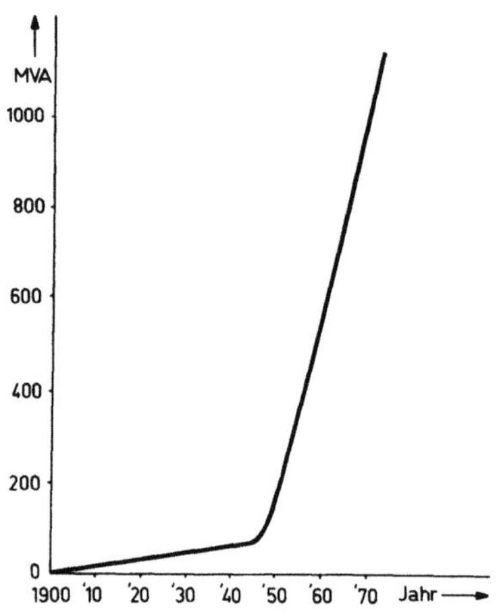

Bild 7.7
Entwicklung der Grenzleistung von zweipoligen Turbogeneratoren

Diese Begrenzungen der Abmessungen haben dazu geführt, daß man nach anderen Wegen zur Erhöhung der Nennleistungen suchte. Daß dies gelungen ist, geht deutlich aus Bild 7.7 hervor.

Das Mittel zur Vergrößerung der Nennleistungen lautete: Erhöhte Ausnutzung der Maschine und Abfuhr der hierbei auftretenden Verluste durch intensive Kühlung, die sich durch zwei Maßnahmen verbessern ließ:

- Verwendung von Kühlmitteln mit höherem Wärmeabfuhrvermögen als Luft (Wasserstoff und Wasser),
- Übergang von der indirekten Kühlung an den Oberflächen zur direkten Kühlung der Leiter.

Zunächst ersetzte man das Kühlmittel Luft durch Wasserstoff. Wegen des geringeren spezifischen Gewichtes verminderten sich die Reibungsverluste außerordentlich und gleichzeitig nahm das Wärmeabfuhrvermögen durch Erhöhung des Druckes zu.
Bei 3 atü beträgt es etwa das 4fache des Wärmeabfuhrvermögens von Luft mit 0 atü. Da Wasserstoff mit dem Luftsauerstoff ein explosives Gasgemisch bildet, müssen wasserstoffgekühlte Maschinen ein explosionssicheres Ständergehäuse erhalten.

Eine weitere wesentliche Verbesserung der Kühlung ließ sich durch Übergang zur direkten Kühlung mit Wasser erreichen, dessen Wärmeabfuhrvermögen 50 mal größer als dasjenige der Luft ist. Bei der direkten Kühlung werden die Leiter als Rohre ausgebildet, durch die das Kühlmittel strömt. Die Wahl der Kühlsysteme in Abhängigkeit von der Nennleistung geht aus Bild 7.8 hervor. Am wirksamsten ist die direkte Kühlung mit Wasser.

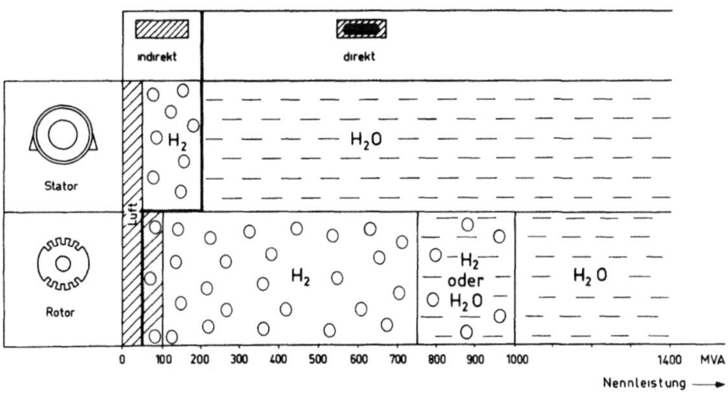

Bild 7.8 Kühlung von Turbogeneratoren

C. Asynchronmaschine

Sowohl in der Anzahl als auch im Umsatz übertrifft die Asynchronmaschine alle anderen elektrischen Maschinen. Während Generatoren meistens als Synchronmaschinen ausgeführt werden, findet man die Asynchronmaschine vor allem als Motor. Nur vereinzelt trifft man in Kleinstkraftwerken Asynchrongeneratoren an. Am leistungsfähigsten ist der Asynchronmotor in der dreiphasigen Ausführung als Drehstrom-Asynchronmaschine. Für kleinere Leistungen wird dagegen häufig der Einphasen-Asynchronmotor verwendet, vor allem überall dort, wo kein Drehstromnetz zur Verfügung steht.

Der Ständer des Drehstrom-Asynchronmotors trägt ebenso wie der Ständer der Synchronmaschine eine dreisträngige Drehstromwicklung, die an ein Drehstromnetz angeschlossen wird und dann einen Drehstrombelag und ein Drehfeld erzeugt. Im Gegensatz zur Synchronmaschine wird jedoch die Wicklung des Läufers nicht von einem besonderen Netz gespeist. Der zur Drehmomentbildung erforderliche Läuferstrom entsteht auf eine andere Weise.

Wie aus Abschnitt A hervorgeht, erzeugt ein Drehfeld in einer Wicklung immer dann eine Spannung, wenn es gegenüber dieser Wicklung umläuft. Das Drehfeld der Ständerströme mit der Netzkreisfrequenz ω rotiert mit der synchronen Winkelgeschwindigkeit

$$\omega_0 = \frac{\omega}{p} .$$

Bei allen Drehzahlen, bei denen die (mechanische) Winkelgeschwindigkeit ω_m des Läufers von ω_0 abweicht

$$\omega_m \neq \frac{\omega}{p} ,$$

ruft das Drehfeld in der Läuferwicklung eine EMK hervor. Schließt man die Läuferwicklung kurz, so fließt in ihr der für die Drehmomentbildung erforderliche Strom.

- Da die Maschine nur dann ein Drehmoment entwickelt, wenn die Drehzahl des Läufers von der synchronen Drehzahl abweicht, nennt man sie *Asynchronmaschine.*
- Da der Läuferstrom durch eine Induktionserscheinung zustande kommt, trägt die Maschine auch den Namen *Induktionsmaschine.*

Nach der Ausführung der Läuferwicklung unterscheidet man zwei Läufertypen:

- Der *Schleifringläufer* besitzt ebenso wie der Ständer eine mehrphasige, meist dreiphasige isolierte Wicklung. Die Enden der Wicklungsstränge werden im allgemeinen, wie in Bild C.1 gezeigt ist, zu einem Sternpunkt verbunden und die Anfänge an Schleifringe geführt, so daß man die Wicklung direkt oder aucl über verstellbare Widerstände kurzschließen kann. Die Läuferwicklung muß dieselbe Polpaarzahl besitzen wie die Ständerwicklung, da andernfalls nach Kapitel 1.6 kein Drehmoment auftreten kann.

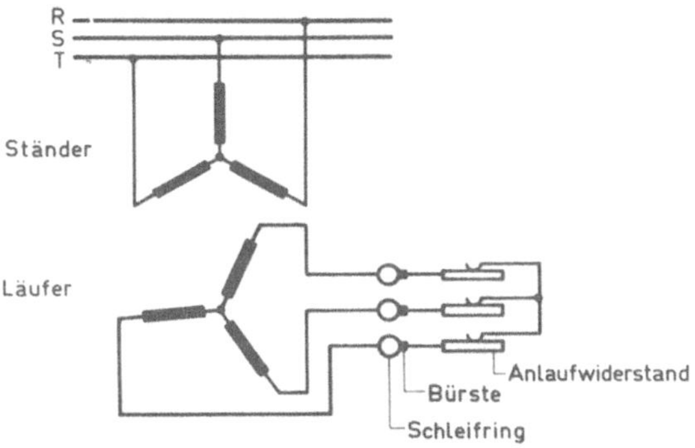

Bild C. 1
Schaltung eines Schleifringläufermotors

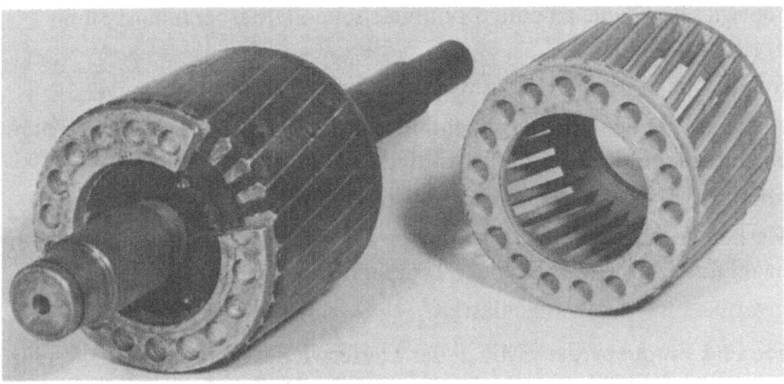

Bild C.2 Kurzschlußläufer und Läuferkäfig aus gegossenem Aluminium nach Entfernen des Eisens, 4 kW (Heemaf)

- Der ***Kurzschlußläufer*** trägt eine nicht isolierte Wicklung. In jeder Nut liegt ein Stab, der durch äußere Ringe mit den anderen Stäben verbunden ist. Die Stäbe bilden mit den Kurzschlußringen den in Bild C.2 wiedergegebenen „Käfig". Man nennt daher den Kurzschlußläufer auch ***Käfigläufer.*** Der Käfig besteht aus Kupfer oder bei nicht zu großen Maschinen aus Aluminium, das direkt in die Nuten gegossen wird. Obwohl der Käfig gegenüber dem Eisenblechpaket nicht isoliert ist, verlaufen die Ströme in erster Näherung allein über den Käfig, weil dieser eine wesentlich größere Leitfähigkeit als das Eisen besitzt und außerdem zwischen dem Käfig und dem Eisen ein verhältnismäßig großer Übergangswiderstand besteht.

Der große Vorzug des Käfigläufers liegt in seinem einfachen Aufbau, wodurch der Kurzschlußläufermotor äußerst betriebssicher und billig in der Herstellung wird. Der Schleifringläufermotor ermöglicht dagegen durch das Einschalten von Widerständen eine gute Anpassung an die Betriebsbedingungen, vor allem beim Anlauf des Motors.

Anmerkung

In besonderen Fällen erhält der Läufer die vom Netz gespeiste Primärwicklung und der Ständer die Sekundärwicklung.

8. Stationärer Betrieb der Asynchronmaschine mit Schleifringläufer

Die physikalische Wirkungsweise der Asynchronmaschine kann man besonders gut erkennen, wenn man sich zunächst auf das stationäre Verhalten beschränkt und dieses mit Hilfe der Drehfeldtheorie beschreibt. Hierzu setzen wir voraus:

- Der Läufer rotiere mit der konstanten Winkelgeschwindigkeit ω_m.
- Die Ständerwicklung liege an einem symmetrischen Drehspannungssystem mit der Kreisfrequenz ω.
- Die Oberwellen des Luftspaltfeldes wirken nur als Streuung.
- Es gelten alle zur Berechnung des Drehfeldes in Kapitel 1.4 getroffenen Voraussetzungen. Insbesondere seien die Induktivitäten konstant.
- Die Streuinduktivitäten seien unabhängig vom Strom und von der Drehzahl.
- Die OHMschen Widerstände der Wicklungen R_1 und R_2 seien unabhängig von der Drehzahl des Läufers und von der Temperatur.
- Die Eisenverluste werden vernachlässigt.

Für die Größe und Frequenz der EMK in der Läuferwicklung und damit auch für die Läuferströme ist die Differenz der Drehzahlen des Drehfeldes

$$n_0 = \frac{\omega}{2\pi p} = \frac{f}{p} \tag{8.1}$$

und des Läufers

$$n = \frac{\omega_m}{2\pi} \tag{8.2}$$

maßgebend.

Anmerkung

Setzt man ω in s^{-1} ein, dann sind n_0 und n Umdrehungen je Sekunde (U/s). In der Technik rechnet man meist mit Umdrehungen je Minute.

Man bezieht die Differenz der Drehzahlen auf die sogenannte synchrone Drehzahl n_0 und bezeichnet diesen Wert als ***Schlupf*** s:

$$\boxed{s = \frac{n_0 - n}{n_0}} \quad . \tag{8.3}$$

Mit Hilfe des Schlupfes kann man leicht die Frequenz der Läuferspannungen und Ströme bestimmen. Jede Umdrehung eines zweipoligen Drehfeldes (p = 1) gegenüber dem Läufer ergibt eine Periode der Läufer-EMK, jede Umdrehung eines Feldes mit p Polpaaren p Perioden. Daraus folgt die Frequenz der EMK des Läufers

$$f_2 = (n_0 - n)p.$$

Führen wir hier den Schlupf ein, so erhalten wir mit Hilfe der Gl. (8.1):

$$\boxed{f_2 = s f} \quad . \tag{8.4}$$

Da die Frequenz der elektrischen Größen im Läufer dem Schlupf proportional ist, nennt man sie auch ***Schlupffrequenz.***

Unter Verwendung der Gl. (8.1) bis (8.3) läßt sich die Winkelgeschwindigkeit des Läufers folgendermaßen schreiben:

$$\boxed{\omega_m = \frac{\omega}{p}(1 - s)} \quad . \tag{8.5}$$

Damit wird die Drehzahl

$$n = n_0(1 - s),$$

so daß die in Bild 8.1 wiedergegebenen Zusammenhänge gelten.

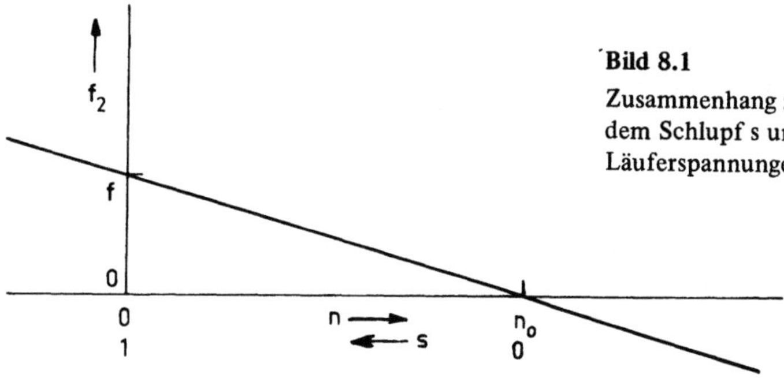

Bild 8.1

Zusammenhang zwischen der Drehzahl n, dem Schlupf s und der Frequenz f_2 der Läuferspannungen und Ströme

8.1. Spannungsgleichungen

In den Spannungsgleichungen sollen Größen, die sich auf den Ständer beziehen, den Index 1 und Läufergrößen den Index 2 erhalten. Der betrachtete Schleifringläufermotor habe m_1 Ständerwicklungsstränge (im allgemeinen $m_1 = 3$) und m_2 Läuferwicklungsstränge, wobei $m_2 \neq m_1$ sein kann.

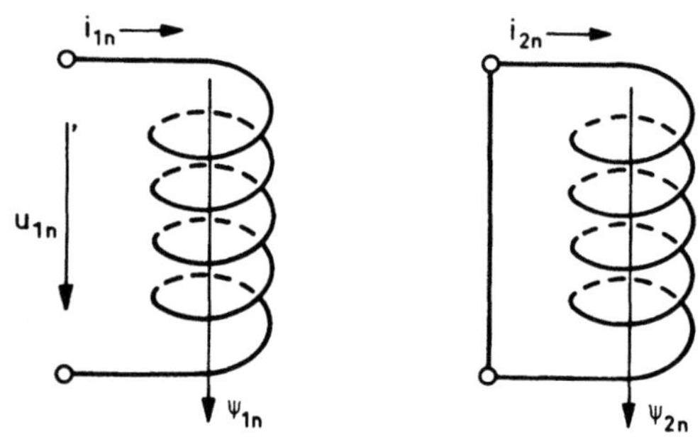

Bild 8.2
Zählpfeile für Ständer- und Läuferwicklung

Zur Aufstellung der Spannungsgleichungen verwenden wir das in Bild 8.2 angegebene Verbraucher-Zählpfeilsystem. Dann folgen aus dem Induktionsgesetz

$$\oint \mathbf{E}\, d\mathbf{l} = -\frac{d\Psi}{dt}$$

die Spannungsgleichungen für die Ständerwicklungsstränge $n = 1 \ldots m_1$

$$u_{1n} = i_{1n} R_1 + \frac{d\Psi_{1n}}{dt} \tag{8.6}$$

und für die Läuferwicklungsstränge $n = 1 \ldots m_2$

$$0 = i_{2n} R_2 + \frac{d\Psi_{2n}}{dt}\,. \tag{8.7}$$

Laut Voraussetzung liegt an der Ständerwicklung das symmetrische Spannungssystem

$$u_{1n} = U_1 \sqrt{2} \cos[\omega t - (n-1)\, 2\pi/m_1]. \tag{8.8}$$

Zur Ermittlung der partikulären Lösung der Differentialgleichungen (8.6) und (8.7) wählen wir als ***Lösungsansatz*** für i_{1n} das symmetrische Stromsystem

$$i_{1n} = I_1 \sqrt{2} \cos[\omega t + \varphi_1 - (n-1)\, 2\pi/m_1]. \tag{8.9}$$

Zur Berechnung des magnetischen Schwundes des n-ten Wicklungsstranges definieren wir:

$e_{1n,1h}$ = Haupt- oder Drehfeld-EMK des n-ten Ständerwicklungsstranges, verursacht durch das Ständerdrehfeld;

$e_{2n,1h}$ = Haupt- oder Drehfeld-EMK des n-ten Läuferwicklungsstranges, verursacht durch das Ständerdrehfeld;

$e_{1n,2h}$ = Haupt- oder Drehfeld-EMK des n-ten Ständerwicklungsstranges, verursacht durch das Läuferdrehfeld;

$e_{2n,2h}$ = Haupt- oder Drehfeld-EMK des n-ten Läuferwicklungsstranges, verursacht durch das Läuferdrehfeld.

Anmerkung

Die ersten beiden Indizes geben an, wo die EMK auftritt, und die letzten beiden, durch welches Feld sie verursacht wird.

Außerdem führen wir ein:

$e_{1n\sigma}$ = EMK eines Ständerwicklungsstranges, verursacht durch das *gesamte* Ständerstreufeld,

$e_{2n\sigma}$ = EMK eines Läuferwicklungsstranges, verursacht durch das *gesamte* Läuferstreufeld.

Die Ströme in den m_1 Ständerwicklungssträngen rufen nach Kapitel 1.3 und 1.4 gemeinsam das Drehfeld

$$B_1(\alpha_1, t) = \hat{B}_1 \cos(p\alpha_1 - \omega t - \varphi_1)$$

mit der Amplitude

$$\hat{B}_1 = \mu_0 \frac{m_1 w_1 \xi_1 I_1 \sqrt{2}}{\pi p \delta''}$$

hervor. Dieses Drehfeld verursacht im ersten Ständerwicklungsstrang (n = 1) nach Gl. (1.39) die EMK

$$e_{11,1h} = \omega L_{1h} I_1 \sqrt{2} \sin(\omega t + \varphi_1)$$

und im n-ten Wicklungsstrang die EMK

$$e_{1n,1h} = \omega L_{1h} I_1 \sqrt{2} \sin[\omega t + \varphi_1 - (n-1)\, 2\pi/m_1], \tag{8.10}$$

die in benachbarten Wicklungssträngen eine Phasenverschiebung von $2\pi/m_1$ besitzt.

Hierin ist

$$L_{1h} = \frac{\mu_0 \, m_1 \, (w_1 \, \xi_1)^2 \, D\, l}{p^2 \, \delta'' \, \pi} \tag{8.11}$$

die *Drehfeldinduktivität* nach Gl. (1.40).

Um die EMK zu bestimmen, die das Ständerdrehfeld im Läuferwicklungsstrang 1 hervorruft, braucht man nur das Ständerfeld vom Läufer aus zu betrachten. Das gelingt mit Hilfe der Koordinatentransformation nach Bild 8.3. Hierin wurde angenommen, daß die Koordinatenursprünge des Ständers und Läufers zur Zeit $t = 0$ zusammenfallen. Dann gilt

$$\alpha_1 = \omega_m t + \alpha_2 \, ,$$

und wir finden mit Hilfe der Gl. (8.5) den folgenden Zusammenhang zwischen den Ständer- und Läuferkoordinaten:

$$\alpha_1 = \frac{\omega}{p} (1 - s) \, t + \alpha_2 \, . \tag{8.12}$$

Setzen wir diese Beziehung in den Ausdruck für das Ständerdrehfeld ein, so erhalten wir das vom Läufer aus betrachtete Ständerdrehfeld zu

$$B_1 (\alpha_2 , t) = \hat{B}_1 \cos(p\alpha_2 - s\omega t - \varphi_1). \tag{8.13}$$

Amplitude, Polpaarzahl und Phasenwinkel bleiben erhalten. Der einzige Unterschied liegt darin, daß bei der Betrachtung vom Läufer aus die Kreisfrequenz anders ist ($\omega_2 = s\omega$).

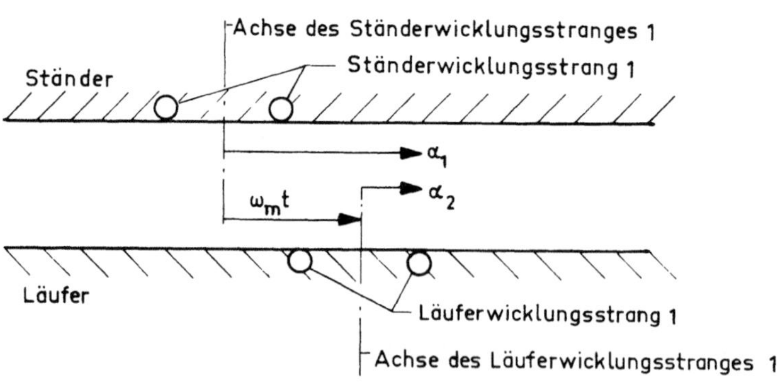

Bild 8.3 Beziehung zwischen den Ständer- und Läuferkoordinaten

Auf dieselbe Weise, wie es in Kapitel 1.5 für den Ständer gezeigt wurde, kann man die EMK des Ständerfeldes im Läufer berechnen, und man erhält für den Wicklungsstrang 1

$$e_{21,1h} = s\,\omega\,L_{21}\,I_1\,\sqrt{2}\,\sin(s\omega t + \varphi_1)$$

und für den n-ten Läuferwicklungsstrang

$$e_{2n,1h} = s\,\omega\,L_{21}\,I_1\,\sqrt{2}\,\sin[s\,\omega t + \varphi_1 - (n-1)\,2\pi/m_2] \qquad (8.14)$$

mit

$$\boxed{L_{21} = \frac{\mu_0\,m_1\,(w_1\,\xi_1)\,(w_2\,\xi_2)\,D\,l}{p^2\,\delta''\,\pi}} \quad . \qquad (8.15)$$

Hierin ist

ξ_2 = Wicklungsfaktor des Läufers für das Grundfeld,
w_2 = Anzahl der in Reihe geschalteten Windungen eines Läuferwicklungsstranges.

Die Größe L_{21} können wir als ***Drehfeld-Gegeninduktivität*** zwischen der gesamten Ständerwicklung und einem Läuferwicklungsstrang bezeichnen.

Anmerkung
Führen wir hier analog zu Gl. (1.43) die Gegeninduktivität zwischen einem Ständerwicklungsstrang und einem Läuferwicklungsstrang

$$\boxed{M = \frac{\mu_0\,2\,(w_1\,\xi_1)\,(w_2\,\xi_2)\,D\,l}{p^2\,\pi\,\delta''}} \qquad (8.16)$$

ein, so können wir schreiben

$$\boxed{L_{21} = \frac{m_1}{2}\,M} \quad . \qquad (8.17)$$

M gibt den Zusammenhang zwischen dem Strangstrom des Ständers (bzw. Läufers) und dem Spulenfluß in einem Wicklungsstrang des Läufers (bzw. Ständers) für den Fall wieder, daß nur ***ein*** Wicklungsstrang Strom führt und die Achsen der beiden Stränge zusammenfallen. Diese Gegeninduktivität wird also durch das ***Wechselfeld*** eines Stranges bestimmt.

Aus Gl. (8.14) lesen wir – wie bereits einleitend gesagt – ab, daß

- die Läuferfrequenz proportional zum Schlupf ist,
- nur im Falle $s \neq 0$ im Läufer eine EMK durch das Ständerfeld entsteht.

Sofern die Läuferwicklung geschlossen ist, wird sich im Läufer ein symmetrisches m_2-phasiges Stromsystem mit der Kreisfrequenz $s\omega$ ausbilden. Dementsprechend schreiben wir als ***Lösungsansatz*** für den Strom im n-ten Läuferwicklungsstrang

$$i_{2n} = I_2 \sqrt{2} \cos[s\,\omega t + \varphi_2 - (n-1)\,2\pi/m_2]. \tag{8.18}$$

Der Drehstrombelag aller m_2 Wicklungsstränge ist dann

$$A_2(\alpha_2, t) = -\frac{m_2}{2} \hat{A}_{2w} \sin(p\alpha_2 - s\,\omega t - \varphi_2). \tag{8.19}$$

Dieser Strombelag erzeugt das Drehfeld

$$B_2(\alpha_2, t) = \hat{B}_2 \cos(p\alpha_2 - s\,\omega t - \varphi_2) \tag{8.20}$$

mit der Amplitude

$$\hat{B}_2 = \frac{\mu_0\, m_2\, w_2\, \xi_2\, I_2 \sqrt{2}}{p\,\delta''\,\pi}. \tag{8.21}$$

Die Gl. (8.18), (8.19) und (8.20) zeigen eine große Ähnlichkeit mit den Ausdrücken für den Ständerstrom, den Ständerstrombelag und das Ständerdrehfeld. Anstelle von α_1 tritt hier α_2, die Schlupfkreisfrequenz $s\omega$ ersetzt die Netzkreisfrequenz ω und φ_2 ersetzt φ_1.

Das Läuferdrehfeld hat im Läuferwicklungsstrang 1 die EMK

$$e_{21,2h} = s\omega\, L_{2h}\, I_2 \sqrt{2} \sin(s\omega t + \varphi_2)$$

zur Folge, wobei zur Abkürzung die Haupt- oder Drehfeldinduktivität eines Läuferwicklungsstranges

$$\boxed{L_{2h} = \frac{\mu_0\, m_2\, (w_2\, \xi_2)^2\, D\, l}{p^2\, \delta''\, \pi}} \tag{8.22}$$

eingeführt wurde. Für die EMK im n-ten Läuferwicklungsstrang gilt

$$e_{2n,2h} = s\,\omega\, L_{2h}\, I_2 \sqrt{2} \sin[s\omega t + \varphi_2 - (n-1)\,2\pi/m_2]. \tag{8.23}$$

Um die EMK des Läuferdrehfeldes in der Ständerwicklung zu bestimmen, setzen wir die Koordinatenbeziehung (8.12) in den Ausdruck (8.20) für das Läuferdrehfeld ein:

$$B_2(\alpha_1, t) = \hat{B}_2 \cos(p\alpha_1 - \omega t - \varphi_2). \tag{8.24}$$

Das Läuferdrehfeld läuft also unabhängig von der Drehzahl, ebenso wie das Ständerdrehfeld, stets mit der synchronen Winkelgeschwindigkeit gegenüber dem Ständer um.

Auch der Läuferstrombelag bewegt sich gegenüber dem Ständer mit der gleichen Winkelgeschwindigkeit. Damit ist die in Kapitel 1.6 genannte Bedingung gleicher Umlaufgeschwindigkeiten zur Erzeugung eines zeitlich konstanten Drehmomentes erfüllt.

Das Läuferdrehfeld verursacht im Ständerwicklungsstrang 1 die EMK

$$e_{11,2h} = \omega L_{12} I_2 \sqrt{2} \sin(\omega t + \varphi_2)$$

und im n-ten Wicklungsstrang die EMK

$$e_{1n,2h} = \omega L_{12} I_2 \sqrt{2} \sin[\omega t + \varphi_2 - (n-1)\, 2\pi/m_1], \tag{8.25}$$

wobei

$$\boxed{L_{12} = \frac{\mu_0 m_2 (w_2 \xi_2)(w_1 \xi_1) D l}{p^2 \delta'' \pi}} \tag{8.26}$$

die Drehfeld-Gegeninduktivität zwischen einem Ständerwicklungsstrang und dem gesamten Läufer ist.

Anmerkung

Mit Hilfe der Gl. (8.16) können wir L_{12} auch durch die Gegeninduktivität des Wechselfeldes M ausdrücken:

$$\boxed{L_{12} = \frac{m_2}{2} M.} \tag{8.27}$$

Wie man leicht sieht, sind die Gegeninduktivitäten L_{12} und L_{21} nur dann gleich, wenn $m_1 = m_2$ ist.

Damit sind alle von den Drehfeldern stammenden EMKe bekannt. Auch die Streufelder verursachen EMKe. Unter den obigen Voraussetzungen läßt sich das gesamte Streufeld aller m_1 Ständerströme zusammenfassen, und wir können für die EMK des gesamten Ständerstreufeldes im Wicklungsstrang n schreiben

$$e_{1n\sigma} = \omega L_{1\sigma} I_1 \sqrt{2} \sin[\omega t + \varphi_1 - (n-1) 2\pi/m_1]. \tag{8.28}$$

Entsprechend gilt für die EMK des gesamten Läuferstreufeldes im Läuferwicklungsstrang n

$$e_{2n\sigma} = s\omega L_{2\sigma} I_2 \sqrt{2} \sin[s\omega t + \varphi_2 - (n-1) 2\pi/m_2]. \tag{8.29}$$

Zur Ermittlung der Streuinduktivitäten wird auf die Literatur verwiesen [z. B. 13, 18]. Es sei lediglich erwähnt, daß man zu ihrer Berechnung das Streufeld in mehrere Anteile zerlegt. Diese sind üblicherweise:

- *Nutenstreufelder* (vgl. Bild 1.24).
- *Stirnstreufelder*
  Sie sind in Bild 1.26 schematisch wiedergegeben. Der wirkliche Feldverlauf (Bild 1.25) ist dagegen komplizierter.
- *Felder der doppeltverketteten Streuung*
  Hierunter versteht man die höheren Harmonischen des Luftspaltfeldes, deren Polpaarzahlen größer als die Polpaarzahl p sind. Für diese Felder der Ständerwicklung ist der Wicklungsfaktor der Läuferwicklung so klein, daß sie näherungsweise nicht mit dem Läufer verkettet sind und daher als Streufelder angesehen werden. Entsprechendes gilt für die Oberfelder des Läufers. Bei Belastungen oberhalb des Nennstromes vermindert sich diese Streuung infolge der magnetischen Sättigung der Zahnköpfe.

Nunmehr lassen sich die Spannungsgleichungen auswerten. Der magnetische Schwund beträgt für den n-ten Ständerwicklungsstrang

$$-\frac{d\Psi_{1n}}{dt} = e_{1n,1h} + e_{1n,2h} + e_{1n\sigma}$$

und für den n-ten Läuferwicklungsstrang

$$-\frac{d\Psi_{2n}}{dt} = e_{2n,2h} + e_{2n,1h} + e_{2n\sigma}.$$

Führen wir ihn in die Spannungsgleichungen (8.6) und (8.7) ein und benutzen wir ferner die Beziehungen (8.8), (8.9), (8.10), (8.14), (8.18), (8.23), (8.25), (8.28) und (8.29), so erhalten wir die für den stationären Betrieb geltenden Spannungsgleichungen nach Übergang auf die komplexe Rechnung zu

$$\boxed{\underline{U}_1 = [R_1 + j\omega(L_{1\sigma} + L_{1h})]\,\underline{I}_1 + j\,\omega\,L_{12}\,\underline{I}_2}\;, \tag{8.30}$$

$$\boxed{0 = [R_2 + j\,s\,\omega(L_{2\sigma} + L_{2h})]\,\underline{I}_2 + j\,s\,\omega\,L_{21}\,\underline{I}_1}\;, \tag{8.31}$$

wenn wir die Gleichungen um die Winkel $(n-1)\,2\pi/m_1$ bzw. $(n-1)\,2\pi/m_2$ kürzen. In den Spannungsgleichungen gilt

$$\left.\begin{aligned} \underline{U}_1 &= U_1\, e^{j0}, \\ \underline{I}_1 &= I_1\, e^{j\varphi_1}, \\ \underline{I}_2 &= I_2\, e^{j\varphi_2}. \end{aligned}\right\} \tag{8.32}$$

Da die angenommenen sinusförmigen symmetrischen Stromsysteme die Spannungsgleichungen erfüllen, stellen sie die stationäre Lösung dar. Wegen der Symmetrie der Anordnung reduziert sich das System der $(m_1 + m_2)$ Spannungsgleichungen auf je eine Gleichung für den Ständer und Läufer.

Um die Spannungsgleichungen noch einfacher schreiben zu können, empfiehlt es sich folgende Abkürzungen einzuführen:

- die totale Ständerreaktanz $X_1 = \omega L_1 = \omega(L_{1h} + L_{1\sigma})$,
- die totale Läuferreaktanz $X_2 = \omega L_2 = \omega(L_{2h} + L_{2\sigma})$,
- die gegenseitige Reaktanz $X_{12} = \omega L_{12}$,
- die gegenseitige Reaktanz $X_{21} = \omega L_{21}$.

Dann gehen die Spannungsgleichungen über in:

$$\underline{U}_1 = (R_1 + j\,X_1)\,\underline{I}_1 + j\,X_{12}\,\underline{I}_2 \quad, \tag{8.33}$$

$$0 = (R_2 + j\,s\,X_2)\,\underline{I}_2 + j\,s\,X_{21}\,\underline{I}_1 \quad. \tag{8.34}$$

Arbeitet die Asynchronmaschine an einem Netz mit der bekannten Spannung $\underline{U}_1$, so hat man die Ströme $\underline{I}_1$ und $\underline{I}_2$ sowie den Schlupf s zu bestimmen.

Zur Berechnung der drei Unbekannten benötigt man außer den beiden Spannungsgleichungen noch eine Beziehung für das Drehmoment.

8.2. Leistungsaufteilung und Drehmoment

Im stationären Zustand muß die Maschine ein Drehmoment M_e entwickeln, das dem Lastmoment M_g das Gleichgewicht hält:

$$M_e - M_g = 0,$$

wenn man die Reibungsverluste vernachlässigt. Bei jedem Lastmoment M_g stellt sich die Asynchronmaschine schließlich auf eine solche Drehzahl ein, daß die Gleichgewichtsbedingung erfüllt ist.

Das elektromagnetische Drehmoment läßt sich am einfachsten mit Hilfe einer Leistungsbilanz ermitteln. Die Aufteilung der Leistung einer Asynchronmaschine ist in dem sogenannten SANKEY-Diagramm in Bild 8.4 wiedergegeben.

Der Asynchronmaschine mit m_1 Ständerwicklungssträngen wird vom Netz die elektrische Leistung

$$P_1 = m_1 \operatorname{Re}[\underline{U}_1 \underline{I}_1^*] = m_1 U_1 I_1 \cos\varphi_1 \tag{8.35}$$

zugeführt, wobei $\underline{I}_1^*$ der konjugiert komplexe Wert von $\underline{I}_1$ und φ_1 der Phasenwinkel des Stromes $\underline{I}_1$ gegenüber der Klemmenspannung $\underline{U}_1$ ist.
Ein kleiner Teil der Leistung P_1 geht als Wärme verloren und zwar als Folge der

- Eisenverluste P_{Fe},
- Kupferverluste des Ständers P_{Cu1},
- Zusatzverluste des Ständers P_{Zus1}.

Der Rest, nämlich

$$\boxed{P_\delta = P_1 - (P_{Fe} + P_{Cu1} + P_{Zus1})} \tag{8.36}$$

wird durch das elektromagnetische Feld im Luftspalt vom Ständer auf den Läufer übertragen. Man nennt P_δ daher

- Drehfeldleistung,
- Luftspaltleistung oder
- innere Leistung.

Die Drehfeldleistung teilt sich in die elektromagnetisch erzeugte mechanische Leistung P_{me} und die Kupferverluste im Läufer P_{Cu2} auf:

$$\boxed{P_\delta = P_{me} + P_{Cu2}} \quad . \tag{8.37}$$

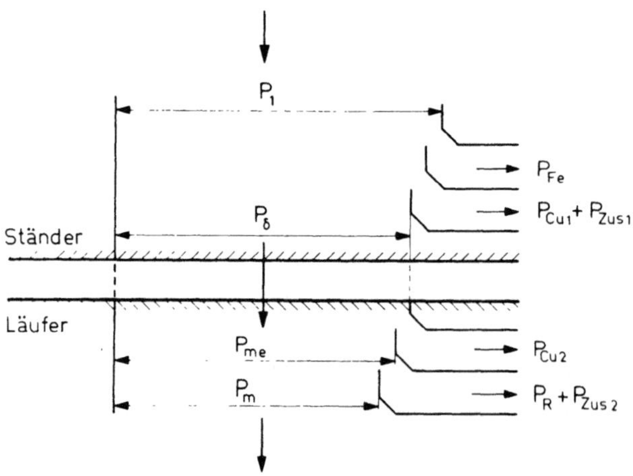

Bild 8.4
SANKEY-Diagramm des Asynchronmotors

Anmerkung

Ist die Läuferwicklung über äußere Widerstände kurzgeschlossen, dann enthält P_{Cu2} auch die in diesen Widerständen in Wärme umgesetzte Leistung. Es ist ferner möglich, daß der Läuferkreis ein Mehrphasennetz speist. In diesem Fall hat man unter P_{Cu2} die Summe aus der gesamten Leistung dieses Netzes und den Stromwärmeverlusten im Läufer zu verstehen.

Das SANKEY-Diagramm enthält keine Eisenverluste im Läuferkreis. Zwischen Leerlauf und Vollast ist die Frequenz der Induktion im Läufer so gering, daß man die Eisenverluste im Läufer ohne weiteres vernachlässigen kann. Bei größerem Schlupf kann man die sekundären Eisenverluste als Zuschlag zu P_{Cu2} auffassen.

An der Kupplung steht infolge der Reibungsverluste P_R und der sekundären Zusatzverluste P_{Zus2} die mechanische Leistung

$$P_m = P_{me} - (P_R + P_{Zus2}) \tag{8.38}$$

zur Verfügung.

8.2.1. Leistungsbilanz

Zur Leistungsbilanz gehen wir von den Spannungsgleichungen der Asynchronmaschine Gl. (8.33) und (8.34) aus:

$$\underline{U}_1 = (R_1 + j X_1)\, \underline{I}_1 + j X_{12}\, \underline{I}_2, \qquad \text{vgl.} \quad (8.33)$$

$$0 = (R_2 + j s X_2)\, \underline{I}_2 + j s X_{21}\, \underline{I}_1. \qquad \text{vgl.} \quad (8.34)$$

Wir multiplizieren Gl. (8.33) mit $m_1\, \underline{I}_1^*$ und Gl. (8.34) mit $m_2\, \underline{I}_2^*$ und bilden den Realteil. Unter Beachtung der Beziehungen

$$\underline{I}\, \underline{I}^* = I^2 \quad \text{und} \quad \mathrm{Re}[j\, \underline{I}\, \underline{I}^*] = 0$$

erhalten wir

$$P_1 = \mathrm{Re}[m_1\, \underline{U}_1\, \underline{I}_1^*] = m_1 R_1 I_1^2 + \mathrm{Re}[j m_1 X_{12}\, \underline{I}_2\, \underline{I}_1^*], \tag{8.39}$$

$$0 = m_2 R_2 I_2^2 + \mathrm{Re}[j m_2 s X_{21}\, \underline{I}_1\, \underline{I}_2^*]. \tag{8.40}$$

Nun sind die Ständerkupferverluste

$$P_{Cu1} = m_1 R_1 I_1^2$$

und die Läuferkupferverluste

$$P_{Cu2} = m_2 R_2 I_2^2.$$

Ferner gilt für zwei beliebige Ströme aufgrund der komplexen Rechnung

$$\mathrm{Re}\,[\mathrm{j}\,\underline{I}_1\,\underline{I}_2^*] = -\,\mathrm{Re}\,[\mathrm{j}\,\underline{I}_2\,\underline{I}_1^*],$$

und wir finden außerdem

$$m_1\,X_{12} = m_2\,X_{21}\,.$$

Unter Berücksichtigung aller dieser Beziehungen gehen die Gl. (8.39) und (8.40) über in

$$P_1 = P_{Cu1} + \mathrm{Re}\,[\mathrm{j}\,m_1\,X_{12}\,\underline{I}_2\,\underline{I}_1^*], \qquad (8.41)$$

$$0 = P_{Cu2} - s\,\mathrm{Re}\,[\mathrm{j}\,m_1\,X_{12}\,\underline{I}_2\,\underline{I}_1^*]. \qquad (8.42)$$

Beachten wir, daß die Spannungsgleichungen unter den Voraussetzungen

$$P_{Fe} = P_{Zus1} = P_{Zus2} = 0$$

abgeleitet wurden, so ergibt hierfür das SANKEY-Diagramm

$$P_1 = P_{Cu1} + P_\delta\,.$$

Der Vergleich mit Gl. (8.41) liefert die Drehfeldleistung

$$P_\delta = \mathrm{Re}\,[\mathrm{j}\,m_1\,X_{12}\,\underline{I}_2\,\underline{I}_1^*], \qquad (8.43)$$

und hieraus folgt wiederum in Verbindung mit Gl. (8.42)

$$\boxed{P_{Cu2} = s\,P_\delta\,.} \qquad (8.44)$$

In den Widerständen des Läuferkreises wird ein dem Schlupf proportionaler Teil der Drehfeldleistung in Wärme umgesetzt.

Mit Hilfe der Gl. (8.37) und (8.44) finden wir ferner für die elektromagnetisch erzeugte mechanische Leistung:

$$\boxed{P_{me} = P_\delta\,(1 - s).} \qquad (8.45)$$

Die beiden letzten Beziehungen lassen erkennen, daß die Aufteilung der Drehfeldleistung in die elektromagnetisch erzeugte mechanische Leistung und die sekundären Kupferverluste allein durch den Schlupf gegeben ist.

Bewegt sich der Läufer mit der mechanischen Winkelgeschwindigkeit ω_m, so besteht zwischen der Leistung P_{me} und dem zugehörigen elektromagnetisch erzeugten Drehmoment M_e die Beziehung

$$P_{me} = \omega_m M_e = \frac{\omega}{p} (1 - s) M_e. \qquad (8.46)$$

In Verbindung mit Gl. (8.45) erhalten wir hieraus

$$\boxed{M_e = \frac{p}{\omega} P_\delta.} \qquad (8.47)$$

Unabhängig vom Schlupf ist die Drehfeldleistung durch das Drehmoment festgelegt.

Ersetzen wir P_δ in Gl. (8.47) mit Hilfe der Gl. (8.44), so folgt

$$\boxed{M_e = \frac{p}{\omega} \frac{P_{Cu2}}{s}} \quad . \qquad (8.48)$$

Das Drehmoment der Asynchronmaschine läßt sich demnach auch mit Hilfe der Läuferkupferverluste ermitteln.

Anmerkung

Die obigen Gleichungen beschreiben gleichzeitig die Leistungsaufteilung der in Bild 8.5 wiedergegebenen Reibungs-Schlupfkupplung. Aufgrund des *NEWTON*schen Axioms actio = reactio wirkt auf beide Teile das gleiche Drehmoment M_e in entgegengesetzter Richtung. Demnach wird der Kupplung die Leistung

$$P_\delta = \frac{\omega}{p} M_e \qquad \text{vgl.} \quad (8.47)$$

zugeführt und es wird die Leistung

$$P_{me} = \omega_m M_e = \frac{\omega}{p} (1 - s) M_e \qquad \text{vgl.} \quad (8.46)$$

abgegeben, während die Reibungswärme P_{Cu2} entsteht. Der Energiesatz fordert

$$P_\delta = P_{me} + P_{Cu2}.$$

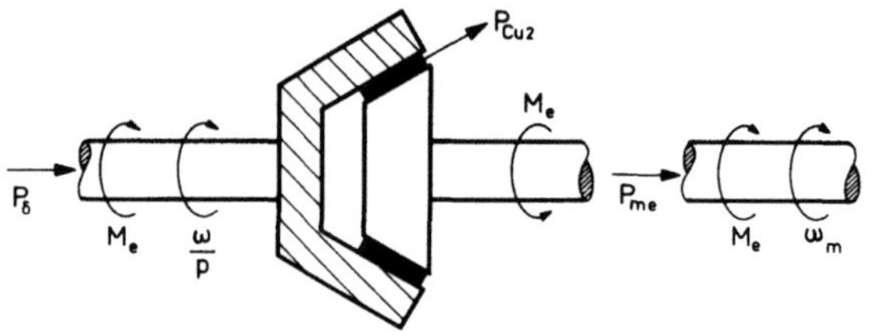

Bild 8.5
Reibungs-Schlupfkupplung

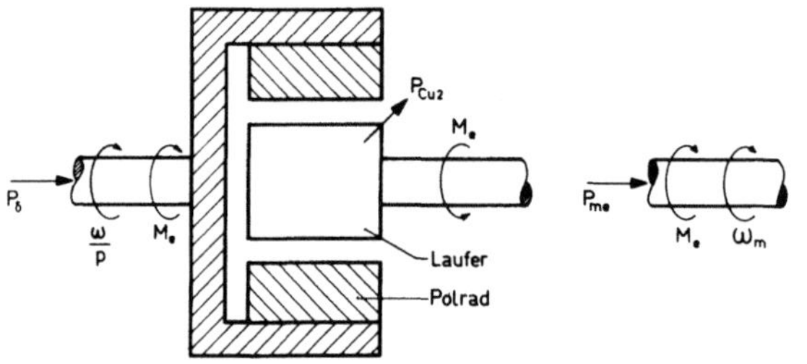

Bild 8.6
Elektrodynamische Schlupfkupplung

Aus den drei letzten Gleichungen folgt dann

$$P_{Cu2} = s\,P_\delta . \qquad \text{vgl.} \quad (8.44)$$

An diesen Zusammenhängen ändert sich nichts, wenn man die Kraftübertragung auf elektrodynamischem Wege zustande bringt (Bild 8.6). Denkt man sich nun das umlaufende Polrad einer derartigen elektrodynamischen Schlupfkupplung durch das Drehfeld einer stromdurchflossenen Drehstromwicklung ersetzt, so erscheint die oben abgeleitete Leistungsaufteilung auch für die Asynchronmaschine plausibel.

Hinsichtlich der Leistungsaufteilung verhält sich die Asynchronmaschine wie eine Schlupfkupplung.

8.2.2. Berechnung des Drehmomentes

Um das elektromagnetische Drehmoment zu berechnen, führen wir in Gl. (8.47) die Drehfeldleistung P_δ nach Gl. (8.43) ein:

$$M_e = \frac{p}{\omega}\,\mathrm{Re}\,[\mathrm{j}\,m_1\,X_{12}\,\underline{I}_2\,\underline{I}_1^*]. \tag{8.49}$$

Aus den Gl. (8.33) und (8.34) ermitteln wir die Ströme:

$$\underline{I}_1 = \frac{\left(\frac{R_2}{s} + \mathrm{j}\,X_2\right)\underline{U}_1}{\left(\frac{R_1 R_2}{s} - X_1\,X_2 + X_{12}\,X_{21}\right) + \mathrm{j}\left(\frac{R_2}{s}\,X_1 + R_1\,X_2\right)}, \tag{8.50}$$

$$\underline{I}_2 = \frac{-j X_{21} \underline{U}_1}{\left(\frac{R_1 R_2}{s} - X_1 X_2 + X_{12} X_{21}\right) + j \left(\frac{R_2}{s} X_1 + R_1 X_2\right)}, \tag{8.51}$$

so daß

$$\underline{I}_1^* = \frac{\left(\frac{R_2}{s} - j X_2\right) \underline{U}_1^*}{\left(\frac{R_1 R_2}{s} - X_1 X_2 + X_{12} X_{21}\right) - j \left(\frac{R_2}{s} X_1 + R_1 X_2\right)}$$

ist. Setzen wir die Beziehungen für $\underline{I}_1^*$ und $\underline{I}_2$ in Gl. (8.49) ein, dann finden wir

$$M_e = \frac{p}{\omega} m_1 \frac{X_{12} X_{21} \frac{R_2}{s} U_1^2}{\left(\frac{R_1 R_2}{s} - X_1 X_2 + X_{12} X_{21}\right)^2 + \left(\frac{R_2}{s} X_1 + R_1 X_2\right)^2}. \tag{8.52}$$

Die Gl. (8.33), (8.34), (8.52) und das aus der Bewegungsgleichung abgeleitete Drehmomentengleichgewicht

$$M_e = M_g$$

beschreiben gemeinsam das stationäre Verhalten der Asynchronmaschine.

8.3. Nähere Betrachtung der Spannungsgleichungen

8.3.1. Die Asynchronmaschine als Transformator

Dividieren wir die Läuferspannungsgleichung (8.34) durch s und zerlegen das dann entstehende Glied R_2/s in

$$\frac{R_2}{s} = R_2 + R_2 \frac{1-s}{s}, \tag{8.53}$$

dann können wir die Spannungsgleichungen folgendermaßen schreiben:

$$\underline{U}_1 = (R_1 + j X_1) \underline{I}_1 + j X_{12} \underline{I}_2,$$

$$-R_2 \frac{1-s}{s} \underline{I}_2 = (R_2 + j X_2) \underline{I}_2 + j X_{21} \underline{I}_1.$$

Zur Abkürzung führen wir ferner ein:

$$\underline{U}_2 = -R_2 \frac{1-s}{s} \underline{I}_2.$$

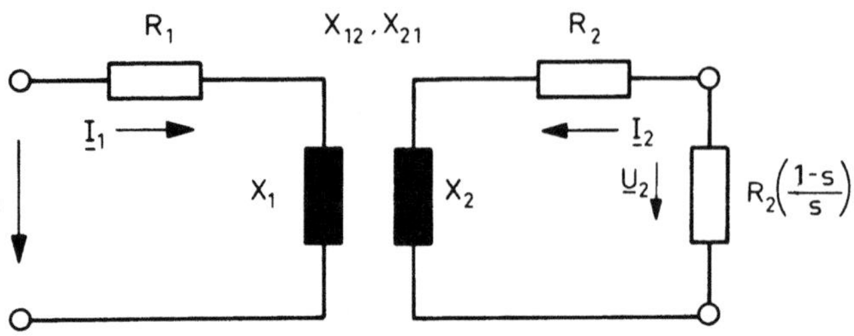

Bild 8.7 Die Asynchronmaschine als Transformator (für $m_1 = m_2$)

Diese drei Beziehungen stimmen im Aufbau vollkommen mit den Spannungsgleichungen des Transformators überein (vgl. Bd. I, Gl. (5.10), (5.11) und (5.12)). Lediglich für $m_1 \neq m_2$ ist $X_{12} \neq X_{21}$, wodurch sich jedoch qualitativ nichts ändert. Die Spannungsgleichungen beschreiben das in Bild 8.7 wiedergegebene Schema.

Die kurzgeschlossene Asynchronmaschine verhält sich daher in elektrischer Hinsicht ähnlich wie ein ***Transformator***, der auf der Sekundärseite mit dem Widerstand $R_2 (1-s)/s$ belastet ist.

Durchläuft die Maschine die Drehzahlen vom Stillstand ($s = 1$) bis zum Synchronismus ($s = 0$), so ist das gleichbedeutend mit einer Belastung des äquivalenten Transformators zwischen ***Kurzschluß:***

$$R_2 \frac{1-s}{s} = 0 \quad \text{für} \quad s = 1$$

und ***Leerlauf:***

$$R_2 \frac{1-s}{s} = \infty \quad \text{für} \quad s = 0.$$

Die Luftspaltleistung P_δ ist definiert als die Leistung, die über den Luftspalt auf den Läufer übertragen wird. Betrachten wir Bild 8.7, dann stimmt offensichtlich die Luftspaltleistung mit der gesamten Leistung im Sekundärkreis überein:

$$P_\delta = m_2 I_2^2 R_2 + m_2 I_2^2 R_2 \left(\frac{1-s}{s}\right) = m_2 I_2^2 \frac{R_2}{s}. \qquad (8.54)$$

Da die Läuferkupferverluste

$$P_{Cu2} = m_2 I_2^2 R_2 \qquad (8.55)$$

betragen, kann der zweite Term in Gl. (8.54) nur die elektromagnetisch erzeugte mechanische Leistung wiedergeben:

$$P_{em} = m_2 I_2^2 R_2 \left(\frac{1-s}{s}\right). \qquad (8.56)$$

Aus dieser Beziehung geht hervor, daß die Leistung P_{em} gleich der im Widerstand $R_2 \left(\frac{1-s}{s}\right)$ umgesetzten Leistung ist.

Für negativen Schlupf und bei negativen Drehzahlen (s > 1) wird der Widerstand $R_2 (1-s)/s$ negativ, d. h. der Maschine wird mechanische Leistung an der Welle zugeführt.

Die Gl. (8.54) bis (8.56) liefern die bekannten Beziehungen

$$P_{Cu2} = s P_\delta ,$$

$$P_{em} = (1-s) P_\delta .$$

Die Analogie zum Transformator bringt es mit sich, daß eine Reihe der aus der Theorie des Transformators bekannten Begriffe wieder auftreten.

Anmerkung

Wie beim Transformator lassen sich die in den Spannungsgleichungen (8.33) und (8.34) verwendeten Widerstände und Reaktanzen theoretisch durch Messungen unmittelbar bestimmen. Legt man beispielsweise die Ständerwicklung an das Netz, während der Läufer mit geöffneten Schleifringen stillsteht (s = 1), dann gilt:

$$\underline{U}_1 = (R_1 + j X_1)\, \underline{I}_1 , \qquad (8.57)$$

$$\underline{U}_{20} = -(E_2)_{s=1} = j X_{21}\, \underline{I}_1 . \qquad (8.58)$$

$\underline{U}_{20}$ ist die Strangspannung, die infolge der EMK $(E_2)_{s=1}$ an den Klemmen der offenen Läuferwicklung auftritt. $\underline{U}_{20}$ ersetzt hier also die Spannung 0 der kurzgeschlossenen Wicklung in Gl. (8.34).

R_1 und X_1 lassen sich durch eine primäre Strom-, Spannungs- und Leistungsmessung mit Hilfe der Gl. (8.57) ermitteln. Aus einer sekundären Spannungs- und primären Strommessung kann man X_{21} nach Gl. (8.58) bestimmen. Die übrigen Größen ergeben sich entsprechend durch eine Speisung des Läufers bei offenem Ständer.

Diese Betrachtung zeigt, daß die unmittelbar zugänglichen Größen nicht die Haupt- und Streuinduktivitäten, sondern die totalen Reaktanzen sind. Wegen der Sättigungseinflüsse sind jedoch die Induktivitäten keine Konstanten. Zur Ermittlung der Maschinenparameter ist dieses Verfahren daher nur mit besonderer Vorsicht zu benutzen (vgl. Bd. I Kapitel 5.1).

8.3.2. Ideeller Leerlauf- und Kurzschlußstrom

Ebenso wie für den Transformator kann man für die Asynchronmaschine einen ideellen Leerlaufstrom und einen ideellen Kurzschlußstrom definieren.

Unter dem ideellen Leerlaufstrom versteht man den Ständerstrom für den Fall $R_1 = 0$ und $\underline{I}_2 = 0$. Er ergibt sich aus Gl. (8.33) zu

$$\boxed{\underline{I}_1 = \underline{I}_{0i} = \frac{\underline{U}_1}{j X_1}} \quad . \tag{8.59}$$

Als ideellen Kurzschlußstrom bezeichnet man den Primärstrom für den Fall $R_1 = R_2 = 0$ bei $s = 1$ (Stillstand) oder – was auf dasselbe herauskommt – für den Fall $R_1 = 0$ und $s = \infty$ (unendlich hohe Drehzahl). Aus den Gl. (8.33) und (8.34) erhält man den ideellen Kurzschlußstrom

$$\underline{I}_1 = \underline{I}_{ki} = \frac{\underline{U}_1}{j\left(1 - \frac{X_{12} X_{21}}{X_1 X_2}\right) X_1} \; .$$

Führen wir hierin zur Abkürzung den vom Transformator bekannten BLONDELschen Streukoeffizienten

$$\boxed{\sigma = 1 - \frac{X_{12} X_{21}}{X_1 X_2}} \tag{8.60}$$

ein, dann wird

$$\boxed{\underline{I}_{ki} = \frac{\underline{U}_1}{j \sigma X_1}} \quad . \tag{8.61}$$

Mit Hilfe der Kurzschlußreaktanz

$$X_k = \sigma X_1 \tag{8.62}$$

können wir schreiben

$$\boxed{\underline{I}_{ki} = \frac{\underline{U}_1}{j X_k}} \quad . \tag{8.63}$$

Aus den Gl. (8.59) und (8.61) erhalten wir den BLONDELschen Streukoeffizienten zu

$$\boxed{\sigma = \frac{I_{0i}}{I_{ki}}} \quad . \tag{8.64}$$

Er liegt in der Größenordnung von einigen Prozenten (etwa 4 bis 12 %). Bei der Asynchronmaschine ist σ wesentlich größer als beim Transformator, weil die Asynchronmaschine wegen des Luftspaltes einen größeren Magnetisierungsstrom besitzt. Die Zeiger $\underline{U}_1$, $\underline{I}_{0i}$ und $\underline{I}_{ki}$ sind nach den Gl. (8.59) und (8.61) in Bild 8.8 gezeichnet.

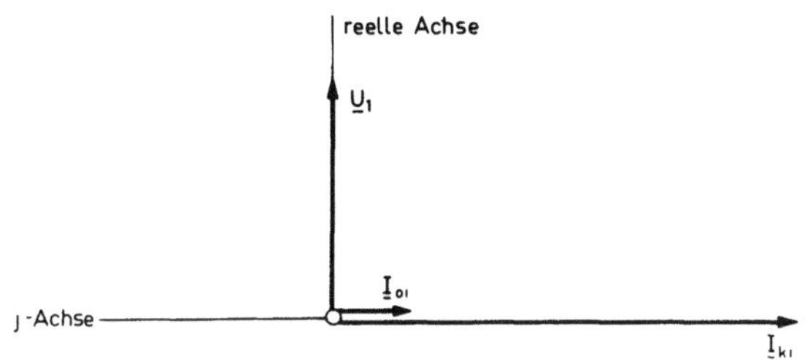

Bild 8.8
Ideeller Leerlaufstrom $\underline{I}_{0i}$ und ideeller Kurzschlußstrom $\underline{I}_{ki}$

Anmerkung

Den BLONDELschen Streukoeffizienten kann man wiederum durch die Teilstreuziffern

$$\left.\begin{aligned} \sigma_1 &= \frac{L_{1\sigma}}{L_{1h}}, \\ \sigma_2 &= \frac{L_{2\sigma}}{L_{2h}} \end{aligned}\right\} \tag{8.65}$$

ausdrücken. Hierzu ersetzen wir die Reaktanzen in Gl. (8.60) durch die Induktivitäten:

$$\sigma = 1 - \frac{L_{12}\,L_{21}}{L_{1h}\,L_{2h}\left(1 + \frac{L_{1\sigma}}{L_{1h}}\right)\left(1 + \frac{L_{2\sigma}}{L_{2h}}\right)} .$$

Da nun stets

$$\frac{L_{12}\,L_{21}}{L_{1h}\,L_{2h}} = 1$$

ist, erhalten wir den BLONDELschen Streukoeffizienten zu

$$\boxed{\sigma = 1 - \frac{1}{(1+\sigma_1)(1+\sigma_2)}} \quad . \tag{8.66}$$

Da der Streukoeffizient des Ständers $\sigma_1 = L_{1\sigma}/L_{1h}$ in der Größenordnung weniger Prozente liegt, erhalten wir den ideellen Leerlaufstrom zu:

$$\underline{I}_{0i} = \frac{\underline{U}_1}{j X_1} = \frac{\underline{U}_1}{j\omega L_{1h}(1+\sigma_1)} \approx \frac{\underline{U}_1}{j\omega L_{1h}}. \tag{8.67}$$

|| Der ideelle Leerlaufstrom wird hauptsächlich durch die Ständer-Drehfeldinduktivität bestimmt.

Um zu erkennen, von welchen Größen der ideelle Kurzschlußstrom abhängt, berechnen wir:

$$X_k = \sigma X_1 = \left(1 - \frac{1}{(1+\sigma_1)(1+\sigma_2)}\right)(\omega L_{1h} + \omega L_{1\sigma})$$

$$= \frac{\sigma_1 + \sigma_2 + \sigma_1\sigma_2}{(1+\sigma_1)(1+\sigma_2)}\,\omega L_{1h}(1+\sigma_1) = \left(\sigma_1 + \frac{\sigma_2}{1+\sigma_2}\right)\omega L_{1h}.$$

Da nun meist $\sigma_2 \ll 1$ ist, gilt mit einem Fehler von einigen Prozenten

$$X_k \approx (\sigma_1 + \sigma_2)\,\omega L_{1h} = \omega\left[L_{1\sigma} + \frac{L_{1h}}{L_{2h}} L_{2\sigma}\right].$$

Aufgrund der Gl. (8.11) und (8.22) ist

$$\frac{L_{1h}}{L_{2h}} = \frac{m_1 (w_1 \xi_1)^2}{m_2 (w_2 \xi_2)^2}.$$

Setzen wir zur Abkürzung

$$L_{2\sigma} \cdot \frac{m_1 (w_1 \xi_1)^2}{m_2 (w_2 \xi_2)^2} = L'_{2\sigma},$$

dann wird die Kurzschlußreaktanz näherungsweise

$$\boxed{X_k \approx \omega(L_{1\sigma} + L'_{2\sigma}).} \quad . \tag{8.68}$$

|| Der ideelle Kurzschlußstrom hängt demnach näherungsweise nur von den Streuinduktivitäten ab.

Wie später noch gezeigt wird, ist $L'_{2\sigma}$ die auf den Ständer bezogene Streuinduktivität des Läufers.

8.3.3. Ströme

Bei gegebener Ständerspannung kann man aus den Gl. (8.33) und (8.34) unmittelbar die Ströme als Funktion des Schlupfes ermitteln:

$$\underline{I}_1 = \frac{\left(\frac{R_2}{s} + j X_2\right)\underline{U}_1}{\left(\frac{R_1 R_2}{s} - X_1 X_2 + X_{12} X_{21}\right) + j\left(\frac{R_2}{s} X_1 + R_1 X_2\right)}, \quad \text{vgl.} \qquad (8.50)$$

$$\underline{I}_2 = \frac{-j X_{21} \underline{U}_1}{\left(\frac{R_1 R_2}{s} - X_1 X_2 + X_{12} X_{21}\right) + j\left(\frac{R_2}{s} X_1 + R_1 X_2\right)}. \quad \text{vgl.} \qquad (8.51)$$

Es empfiehlt sich, hier die folgenden dimensionslosen Größen einzuführen:

$$r_1 = \frac{R_1}{X_1}, \qquad (8.69)$$

$$r_2 = \frac{R_2}{X_2}. \qquad (8.70)$$

Dann erhalten wir die Ströme zu

$$\underline{I}_1 = \frac{-(s - j r_2)\, \underline{I}_{0i}}{(r_1 r_2 - \sigma s) + j(r_2 + r_1 s)}, \qquad (8.71)$$

$$\underline{I}_2 = \frac{s \frac{X_{21}}{X_2} \underline{I}_{0i}}{(r_1 r_2 - \sigma s) + j(r_2 + r_1 s)}. \qquad (8.72)$$

Aus der ersten Beziehung kann man den Primärstrom der Asynchronmaschine als Funktion des Schlupfes berechnen, wenn r_1, r_2, σ und I_{0i} bekannt sind. Im allgemeinen sind diese Größen entgegen der Voraussetzung keine Konstanten. Sie hängen für eine konstante Spannung U_1 insbesondere vom Schlupf ab.

In Bild 8.9 ist das Verhältnis des Stromes I_1 eines Schleifringläufermotors zum Nennstrom I_{1N} über der Drehzahl wiedergegeben. Der Leerlaufstrom liegt bereits in der Größenordnung von 30–60 % des Nennstromes. Der stationäre Kurzschlußstrom, den die Maschine nach dem Einschalten aufnimmt, beträgt etwa das 4- bis 8-fache des Nennstromes. Er unterscheidet sich bei größeren Maschinen nur wenig von dem ideellen Kurzschlußstrom.

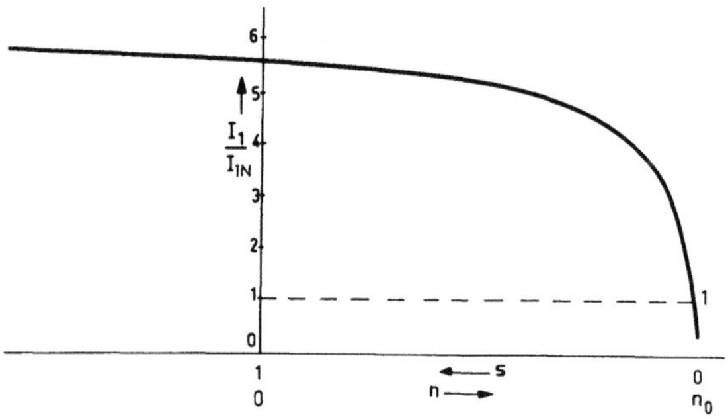

Bild 8.9
Die Strom-Drehzahlkennlinie eines Schleifringläufermotors

8.4. Nähere Betrachtung der Drehmomentgleichung

Mit Hilfe der Gl. (8.69) und (8.70) sowie der Beziehung für den Streukoeffizienten nach Gl. (8.60) läßt sich die Drehmomentgleichung (8.52) umformen in:

$$\boxed{M_e = \frac{p}{\omega} m_1 \frac{U_1^2}{X_1} \frac{r_2 s(1-\sigma)}{(r_1 r_2 - \sigma s)^2 + (r_1 s + r_2)^2}} \,. \tag{8.73}$$

Anmerkung

Benutzt man das Maßsystem von GIORGI, so gilt für die Einheiten:

$[M_e] = \text{Newtonmeter}$; $[\omega] = s^{-1}$; $[U_1] = \text{Volt}$; $[X_1] = \Omega$.

In der Praxis drückt man das Drehmoment dagegen stets in der Einheit kpm aus. Hierfür gilt 1 kpm = 9,81 Newtonmeter. Ersetzt man ferner die Netzkreisfrequenz ω durch die synchrone Drehzahl n_0 in U/min, so gilt die folgende zugeschnittene Größengleichung

$$\frac{M_e}{\text{kpm}} = \frac{0{,}974}{n_0/(\text{U/min})} m_1 \frac{(U_1/\text{Volt})^2}{(X_1/\Omega)} \frac{r_2 s(1-\sigma)}{(r_1 r_2 - \sigma s)^2 + (r_1 s + r_2)^2} .$$

Ebenso kann man für Gl. (8.47) schreiben

$$\frac{M_e}{\text{kpm}} = \frac{0{,}974}{n_0\,(\text{U/min})} \frac{P_\delta}{\text{Watt}} .$$

Aus Gl. (8.73) geht hervor, daß das Drehmoment M_e bei gegebener Spannung außer vom Schlupf s noch in komplizierter Weise von den Maschinengrößen r_1,

r_2, σ und X_1 abhängt. Der Einfluß dieser Größen läßt sich aus der Gleichung noch nicht ablesen.

> Bei konstantem Schlupf ändert sich das Drehmoment der Asynchronmaschine quadratisch mit der Spannung.

Die Ursache hierfür liegt darin, daß die Ströme im Ständer *und* Läufer von der gleichen Spannung abhängen. Bei der Synchronmaschine dagegen, deren Ständer- und Läuferkreis an verschiedenen Netzen liegen, ändert sich bei konstanter Erregung das Drehmoment nur linear mit der Netzspannung. Der Asynchronmotor ist daher empfindlicher gegen Spannungsschwankungen als der Synchronmotor.

Das Drehmoment ändert sich bei konstanter Spannung U_1 mit dem Schlupf s. Man erkennt aus Gl. (8.73), daß das Moment M_e das gleiche Vorzeichen besitzt wie der Schlupf. Nach Gl. (8.47) haben dann auch P_δ und s dasselbe Vorzeichen, so daß – abgesehen von Verlusten – die Maschine bei positivem Schlupf Leistung aus dem Netz aufnimmt und bei negativem Schlupf Leistung abgibt.

Aus dem Schema nach Bild 8.10b erkennt man leicht, in welchen Bereichen die Maschine als Motor, Generator und Bremse arbeitet. Bild 8.10a gibt die Zählrichtungen wieder, die allen bisherigen Gleichungen zugrunde liegen und die mit den Zählrichtungen des SANKEY-Diagramms in Bild 8.4 übereinstimmen. Sie wurden so gewählt, daß bei Motorbetrieb alle Größen positiv sind.

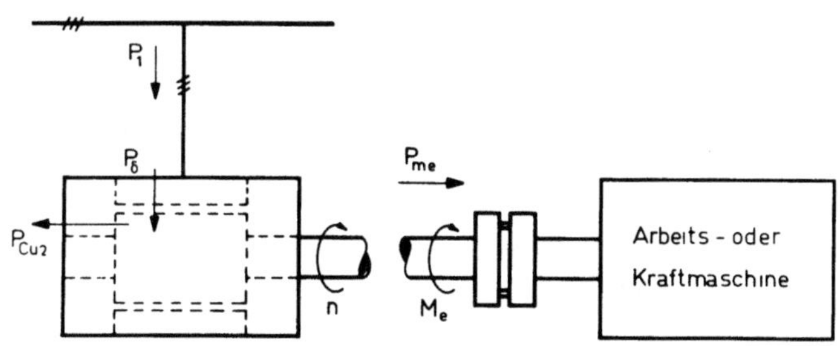

a) Zählpfeile der Asynchronmaschine (Ständerverluste und Reibungsverluste vernachlässigt)

s	Vorzeichen von					Betrieb
	s	n	M_e	$P_{me} = 2\pi n M_e$	$P_\delta = \frac{\omega}{p} M_e$	
$s < 0$	-	+	-	-	-	Generator
$0 < s < 1$	+	+	+	+	+	Motor
$s > 1$	+	-	+	-	+	Bremse

b) Vorzeichen

Bild 8.10 Die Betriebszustände der Asynchronmaschine

Bei konstanter Spannung U_1 ergibt sich der in Bild 8.11 gezeichnete Verlauf des Drehmomentes M_e als Funktion der Drehzahl n – die sogenannte Drehmoment – Drehzahlkennlinie. Gleichzeitig ist noch einmal gestrichelt auch der Strom wiedergegeben.

Um den Schlupf zu bestimmen, bei welchem das maximale Drehmoment auftritt, bilden wir

$$\frac{d\,M_e}{ds} = 0.$$

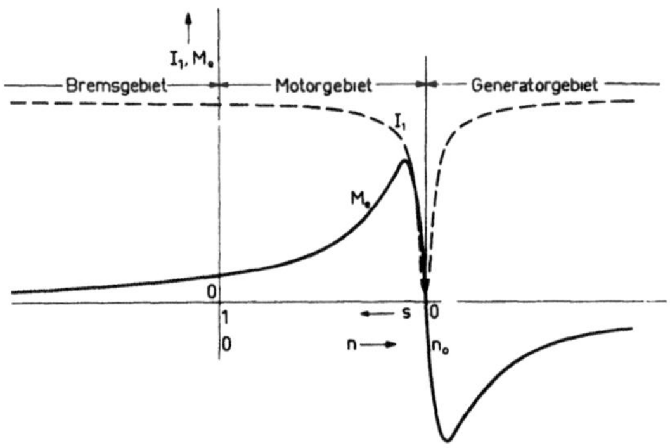

Bild 8.11
Drehmoment-Drehzahlkennlinie und Strom-Drehzahlkennlinie der Asynchronmaschine

Hieraus finden wir diesen Schlupf, den man allgemein als *Kippschlupf* bezeichnet, zu

$$\boxed{s = s_K = \pm\, r_2 \sqrt{\frac{1 + r_1^2}{\sigma^2 + r_1^2}}} \quad . \qquad (8.74)$$

Durch Einsetzen in die Drehmomentenformel Gl. (8.73) folgt das maximale Drehmoment, das sogenannte *Kippmoment*

$$M_{eK} = \pm \frac{p}{\omega} m_1 \frac{U_1^2}{2X_1} \frac{(1-\sigma)}{\sqrt{(1 + r_1^2)(\sigma^2 + r_1^2)} \pm r_1 (1-\sigma)} . \qquad (8.75)$$

In den Gleichungen für s_K und M_{eK} gilt das + Zeichen für den Motorbetrieb und das – Zeichen für den Generatorbetrieb. Während der Betrag des Kippschlupfes in beiden Fällen gleich ist, hat der Generator ein größeres Kippmoment als der Motor.

|| In jedem Fall ist das Kippmoment unabhängig vom Läuferwiderstand.

Bezieht man das Drehmoment M_e auf das Kippmoment des Motorgebietes, dann findet man nach einigen Umrechnungen die sogenannte KLOSSsche Formel:

$$\boxed{\frac{M_e}{M_{eK}} = \frac{2(1+\epsilon)}{\frac{s}{s_K} + \frac{s_K}{s} + 2\epsilon}} \quad , \qquad (8.76)$$

wobei

$$s_K = + r_2 \sqrt{\frac{1 + r_1^2}{\sigma^2 + r_1^2}} \tag{8.77}$$

und

$$\epsilon = \frac{r_1 (1 - \sigma)}{\sqrt{(1 + r_1^2)(\sigma^2 + r_1^2)}} \tag{8.78}$$

ist.

8.4.1. Das Drehmoment für $r_1 = 0$

Bei Asychronmaschinen, deren Nennleistung größer als etwa 20 kW ist, ist r_1 so klein, daß man zur Berechnung des stationären Drehmomentes den Ständerwiderstand vernachlässigen darf. Dann erhält man das elektromagnetisch erzeugte Drehmoment

$$\boxed{M_e = \frac{p}{\omega} m_1 \frac{U_1^2}{X_1} \frac{r_2 s(1 - \sigma)}{(\sigma s)^2 + r_2^2}} \quad , \tag{8.79}$$

den Kippschlupf

$$\boxed{s_K = \pm \frac{r_2}{\sigma} = \pm \frac{R_2}{\sigma X_2}} \tag{8.80}$$

und das Kippmoment

$$\boxed{M_{eK} = \pm \frac{p}{\omega} m_1 \frac{U_1^2}{2X_1} \frac{(1 - \sigma)}{\sigma} = \pm \frac{p}{\omega} m_1 \frac{U_1^2}{X_k} \frac{(1 - \sigma)}{2}} \quad . \tag{8.81}$$

Um die Größen zu erkennen, welche das Kippmoment hauptsächlich bestimmen, vernachlässigen wir σ gegenüber 1 und erhalten mit einem Fehler von einigen Prozenten

$$M_{eK} \approx \pm \frac{p}{\omega} m_1 \frac{U_1^2}{2X_k} \, .$$

Hieraus geht hervor:

- M_{eK} hängt ab vom Quadrat der Klemmenspannung U_1.
- M_{eK} hängt ab von der Kurzschlußreaktanz X_k und damit nach Gl. (8.68) vor allem von den ***Streuinduktivitäten*** und nur in geringem Maße von der Hauptinduktivität des Ständers.
- M_{eK} ist unabhängig von der Größe des Läuferwiderstandes R_2.

Aus Gl. (8.80) lesen wir ab, daß der Kippschlupf s_K bestimmt wird durch

- den Läuferwiderstand R_2,
- σX_2 und damit vor allem durch die Streuinduktivitäten und nur in sehr geringem Maße durch die Hauptinduktivität des Läufers.

Für $r_1 = 0$ ist $\epsilon = 0$ und die KLOSSsche Formel wird

$$\boxed{\frac{M_e}{M_{eK}} = \frac{2}{\dfrac{s}{s_K} + \dfrac{s_K}{s}}} \quad . \tag{8.82}$$

Für kleine Werte von s gilt

$$\frac{M_e}{M_{eK}} \approx \frac{2s}{s_K} \qquad \text{für} \quad s \ll s_K,$$

und für sehr großen Schlupf erhält man

$$\frac{M_e}{M_{eK}} \approx \frac{2\,s_K}{s} \qquad \text{für} \quad s \gg s_K.$$

In Bild 8.12 ist das Drehmoment für $r_1 = 0$ nach der KLOSSschen Formel wiedergegeben, und es sind gleichzeitig die oben genannten Orientierungslinien gestrichelt eingezeichnet.

Mit wachsender Maschinengröße wird – wie beim Transformator – der Einfluß der Widerstände und damit r_2 kleiner. Dadurch nimmt dann auch mit der Größe der Maschinen der Kippschlupf s_K ab. In Bild 8.13 sind die Drehmoment-Drehzahlkennlinien einer kleinen und einer großen Maschine miteinander verglichen.

8.5. Anlauf und Drehzahlstellung

Ein großer Vorteil des Asynchronmotors gegenüber dem Synchronmotor besteht darin, daß er ohne besondere Maßnahmen von selbst anlaufen kann. Erfolgt der Anlauf so langsam, daß man ihn als quasistationär betrachten kann, so wird er durch die oben abgeleiteten Gleichungen beschrieben. In diesem Fall ist es erforder-

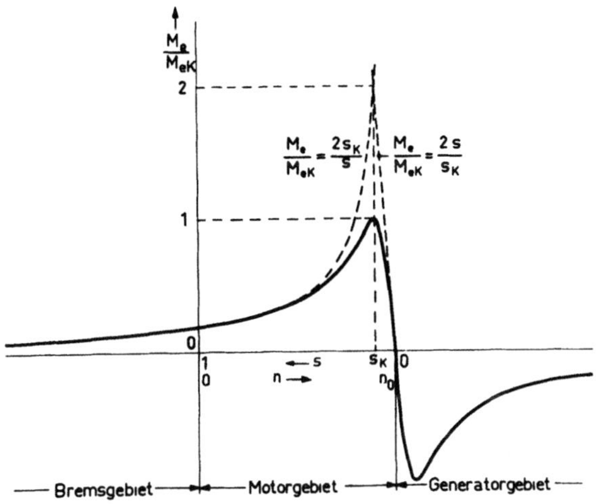

Bild 8.12
Drehmoment-Drehzahlkennlinie

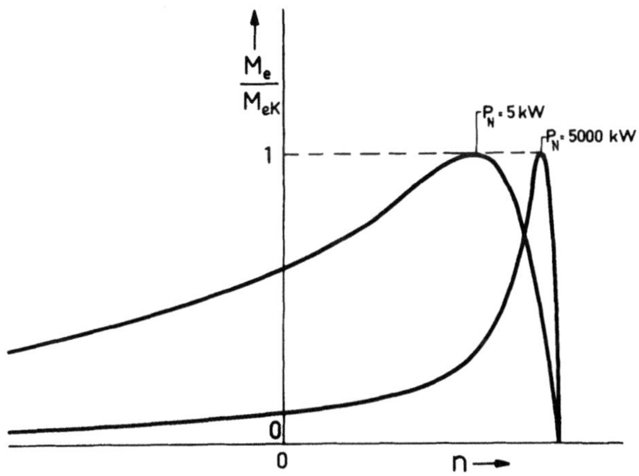

Bild 8.13
Abhängigkeit der Drehmoment-Drehzahlkennlinie von der Nennleistung P_N

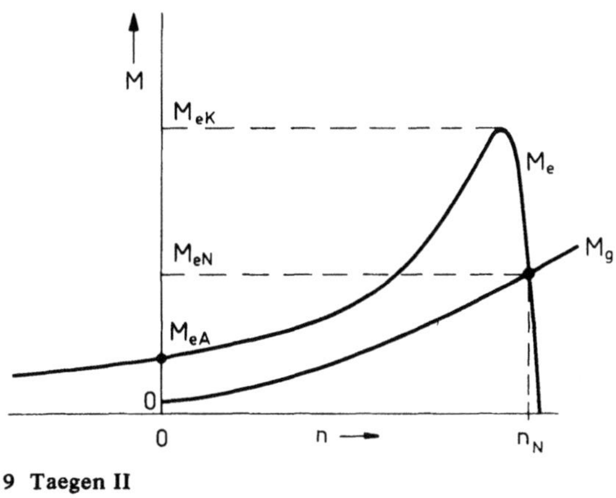

Bild 8.14
Drehmoment-Drehzahlkennlinien eines Asynchronmotors M_e und der mit ihm gekuppelten Arbeitsmaschine M_g

lich, daß im gesamten Drehzahlbereich vom Stillstand bis zu der gewünschten Nenndrehzahl n_N das Drehmoment M_e des Asynchonmotors größer als das Gegenmoment M_g der mit ihm gekuppelten Arbeitsmaschine ist. Ein derartiges Beispiel ist in Bild 8.14 dargestellt.

Anmerkung

Bei dieser Betrachtung sind die Reibungsverluste und die sekundären Zusatzverluste vernachlässigt. Will man sie berücksichtigen, so hat man das elektromagnetisch wirksame Drehmoment durch das Drehmoment an der Kupplung

$$M_k = M_e - M_R - M_{Zus2} \tag{8.83}$$

zu ersetzen. Hierin ist M_R das Reibungsmoment und M_{Zus2} das den sekundären Zusatzverlusten entsprechende Drehmoment.

Der Hochlauf wird beschrieben durch die Gleichung

$$(M_e - M_g) = 2\pi J \frac{dn}{dt}, \quad ^{1)} \tag{8.84}$$

wobei J das resultierende Massenträgheitsmoment der beiden gekuppelten Maschinen ist. Demnach wird der Maschinensatz so lange beschleunigt, bis

$$M_e - M_g = 0$$

ist, wodurch sich die Maschine schließlich nach Bild 8.14 auf die Drehzahl einstellt, die dem Schnittpunkt der beiden Kennlinien entspricht. Ist M_{eN} das Nennmoment der Maschine, so erreicht sie hierbei ihre Nenndrehzahl n_N. Mit Rücksicht auf Überlastungen und Absenkungen der Netzspannung muß das Kippmoment von Asynchronmaschinen bei Nennspannung mehr als das 1,6fache des Nennmomentes betragen [VDE 0530 Teil 1/1.66 § 37].

Anmerkung

Das Nennmoment wird mit Rücksicht auf die Erwärmung, den Wirkungsgrad, die Überlastbarkeit und den Leistungsfaktor festgelegt.

Das erforderliche Drehmoment im Stillstand, das sogenannte *Anzugsmoment* M_{eA} hängt in starkem Maß von der Kennlinie der Arbeitsmaschine ab. Wie aus Gl. (8.48) hervorgeht, ist bei $s = 1$ das Drehmoment proportional den Läuferverlusten:

$$M_{eA} = \frac{p}{\omega} P_{Cu2}. \tag{8.85}$$

---

1) In den meisten Fällen erfolgt der Hochlauf so schnell, daß M_e nicht mehr das stationäre Drehmoment ist (vgl. Kapitel 11).

Nach den Wachstumsgesetzen nehmen nun mit wachsenden Abmessungen die Verluste weniger stark zu als die Leistung. Aus diesem Grunde haben große Maschinen von Natur aus ein relativ kleines Anzugsmoment. Das geht auch aus Bild 8.13 hervor.

Der Schleifringläufermotor bietet die Möglichkeit, durch Einschalten von Widerständen in den Läuferkreis die Verluste bei Stillstand und damit auch das Anzugsmoment zu erhöhen. Vergrößert man den Widerstand R_2 des Läuferkreises, so nimmt nach Gl. (8.80) der Kippschlupf proportional mit dem Widerstand R_2 zu. In Bild 8.15 sind die Drehmoment-Drehzahlkennlinien für verschiedene Läuferwiderstände dargestellt. Beträgt beispielsweise ohne Vorwiderstand ($R_v = 0$, $R_2 = R_{20}$) der Kippschlupf $s_K = 0{,}1$, dann findet man

$$s_{K1} = 0{,}6 \text{ mit } R_{v1} = 5\,R_{20} \text{ und } R_2 = R_{v1} + R_{20} = 6\,R_{20},$$
$$s_{K2} = 0{,}8 \text{ mit } R_{v2} = 7\,R_{20} \text{ und } R_2 = 8\,R_{20},$$
$$s_{K3} = 1{,}2 \text{ mit } R_{v3} = 11\,R_{20} \text{ und } R_2 = 12\,R_{20}.$$

Aus Bild 8.15 geht hervor, daß sich das Anzugsmoment durch Einschalten von Widerständen in den Läuferkreis bis zum Kippmoment vergrößern läßt. Gleichzeitig können hierdurch die Ströme begrenzt werden.

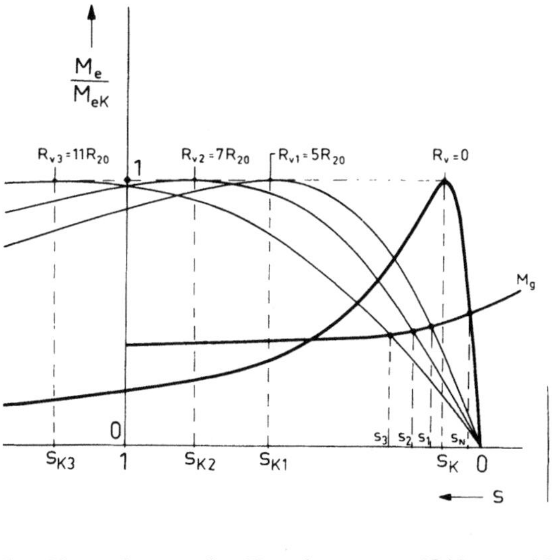

Bild 8.15
Einfluß eines Vorschaltwiderstandes des R_V auf die Drehmoment-Drehzahlkennlinie

Die Veränderung der Kennlinien mit Hilfe von Vorwiderständen ermöglicht auch eine Steuerung der Drehzahl. In Bild 8.15 sind die Schlupfwerte s_1, s_2, s_3 angegeben, auf die sich die Maschine bei den zugehörigen Vorwiderständen R_{v1}, R_{v2} und R_{v3} schließlich einstellen würde. Soll die Maschine auf den Nennschlupf s_N hochlaufen, so muß man während des Anlaufens den Vorwiderstand stufenweise verringern.

Beim Dauerbetrieb mit Vorwiderständen ist zu beachten, daß die Stromwärmeverluste in den Widerständen erheblich den Wirkungsgrad vermindern. Nach Gl. (8.48) sind nämlich die gesamten Kupferverluste im Läuferkreis bei gegebenem Drehmoment M_e dem Schlupf proportional. Die Drehzahlsteuerung mit Vorwiderständen kommt daher nur dann in Betracht, wenn der Wirkungsgrad keine Rolle spielt, beispielsweise bei sehr kurzzeitigen Drehzahlabsenkungen oder kleinen Maschinen.

Anmerkung

Durch besondere Maßnahmen ist es möglich, die Schlupfleistung P_{Cu2} zurückzugewinnen. Beispiele hierfür sind die Kaskadenschaltungen, in denen die Läuferwicklung eines Schleifringläufermotors einen zweiten auf der gleichen Welle sitzenden Motor speist, und die Rücklieferung der Schlupfleistung über Umrichter in das Netz [20].

Weitere Möglichkeiten zur Drehzahlverstellung werden vor allem bei Käfigläufermotoren angewendet und sind daher im Kapitel 9.4 genannt.

8.6. Ersatzschaltbild und Zeigerbild

Durch geeignete Umformung der Spannungsgleichungen kann man ebenso wie für den Transformator auch für die Asynchronmaschine ein galvanisches Ersatzschaltbild entwickeln. Da mehrere Umformungen möglich sind und die Umformung den Aufbau des Ersatzbildes bestimmt, lassen sich verschiedene Ersatzschaltungen ableiten.

Zur Berechnung der Ströme, des Schlupfes usw. ist das Ersatzschaltbild selbstverständlich nicht erforderlich. Hierzu genügen die ursprünglichen Spannungsgleichungen und die Drehmomentgleichung. Das Ersatzschaltbild läßt jedoch das stationäre Verhalten der Asynchronmaschine schnell und leicht überblicken.

Ebenso wie beim Transformator wollen wir hier ein Ersatzschaltbild entwerfen, in dem die Ständerhauptreaktanz $X_{1h} = \omega L_{1h}$ als Querreaktanz in der T-Schaltung auftritt. Das ist wiederum nur möglich, wenn man in das Ersatzschaltbild die mit einem Strich gekennzeichneten, auf den Ständer bezogenen, Läuferströme einführt. Der Primärkreis des Ersatzschaltbildes erhält dann die in Bild 8.16 gezeigte Gestalt. Die hierin angegebenen Ströme $\underline{I}'_2$ und $\underline{I}_m$ ergeben sich aus der Ständerspannungsgleichung Gl. (8.30)

$$\underline{U}_1 = [R_1 + j\,\omega\,(L_{1\sigma} + L_{1h})]\,\underline{I}_1 + j\,\omega\,L_{12}\,\underline{I}_2$$

durch die Umformung

$$\underline{U}_1 = (R_1 + j\,\omega\,L_{1\sigma})\,\underline{I}_1 + j\,\omega\,L_{1h}\,(\,\underline{I}_1 + \frac{L_{12}}{L_{1h}}\,\underline{I}_2)$$

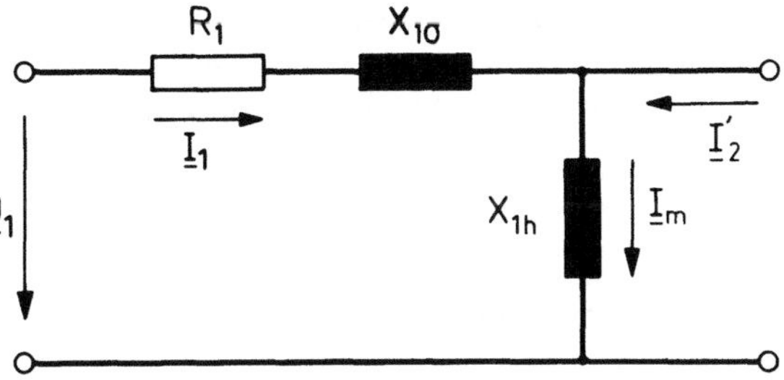

Bild 8.16
Zur Ableitung des Ersatzschaltbildes

zu

$$\underline{I}'_2 = \frac{L_{12}}{L_{1h}} \underline{I}_2 = \ddot{u}_i \underline{I}_2 \tag{8.86}$$

und

$$\underline{I}_m = \underline{I}_1 + \underline{I}'_2 \tag{8.87}$$

$\underline{I}'_2$ ist der auf den Ständer bezogene Läuferstrom, wobei der Reduktionsfaktor des Stromes beschrieben wird durch

$$\ddot{u}_i = \frac{L_{12}}{L_{1h}} = \frac{m_2 \, w_2 \, \xi_2}{m_1 \, w_1 \, \xi_1} \quad . \tag{8.88}$$

$L_{1h} \underline{I}'_2$ ist der Spulenfluß, den das Läuferdrehfeld im Ständerwicklungsstrang 1 hervorruft. Ein Strom $\underline{I}'_2$ im Ständer würde daher das *Läuferdrehfeld* erzeugen.

$\underline{I}_m$ ist der Magnetisierungsstrom. Ein Strom $\underline{I}_m$ im Ständer würde das *resultierende Drehfeld* erregen. $\underline{I}'_2$ und $\underline{I}_m$ sind fiktive Ströme.
Die Ständerspannungsgleichung können wir nunmehr folgendermaßen schreiben:

$$\underline{U}_1 = (R_1 + j\,\omega\,L_{1\sigma})\,\underline{I}_1 + j\,\omega\,L_{1h}\,\underline{I}_m \quad . \tag{8.89}$$

Den Sekundärkreis des Ersatzschaltbildes finden wir durch Umformung der Läuferspannungsgleichung (8.31)

$$0 = (R_2/s + j\,\omega\,L_{2\sigma} + j\,\omega\,L_{2h})\,\underline{I}_2 + j\,\omega\,L_{21}\,\underline{I}_1 \,.$$

Da nach Bild 8.16 der Strom $\underline{I}_1$ den Spannungsabfall $\omega L_{1h}\,\underline{I}_1$ bilden muß, multiplizieren wir die Gleichung mit L_{1h}/L_{21}. Ersetzen wir ferner nach Gl. (8.86) $\underline{I}_2$ durch $\underline{I}'_2$ und addieren $j\,\omega L_{1h}\,\underline{I}'_2 - j\,\omega L_{1h}\,\underline{I}'_2$, so erhalten wir unter Berücksichtigung der Beziehung

$$L_{1h}\,L_{2h} - L_{12}\,L_{21} = 0$$

und der Gl. (8.87) die umgeformte Läuferspannungsgleichung

$$0 = (R_2/s + j\omega L_{2\sigma})\,\frac{L_{1h}^2}{L_{21}\,L_{12}}\,\underline{I}'_2 + j\,\omega L_{1h}\,\underline{I}_m.$$

Hierin führen wir den auf den Ständer bezogenen Läuferwiderstand

$$R'_2 = \frac{L_{1h}^2}{L_{12}\,L_{21}}\,R_2 = \ddot{u}_w\,R_2 \tag{8.90}$$

und die auf den Ständer bezogene Streuinduktivität des Läufers

$$L'_{2\sigma} = \frac{L_{1h}^2}{L_{12}\,L_{21}}\,L_{2\sigma} = \ddot{u}_w\,L_{2\sigma} \tag{8.91}$$

mit dem Reduktionsfaktor der Widerstände

$$\boxed{\ddot{u}_w = \frac{L_{1h}^2}{L_{12}\,L_{21}} = \frac{m_1\,(w_1\,\xi_1)^2}{m_2\,(w_2\,\xi_2)^2}} \tag{8.92}$$

ein. Damit geht die Läuferspannungsgleichung über in

$$\boxed{0 = (R'_2/s + j\,\omega L'_{2\sigma})\,\underline{I}'_2 + j\,\omega L_{1h}\,\underline{I}_m} \quad . \tag{8.93}$$

Sie beschreibt die rechte Masche des in Bild 8.17 dargestellten Ersatzschaltbildes.

Wie man leicht sieht, können wir für die Luftspaltleistung nach Gl. (8.54) auch schreiben

$$P_\delta = m_2\,I_2^2\,R_2/s = m_1\,I_2'^2\,R'_2/s.$$

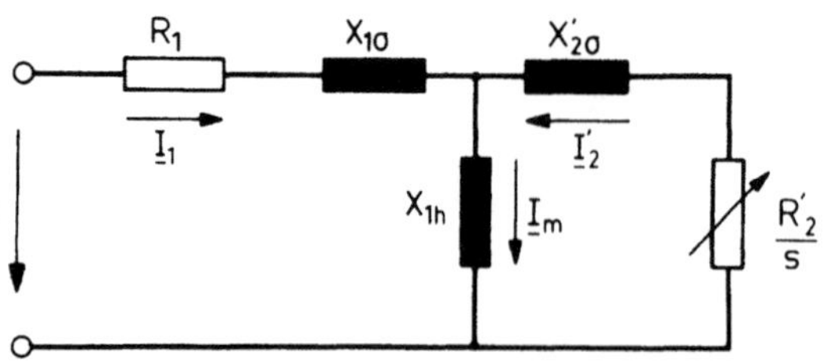

Bild 8.17
Ersatzschaltbild der Asynchronmaschine

Sie wird demnach durch die im Widerstand R'_2/s des Sekundärkreises auftretende Leistung wiedergegeben. Diese läßt sich wiederum durch eine Aufteilung des Widerstandes

$$\frac{R'_2}{s} = R'_2 + R'_2 \, \frac{1-s}{s}$$

in die sekundären Kupferverluste

$$P_{Cu2} = m_1 \, I'^2_2 \, R'_2$$

und die elektromagnetisch erzeugte mechanische Leistung

$$P_{em} = m_1 \, I'^2_2 \, R'_2 \, \frac{1-s}{s}$$

aufspalten:

$$P_\delta = P_{Cu2} + P_{em}.$$

Das Ersatzschaltbild läßt weiterhin gut den Einfluß von Widerständen im Läuferkreis erkennen.

> Die Ströme $\underline{I}_1$ und $\underline{I}'_2$, die Drehfeldleistung und damit auch das Drehmoment hängen nur von dem Verhältnis R_2/s ab.

Durch Einschalten von Vorwiderständen R_v ist es daher beispielsweise möglich, im Stillstand bei den Nennströmen das Nennmoment zu entwickeln, wenn man die Vorwiderstände nach der Beziehung

$$\frac{R_{20} + R_v}{1} = \frac{R_{20}}{s_N}$$

bemißt. Hierin ist R_{20} der Läuferkreiswiderstand ohne Vorwiderstand und s_N der Nennschlupf.

Mit Hilfe der umgeformten Spannungsgleichungen (8.89) und (8.93) sowie der Stromgleichung (8.87) läßt sich für jeden Belastungszustand das in Bild 8.18 dargestellte Zeigerbild zeichnen. Für den Fall, daß die Spannung $\underline{U}_1$ und der Ständerstrom $\underline{I}_1$ bekannt sind, geben die Nummern in Bild 8.18 die Reihenfolge an, in der man das Zeigerbild aufstellt. Wie beim Transformator ist die Spannung $j \, X_{1h} \, \underline{I}_m$ mit $-\underline{E}$ bezeichnet.

8.7. Stromortskurve

Unter der Stromortskurve der Asynchronmaschine versteht man den geometrischen Ort der Endpunkte von $\underline{I}_1$ beim Durchlaufen aller Betriebszustände. Es handelt

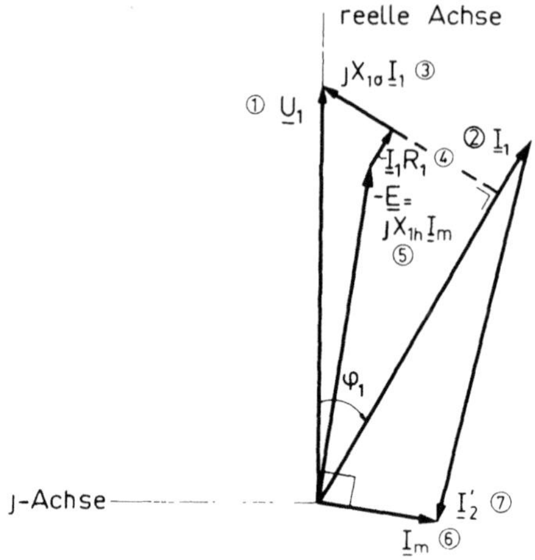

Bild 8.18
Zeigerbild der Asynchronmaschine

sich daher um eine Abbildung in der komplexen Ebene. Die Stromortskurve wird aus den Spannungsgleichungen abgeleitet, wobei man insbesondere von den folgenden Voraussetzungen ausgeht:

- $\underline{U}_1$ ist konstant.
- R_1, R_2 sowie alle Induktivitäten sind konstant.
- Die Oberfelder werden ausschließlich als Streufelder angesehen.
- Die Eisenverluste werden vernachlässigt.

Aufgrund dieser Voraussetzungen erhält man dann als Stromortskurve einen Kreis. Er trägt den Namen HEYLAND-Kreis oder auch OSSANNA-Kreis, da HEYLAND 1894 das Kreisdiagramm angegeben und OSSANNA 1900 die Aufteilung der Leistungen im Kreisdiagramm gezeigt hat.

Aus dem Kreisdiagramm kann man für jeden Belastungszustand die Ströme, die elektrische und mechanische Leistung, die Verluste, das Drehmoment und den Schlupf entnehmen. Der Nutzen des Kreisdiagramms liegt vor allem darin, daß es den *Zusammenhang* zwischen diesen Größen auf eine übersichtliche Weise wiedergibt und daß es gestattet, die kennzeichnenden Eigenschaften der Maschine unmittelbar abzulesen.

Inwieweit diese Größen für praktische Zwecke genau genug sind, hängt von der Richtigkeit der Voraussetzungen ab. Es zeigt sich nun, daß etwa mit dem Nennstrom eine Verringerung der Streuinduktivitäten infolge der magnetischen Sättigung der Zahnköpfe einsetzt.

Grundsätzlich gilt die Stromortskurve auch für den Käfigläufermotor (vgl. Kapitel 9). Für praktische Zwecke ist hier das Kreisdiagramm jedoch nicht genau genug. Während des Anlaufs treten nämlich derart hohe Ströme auf, daß sich die Streuinduktivitäten stark vermindern. Darüber hinaus hängen die Streuinduktivitäten und Widerstände der Stromverdrängungsläufer von der Schlupffrequenz ab.

Man kann natürlich eine genauere Stromortskurve dadurch erhalten, daß man sie punktweise anhand der dem jeweiligen Schlupf zugehörigen „Maschinenkonstanten" ermittelt. Berechnet man diese Ausgangsgrößen mit einem Digitalrechner, so hat es wenig Sinn, anschließend die Stromortskurve zu ermitteln, da man dann einfacher gleich die Drehmomente, Ströme usw. analytisch mit dem Digitalrechner bestimmt. Aus diesen Gründen wird die Stromortskurve hier ohne Beweise wiedergegeben.

8.7.1. Ströme

Wie aus der Theorie der Ortskurven hervorgeht, beschreibt der Endpunkt eines aus den konstanten komplexen Zahlen $\underline{A}$, $\underline{B}$, $\underline{C}$ und $\underline{D}$ gebildeten Zeigers

$$\underline{K} = \frac{\underline{A} + \lambda\,\underline{B}}{\underline{C} + \lambda\,\underline{D}} \tag{8.94}$$

einen Kreis, wenn der reelle Parameter λ die Werte $\lambda = -\infty$ bis $\lambda = +\infty$ durchläuft. Legt man in die komplexe Ebene nach Bild 8.19 ein rechtwinkliges Koordinatensystem, dann lassen sich die Zeiger folgendermaßen schreiben:

$$\underline{A} = x_A + j\,y_A, \qquad \underline{B} = x_B + j\,y_B,$$

$$\underline{C} = x_C + j\,y_C, \qquad \underline{D} = x_D + j\,y_D,$$

$$\underline{K} = x_K + j\,y_K.$$

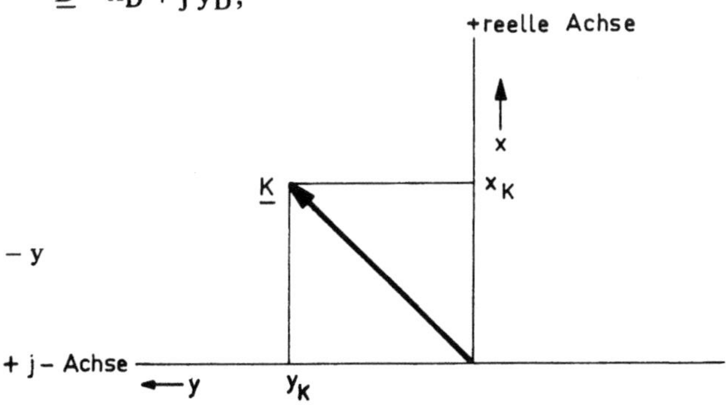

Bild 8.19
Komplexe Ebene mit Koordinatensystem x – y

Die Ortskurventheorie lehrt, daß der Mittelpunkt des Kreises, den der Endpunkt von $\underline{K}$ beschreibt, die Koordinaten

$$x_M = \frac{x_A\,y_D + x_C\,y_B - x_D\,y_A - x_B\,y_C}{2\,(x_C\,y_D - x_D\,y_C)},$$

$$y_M = \frac{x_A\,x_D + y_A\,y_D - x_B\,x_C - y_B\,y_C}{2\,(x_C\,y_D - x_D\,y_C)}$$

besitzt und daß sein Radius

$$R = \sqrt{x_M^2 + y_M^2 + \frac{x_B\, y_A - x_A\, y_B}{x_C\, y_D - x_D\, y_C}}$$

beträgt. Diese allgemeinen Beziehungen wenden wir nun auf den Primärstrom $\underline{I}_1$ an. Führen wir in die Gl. (8.71) für $\underline{I}_1$ den ideellen Leerlaufstrom nach Gl. (8.59) ein, wobei wir $\underline{U}_1$ in die reelle Achse legen:

$$\underline{I}_{0i} = -j\, I_{0i} = -j\, \frac{U_1}{X_1},$$

so erhalten wir den Ständerstrom zu

$$\underline{I}_1 = \frac{r_2\, I_{0i} + j(s\, I_{0i})}{(r_1\, r_2 - \sigma s) + j(r_2 + s\, r_1)}. \tag{8.95}$$

Diese Beziehung hat die gleiche Form wie Gl. (8.94). Für den Zeiger $\underline{K} = \underline{I}_1$ finden wir durch Vergleich

$$\begin{aligned} x_A &= r_2\, I_{0i}, & y_A &= 0, \\ x_B &= 0, & y_B &= I_{0i}, \\ x_C &= r_1 r_2, & y_C &= r_2, \\ x_D &= -\sigma, & y_D &= r_1. \end{aligned}$$

Der Parameter λ stimmt mit dem Schlupf s überein. Demnach beschreibt der Endpunkt des Zeigers $\underline{I}_1$ einen Kreis mit den Mittelpunktskoordinaten

$$x_M = \frac{r_1\, I_{0i}}{r_1^2 + \sigma}, \qquad y_M = -\frac{I_{0i}}{2}\, \frac{(1 + \sigma)}{(r_1^2 + \sigma)} \tag{8.96}$$

und dem Radius

$$R = \frac{I_{0i}(1 - \sigma)}{2(\sigma + r_1^2)}. \tag{8.97}$$

Anmerkung

Im allgemeinen darf man r_1^2 gegenüber σ vernachlässigen und es gilt

$$x_M \approx \frac{I_{0i}\, r_1}{\sigma}, \qquad y_M \approx -\frac{I_{0i}(1 + \sigma)}{2\sigma} \tag{8.96a}$$

und

$$R \approx \frac{I_{0i}(1 - \sigma)}{2\sigma}. \tag{8.97a}$$

Aus den Gl. (8.96), (8.97), (8.96a) und (8.97a) geht hervor:

> Lage und Größe des Kreises hängen vom Läuferwiderstand überhaupt nicht und bei größeren Maschinen vom Ständerwiderstand nur wenig ab.

Mit Hilfe der Mittelpunktskoordinaten und des Radius läßt sich das Kreisdiagramm zeichnen (Bild 8.20). In dieses Diagramm sind gleichzeitig die Punkte

K_0 für $s = 0$,
K_1 für $s = 1$,
K_∞ für $s \rightarrow \pm\infty$

eingetragen. Die zugehörigen Koordinaten x und y findet man leicht, indem man den entsprechenden Schlupf in Gl. (8.95) einsetzt und die Gleichung in Real- und Imaginärteil spaltet.

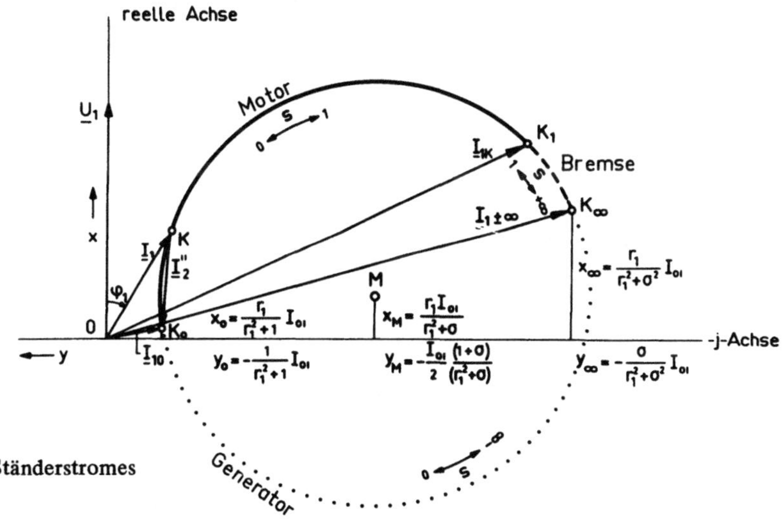

Bild 8.20

Ortskurve des Ständerstromes

Anmerkung

Ein wichtiger Punkt des Kreisdiagramms ist K_0 für $s = 0$. Diesen Leerlaufzustand erhält man experimentell, wenn man den Läufer mit synchroner Drehzahl antreibt. Er unterscheidet sich von dem normalerweise gemessenen Leerlauf ohne äußeres Gegenmoment: $M_g = 0$. Hierbei tritt wegen der Reibungs- und Eisenverluste im Läufer ein kleiner Schlupf auf.

Aus den in Bild 8.20 eingetragenen Koordinaten x und y geht hervor:

> Die Lage des Leerlaufpunktes K_0 und des ideellen Kurzschlußpunktes K_∞ hängt nicht vom Läuferwiderstand ab.

In Bild 8.20 ist das Motorgebiet $0 < s < 1$ voll ausgezogen, das Bremsgebiet $1 < s < +\infty$ gestrichelt und das Generatorgebiet $s < 0$ punktiert.

Wählen wir den Maßstab für den Ständerstrom

$$\boxed{c_{I_1} = \ldots \frac{A}{mm}} \quad ,$$

so erhalten wir aus der Strecke $\overline{OK}$ den Ständerstrom zu

$$\boxed{I_1 = c_{I_1}\, \overline{OK}} \quad . \tag{8.98}$$

Man kann ferner mit Hilfe der Gl. (8.71) und (8.72) leicht beweisen, daß die Strecke $\overline{K\,K_0}$ ein Maß für den Läuferstrom darstellt und zwar findet man für den in Bild 8.20 eingezeichneten Strom $\underline{I}_2''$

$$\underline{I}_2'' = \underline{I}_2' \, \frac{(1-\sigma)(1+\sigma_2)}{\sqrt{1+r_1^2}} \, e^{j \operatorname{arc} \tan r_1} .$$

Er unterscheidet sich nur wenig von dem auf den Ständer bezogenen Läuferstrom $\underline{I}_2'$. Der Läuferstrom beträgt nämlich

$$\boxed{I_2 = c_{I_2}\, \overline{K\,K_0}} \tag{8.99}$$

mit dem sekundären Strommaßstab

$$\boxed{c_{I_2} = \frac{m_1\, w_1\, \xi_1 \sqrt{1+r_1^2}}{m_2\, w_2\, \xi_2\, (1+\sigma_2)(1-\sigma)}\, c_{I_1} \approx \frac{m_1\, w_1\, \xi_1}{m_2\, w_2\, \xi_2}\, c_{I_1} .} \tag{8.100}$$

8.7.2. Leistung, Drehmoment und Verluste

Zieht man im Kreisdiagramm wie in Bild 8.21 die Geraden $K_0\,K_\infty$ und $K_0\,K_1$, und fällt das Lot von K auf die Gerade $K_0\,M$ so kann man ihm mit Hilfe der Maßstäbe für die Leistung

$$\boxed{c_P = m_1\, U_1\, c_{I_1}} \qquad \left\{ \begin{array}{ll} c_P & \text{in Watt/mm} \\ c_{I_1} & \text{in A/mm} \\ U_1 & \text{in Volt} \end{array} \right. \tag{8.101}$$

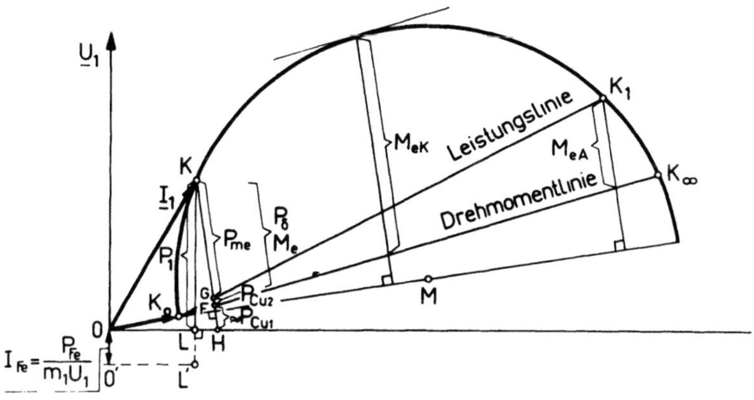

Bild 8.21 Leistungen, Drehmomente und Verluste im Kreisdiagramm

und für das Drehmoment

$$\boxed{c_M = \frac{0{,}974}{n_0}\, c_p} \qquad \left\{ \begin{array}{l} c_M \text{ in kpm/mm} \\ c_p \text{ in Watt/mm} \\ n_0 \text{ in U/min} \end{array} \right. \qquad (8.102)$$

die folgenden Größen entnehmen:

primär aufgenommene Leistung	P_1	$= c_p\, \overline{KL}$,
Drehfeldleistung	P_δ	$= c_p\, \overline{KF}$,
Drehmoment	M_e	$= c_M\, \overline{KF}$,
innere mechanische Leistung	P_{me}	$= c_p\, \overline{KG}$,
Läuferkupferverluste	P_{Cu2}	$= c_p\, \overline{GF}$,
primäre Kupferverluste	P_{Cu1}	$= c_p\, \overline{FH}$.

Ohne weiteres ist einzusehen, daß die Wirkkomponente des Stromes $\underline{I}_1$, welche der Strecke $\overline{KL}$ proportional ist, mit Hilfe des Leistungsmaßstabes die aufgenommene Leistung ergibt. Ohne Beweis ist angegeben, daß die Strecke $\overline{KF}$ die Drehfeldleistung bezeichnet, welche durch die „Leistungslinie" $K_0\,K_1$ in die elektromagnetisch erzeugte mechanische Leistung P_{me} und die Kupferverluste im Läufer aufgeteilt wird. Der Drehfeldleistung proportional ist das Drehmoment. Im Leerlaufpunkt K_0 gilt

$$P_\delta = P_{me} = P_{Cu2} = 0 \text{ und } M_e = 0.$$

Bei Stillstand wird die gesamte Drehfeldleistung in sekundäre Stromwärmeverluste umgesetzt und keine mechanische Leistung abgegeben ($P_{me} = 0$). Das Anzugsmoment M_{eA} ist damit den Läuferverlusten P_{Cu2} im Stillstand proportional.
Je höher der Kurzschlußpunkt K_1 über dem Punkt K_∞ liegt, umso besser ist das Anzugsmoment.

Das Kippmoment M_{eK} findet man durch die Tangente an den Kreis, welche parallel zur „Drehmomentlinie" $K_0 K_\infty$ verläuft. Sie bezeichnet den größten Abstand von dieser Geraden.

Um die zu Beginn vernachlässigten Eisenverluste P_{Fe} nachträglich zu berücksichtigen, kann man den Ursprung des Stromzeigers $\underline{I}_1$ um den zugehörigen Wirkstrom

$$I_{Fe} = \frac{P_{Fe}}{m_1 U_1} \tag{8.103}$$

verschieben, wie das in Bild 8.21 angedeutet wurde.

Nach Gl. (8.44) findet man den Schlupf zu

$$s = \frac{\overline{GF}}{\overline{KF}}. \tag{8.104}$$

Diese Ermittlung des Schlupfes ist nur für Werte $s > 0{,}25$ genau genug. Bei kleinerem Schlupf bedient man sich einer anderen Methode.

8.7.3. Schlupfgerade

Für einen beliebigen Betriebspunkt K läßt sich der zugehörige Schlupf mit Hilfe der in Bild 8.22 angegebenen Konstruktion bestimmen. Hierzu benötigt man die Punkte K_0, K_1 und K_∞. Von einem beliebigen Punkt N auf dem Kreis zieht man die Geraden NK_0, NK_1 und NK_∞. Jede beliebige Parallele zu NK_∞ liefert dann einen linearen Maßstab für den Schlupf, wenn man sie zwischen den Schnittpunkten Q und R mit den Geraden NK_0 und NK_1 von 0 bis 1 beziffert. Die Gerade zwischen den Punkten K und N gibt dann auf diesem Maßstab den zu K gehörenden Schlupf an:

$$\boxed{s = \frac{\overline{QS}}{\overline{QR}}}\,. \tag{8.105}$$

8.7.4. Kreisdiagramm für $R_1 = 0$

Das Kreisdiagramm wird besonders einfach, wenn man den Ständerwiderstand vernachlässigen darf. Dann erhält man die Mittelpunktskoordinaten

$$x_M = 0, \quad y_M = -\frac{I_{0i}(1 + \sigma)}{2\sigma}$$

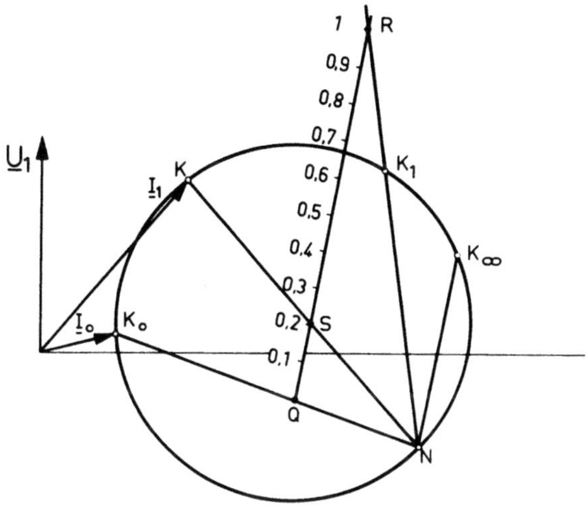

Bild 8.22
Ermittlung des Schlupfes

und den Radius des Kreises

$$R = \frac{I_{0i}(1-\sigma)}{2\sigma}$$

Ferner ist der Leerlaufstrom $\underline{I}_{10}$, welcher den Punkt K_0 bestimmt, gleich dem ideellen Leerlaufstrom

$$\underline{I}_{10} = \underline{I}_{0i} = -j\, I_{0i}$$

und der zu K_∞ gehörende Strom gleich dem ideellen Kurzschlußstrom

$$\underline{I}_{1\infty} = \underline{I}_{ki} = -j\,\frac{I_{0i}}{\sigma}.$$

Das Kreisdiagramm für $R_1 = 0$ ist in Bild 8.23 wiedergegeben. Die Drehmomentlinie fällt mit der imaginären Achse zusammen. Das Kippmoment M_{eK} ist dem halben Kreisdurchmesser proportional.

8.7.5. Das Betriebsverhalten im Kreisdiagramm

Aus dem Kreisdiagramm lassen sich eine Reihe von Eigenschaften der Asynchronmaschine anschaulich ablesen. Die ***Abmessungen*** des Diagramms hängen von folgenden Größen ab:

- Der Punkt K_0 wird vor allem durch die Hauptinduktivität und damit durch den Luftspalt der Maschine bestimmt, den man möglichst klein wählt.
- Der Durchmesser des Kreises beträgt näherungsweise $I_{ki} - I_{0i}$ und ist daher praktisch nur durch die Streuung zu beeinflussen. Er nimmt zu, wenn man die Streuung verringert.

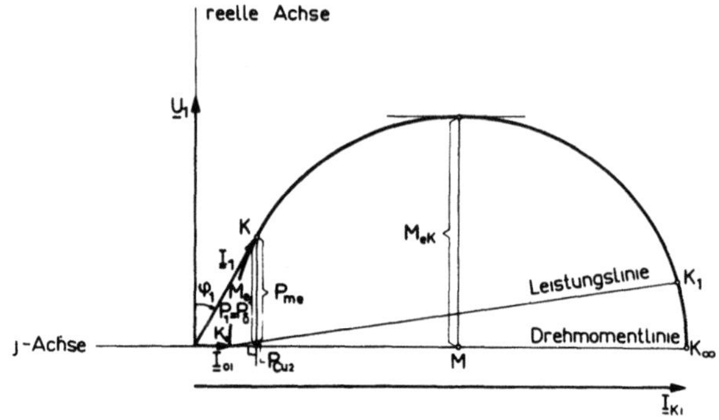

Bild 8.23
Kreisdiagramm für $R_1 = 0$

- Lage und Größe des Kreises hängen nicht vom Läuferwiderstand ab.
- Der Läuferwiderstand bestimmt die Lage des Punktes K_1.

Für das *Betriebsverhalten* der Maschine gilt:

- Das Kippmoment wird vor allem durch den Kreisdurchmesser festgelegt.
- Bei kleinen Maschinen ($r_1 > 0$) ist das Kippmoment im Motorbereich kleiner als im Generatorbereich, bei großen Maschinen ($r_1 \approx 0$) sind die Kippmomente gleich.
- Vergrößert man den Läuferwiderstand, so wandert der Punkt K_1 in Richtung des Punktes K_0. Hierdurch läßt sich das Anzugsmoment bis zum Kippmoment erhöhen, wobei außerdem der Anzugsstrom kleiner wird.
- Will man mit Nennstrom und Nennmoment anfahren, so muß der Kurzschlußpunkt K_1 auf den Nennpunkt K gelegt werden.
- Der Leistungsfaktor $\cos\varphi_1$ erreicht seinen größten Wert, wenn $\underline{I}_1$ den Kreis tangiert. Wird die Maschine mit geringer Teillast betrieben, so ist der Leistungsfaktor schlecht. Das ist insbesondere bei Wahl eines zu großen Motors der Fall.

Für die *Auslegung* der Maschine gilt:

- Mit Rücksicht auf die Überlastbarkeit (Kippmoment/Nennmoment) muß der Kreisdurchmesser eine Mindestgröße besitzen.
- Um einen guten Leistungsfaktor $\cos\varphi_1$ zu erzielen, soll der Leerlaufstrom klein und der Kreisdurchmesser groß sein.

9. Stationärer Betrieb der Drehstrom-Asynchronmaschine mit Käfigläufer

9.1. Anschluß an die Theorie der Schleifringläufermaschine

Während der Ständer eines Kurzschlußläufermotors ebenso wie der Schleifringläufermotor eine mehrphasige Wicklung trägt, ist der Läufer völlig anders gestaltet. Wie in der Einleitung beschrieben wurde, erhält jede Nut eines Kurzschlußläufermotors einen massiven nicht isolierten Stab. Die Stäbe werden an den Stirnseiten durch Ringe miteinander verbunden und bilden so eine Käfigwicklung.

Liegen beim Schleifringläufer m_2 Stromkreise vor, so tritt im Käfigläufer in jedem der N_2 Stäbe und in jedem Ringabschnitt zwischen zwei Stäben ein anderer Strom auf. Wie wir sehen werden, ist es auch hier aufgrund der Symmetrie möglich, das stationäre Verhalten des Läufers durch *eine* Spannungsgleichung zu beschreiben. Hierzu betrachten wir die in Bild 9.1 skizzierte Läufermasche, die aus zwei Stäben und den zugehörigen Ringabschnitten gebildet wird.

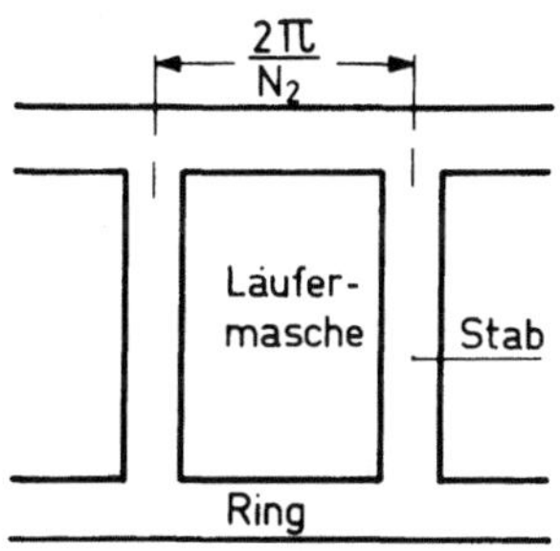

Bild 9.1
Läufermasche

Das Ständerdrehfeld

$$B_1(\alpha_2, t) = \hat{B}_1 \cos(p\,\alpha_2 - s\,\omega\,t - \varphi_1)$$

verursacht in jeder Läufermasche einen Fluß und eine EMK mit der Kreisfrequenz $s\omega$. Da der Käfig völlig symmetrisch ist und im stationären Betrieb mit konstanter Geschwindigkeit umläuft, tritt in jeder Läufermasche eine EMK der gleichen Amplitude auf. Die EMKe zweier benachbarter Maschen haben die Phasenverschiebung

$$2\,\pi\,p/N_2,$$

welche p mal so groß wie der räumliche Winkel zwischen zwei Maschen ist.

Wegen dieser Symmetrie, bei der kein Stab vor dem andern bevorzugt ist, treten in allen Stäben Ströme mit der gleichen Amplitude und der Phasenverschiebung der EMKe $2\,\pi\,p/N_2$ auf. Entsprechendes gilt für die Ringströme. Bezeichnen wir den Strom in einem beliebigen Stab mit $\underline{I}_S$ und in dem links hiervon liegenden Ringabschnitt mit $\underline{I}_R\, e^{jp\pi/N_2}$, dann ergibt sich aufgrund der Symmetrie die in Bild 9.2 eingetragene Stromverteilung.

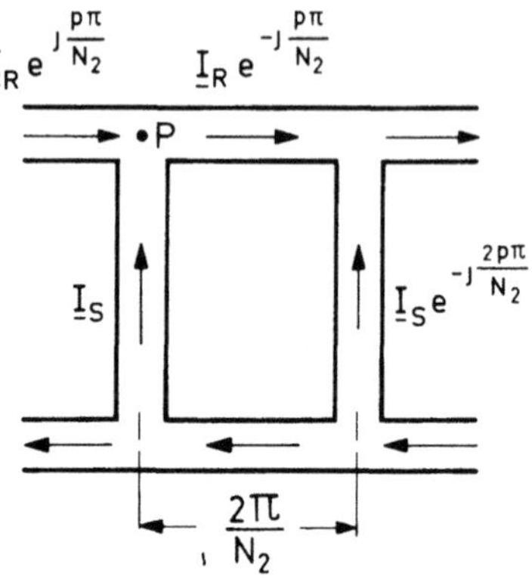

Bild 9.2
Stromverteilung im Läufer

Anmerkung

Aus Symmetriegründen ist die Phasenverschiebung zwischen den beiden im Knotenpunkt P zusammentreffenden Ringströmen gleichmäßig aufgeteilt ($\pm\, p\,\pi/N_2$). Genau so gut hätte man auch einen dieser Ringströme mit $\underline{I}_R$ bezeichnen können. Wesentlich ist nur die relative Phasenverschiebung zwischen benachbarten Ringströmen.

Da die Phasenverschiebung zwischen den Strömen in zwei benachbarten Stäben von der Polpaarzahl p des Ständerfeldes bestimmt wird, hat die Grundwelle des Läuferstrombelages stets dieselbe Polpaarzahl wie das Ständerdrehfeld. Der Käfigläufer paßt sich demnach von selbst an die Polpaarzahl des Ständers an.

Ein Käfigläufer ist durch die Wahl seiner Nutenzahl und durch den Aufbau seiner Wicklung noch nicht auf eine bestimmte Polpaarzahl festgelegt.

Die KIRCHHOFFsche Knotenpunktregel ergibt für den Punkt P in Bild 9.2

$$\underline{I}_R\, e^{jp\pi/N_2} + \underline{I}_S = \underline{I}_R\, e^{-jp\pi/N_2}.$$

Zerlegen wir die Exponentialfaktoren mit Hilfe der EULERschen Formel, so können wir den Stabstrom durch den Ringstrom ausdrücken

$$\underline{I}_S = -j\,2\,\underline{I}_R \sin\frac{p\pi}{N_2}\ ,$$

und es gilt für die Effektivwerte

$$\boxed{I_S = 2\, I_R \sin\frac{p\pi}{N_2}\ .} \qquad (9.1)$$

Diese Beziehung liest man auch unmittelbar aus dem Zeigerbild der Ströme nach Bild 9.3 ab.

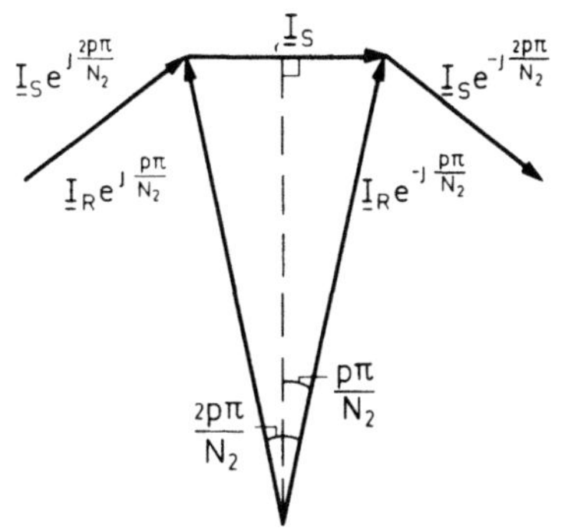

Bild 9.3
Zeigerbild der Läuferströme

Das gesamte Läuferstromsystem ist demnach für den stationären Zustand durch *eine* Größe, nämlich den Stabstrom $\underline{I}_S$ oder den Ringstrom $\underline{I}_R$ gekennzeichnet. Daher genügt zur Beschreibung des elektromagnetischen Verhaltens des Läufers eine Spannungsgleichung.

Diese Spannungsgleichung erhält man beispielsweise dadurch, daß man das Induktionsgesetz auf die in Bild 9.2 gezeigte Läufermasche anwendet [6]. Grundsätzlich kann man die Spannungsgleichung des Käfigläufers auf die gleiche Form bringen, die die Spannungsgleichung des Schleifringläufers besitzt (vgl. Gl. (8.31)):

$$0 = [R_2 + j\, s\, \omega (L_{2\sigma} + L_{2h})]\, \underline{I}_2 + j\, s\, \omega\, L_{21}\, \underline{I}_1 . \tag{9.2}$$

Daher läßt sich die Theorie der Käfigläufermaschine auf die Theorie der Schleifringläufermaschine zurückführen, und es gelten sinngemäß alle bisher abgeleiteten Beziehungen für die Ströme und Drehmomente sowie das Ersatzschaltbild und die Stromortskurve auch für den Käfigläufermotor.

Im folgenden werden wir – zum Teil ohne Beweis – die in Gl. (9.2) auftretenden Größen für den Käfigläufermotor ermitteln. Hinsichtlich der vollständigen Darstellung der Theorie des Käfigläufermotors sei auf die Literatur verwiesen [6].

Den Widerstand R_2 können wir aus den Stromwärmeverlusten im Läufer bestimmen. Verstehen wir unter R_S den Widerstand eines Stabes und unter R_R den Widerstand eines Ringabschnittes zwischen zwei Stäben, dann betragen die gesamten Stromwärmeverluste im Käfig:

$$P_{Cu2} = N_2 (R_S\, I_S^2 + 2\, R_R\, I_R^2).$$

Eliminieren wir hierin den Ringstrom I_R mit Hilfe der Gl. (9.1), dann erhalten wir

$$P_{Cu2} = N_2 \left[R_S + 2\, R_R \Big/ \left(2 \sin \frac{p\pi}{N_2} \right)^2 \right] I_S^2 .$$

Vergleichen wir diesen Ausdruck mit der Beziehung für die Läuferkupferverluste eines Schleifringläufers mit m_2 Wicklungssträngen

$$P_{Cu2} = m_2 \, R_2 \, I_2^2,$$

dann können wir hinsichtlich der Läuferverluste die Käfigwicklung als eine mehrphasige Läuferwicklung auffassen, wenn wir setzen:

$$m_2 = N_2, \tag{9.3}$$

$$I_2 = I_S, \tag{9.4}$$

$$R_2 = R_S + 2\,R_R / \left(2 \sin \frac{p\pi}{N_2}\right)^2 \tag{9.5}$$

Auf analoge Weise finden wir mit Hilfe der magnetischen Energie die wirksame Streuinduktivität

$$L_{2\sigma} = L_{S\sigma} + 2\,L_{R\sigma} / \left(2 \sin \frac{p\pi}{N_2}\right)^2, \tag{9.6}$$

wobei $L_{S\sigma}$ die Streuinduktivität eines Stabes und $L_{R\sigma}$ die Streuinduktivität eines Ringabschnittes bedeutet.

Um die Haupt- und Gegeninduktivitäten des Käfigläufers zu finden, könnte man das Grundfeld des Läuferstromsystems und die von ihm hervorgerufene EMK sowie die EMK des Ständerfeldes berechnen. Führt man diese Rechnung durch, so findet man, daß für den Käfigläufer die Haupt- und Gegeninduktivitäten der Schleifringläufermaschine gelten, wenn man neben den Gl. (9.3) bis (9.6) rein formal die Windungszahl

$$w_2 = \frac{1}{2} \tag{9.7}$$

und den Wicklungsfaktor

$$\xi_2 = 1 \tag{9.8}$$

einführt.

Anmerkung

Um die unerwünschten Einflüsse der Oberfelder auf das Verhalten des Käfigläufermotors zu vermindern, werden die Läufernuten häufig gegenüber den Ständernuten geschrägt. Hierdurch werden die Gegeninduktivitäten L_{12} und L_{21} kleiner. Man kann diesen Einfluß als Vergrößerung der Streuung betrachten *(Schrägungsstreuung)*.

Man kann sich demnach den Käfigläufermotor als Schleifringläufermotor mit $m_2 = N_2$ Wicklungssträngen vorstellen, in denen der Stabstrom I_S die Rolle des Strangstromes I_2 spielt. Wie im Schleifringläufermotor treten in den N_2 Stäben des Käfigs $m_2 = N_2$ Ströme auf, die jedoch gegeneinander eine Phasenverschiebung von $2\pi p/m_2$ haben. Jeder Wicklungsstrang besteht aus einem Stab, d. h. einer halben Windung. Da die arithmetische Summe der Spannungen eines Wicklungsstranges gleich der geometrischen Summe ist, erhält man den Wicklungsfaktor 1.

Man beachte jedoch, daß diese plausible Erläuterung keinen Beweis darstellt, da bei der Ableitung der Theorie des Schleifringläufermotors eine Phasenwicklung vorausgesetzt war, die für jedes Polpaar eine ganze Anzahl von Spulen je Wicklungsstrang enthielt.

Anmerkungen

1. Anstelle des Stabstromes kann man als Läuferstrom I_2 auch den Ringstrom I_R auffassen. Dann ergeben sich andere Widerstände, Streu- und Hauptinduktivitäten.
2. In der Literatur wird ferner zuweilen der Käfigläufer als Schleifringläufer mit $N_2/2$, N_2/p oder $N_2/2p$ Wicklungssträngen betrachtet. Entsprechend ändern sich dann I_2, w_2, ξ_2, R_2 und $L_{2\sigma}$ und zwar derart, daß stets die Gl. (9.2) und auch die Ständerspannungsgleichung erfüllt sind.

Obwohl sich die Theorie des Käfigläufermotors auf das Verhalten des Schleifringläufermotors zurückführen läßt, muß man diesen „äquivalenten Schleifringläufermotor“ mit einiger Vorsicht betrachten. In noch stärkerem Maße als für den Schleifringläufermotor gilt für den Käfigläufermotor, daß

- die Widerstände und Induktivitäten sich während eines Anlaufs ändern und
- die lediglich als Streuung betrachteten Oberfelder sich auch an der Drehmomentbildung beteiligen.

Ebenso wie beim Schleifringläufermotor hängt die Größe der Streuinduktivitäten von der Sättigung des Eisens ab. Bei großen Strömen, wie sie beim Anlauf mit voller Spannung auftreten, sättigen sich die Zahnköpfe, wodurch sich die Streuinduktivitäten verringern. Diese Sättigung des Eisens geht mit anwachsender Drehzahl, d. h. kleiner werdenden Strömen zurück, so daß auch die Streuinduktivitäten mit zunehmender Drehzahl größer werden. Außerdem werden die Widerstände und Induktivitäten durch die Stromverdrängung beeinflußt.

Trotz dieser Abweichungen vom idealen Verhalten lassen sich die Ströme, Drehmomente und Verluste mit Hilfe der für den Schleifringläufermotor abgeleiteten Beziehungen berechnen. Man hat dann jedoch die Widerstände und Induktivitäten für jeden Schlupf neu zu ermitteln.

9.2. Stromverdrängungsläufer

Im Gegensatz zum Schleifringläufermotor, dessen Läuferwicklung aus Draht aufgebaut ist, spielt in den massiven Stäben eines Käfigläufermotors die ***Stromverdrängung*** eine bedeutende Rolle. Die Stäbe sind in Eisen eingebettet, und hierdurch rufen die Stabströme ein beträchtliches Streufeld hervor, das die Leiter durchsetzt und in ihnen EMKe induziert. Als Folge davon stellt sich eine ungleichmäßige Verteilung der Stromdichte über den Stabquerschnitt ein, wobei die Stromdichte in der Nähe des Luftspaltes größer als am Nutgrund ist. Diese Stromverdrängung nimmt mit der Läuferfrequenz und damit mit dem Schlupf zu. Für einen gegebenen Stabstrom wachsen daher die Verluste und damit auch der wirksame Widerstand mit der Läuferfrequenz an. Gleichzeitig geht die Nutenstreuinduktivität des Läufers zurück.

Die Erhöhung des Widerstandes mit dem Schlupf hat eine ähnliche Wirkung wie der Läufervorwiderstand eines Schleifringläufers. Im Stillstand erzielt man durch die Stromverdrängung erhöhte Verluste und damit ein gutes Anlaufmoment, während im Nennbetrieb praktisch der sehr viel geringere Gleichstromwiderstand wirksam ist, so daß der Wirkungsgrad nicht beeinträchtigt wird. Unerwünscht ist allerdings die Zunahme der Streuung mit der Drehzahl, weil sich hierdurch das Kippmoment und der Leistungsfaktor verringern.

Der Umfang der Stromverdrängung hängt in starkem Maße von der Form der Läufernuten ab. In einem einfachen kreisförmigen Stab ist die Stromverdrängung verhältnismäßig gering. Je höher die Nut ist, um so stärker wird das Streufeld am Luftspalt und damit die Stromverdrängung. Einige Nutformen für „Stromverdrängungsläufer“ sind in Bild 9.4 dargestellt. In dem Doppelkäfigläufer nach Bild 9.4c entsteht die Stromverdrängung durch den Streufluß, der sich über den schmalen Streuschlitz zwischen Außen- und Innenkäfig schließt. Diese Käfige werden so ausgelegt, daß im Stillstand die Ströme in beiden Käfigen etwa gleich groß und um 90° phasenverschoben sind. Da der Außenkäfig mit hohem Widerstand ausgeführt wird, erzielt man bei $s = 1$ hohe Verluste und ein gutes Anzugsmoment. Zur Berechnung der wirksamen Widerstände und Induktivitäten in Abhängigkeit vom Schlupf sei auf die Literatur verwiesen [6].

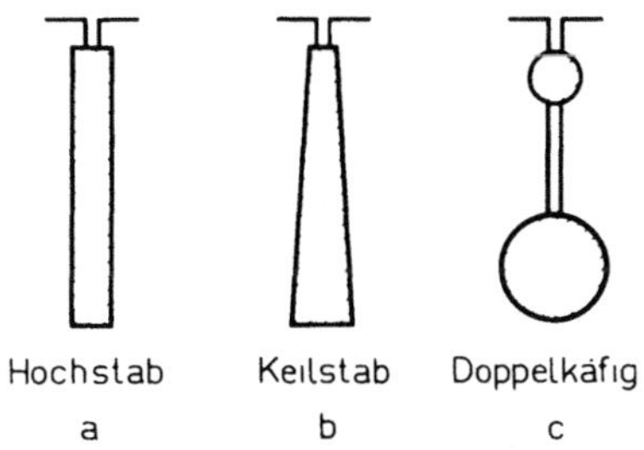

Bild 9.4
Stabformen von Stromverdrängungsläufern

9.3. Wirkungen der Oberfelder

In den bisherigen Betrachtungen hatten wir die Wirkung der höheren Harmonischen des Luftspaltfeldes, der sogenannten *Oberfelder*, lediglich als Streuung betrachtet. Sie sind nun bei der Asynchronmaschine wegen des kleinen Luftspaltes wesentlich größer als bei der Synchronmaschine. Ähnlich wie das Grundfeld rufen auch die Oberfelder in der kurzgeschlossenen Läuferwicklung Ströme hervor, und hierdurch entstehen *zusätzliche Verluste* und *Drehmomente*. Während nun der Schleifringläufer für die Polpaarzahl des Grundfeldes gewickelt ist und deshalb für die Oberfelder nur einen kleinen Wicklungsfaktor besitzt, reagiert der Käfigläufer praktisch auf Felder aller Polpaarzahlen, wenn auch wegen der zunehmenden doppelt verketteten Streuung auf die Oberfelder in geringerem Maße als auf das Grundfeld. Der Käfigläufer ist daher allen störenden Wirkungen der Oberfelder besonders stark ausgesetzt.

In Bild 9.5 ist der Einfluß der Oberfelder auf die Drehmoment-Drehzahlkennlinie eines Käfigläufermotors zu erkennen. Gegenüber dem Drehmoment des Grundfeldes (Kurve 2) vermindern die Oberfelder das Drehmoment beim Anlauf. Die Oberfeldmomente entstehen sowohl durch Ströme im Käfig als auch durch Wirbelströme und Hysteresewirkung im Eisen.

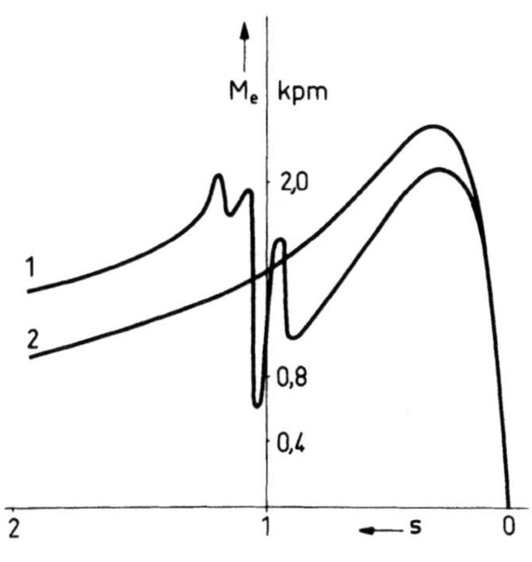

Bild 9.5
Einfluß der Oberfelder auf das Drehmoment eines Käfigläufermotors, gemessen bei etwa 1/3 der Nennspannung.
1 resultierendes Drehmoment
2. Drehmoment des Grundfeldes

Um die Wirkung der Oberfelder auf den Käfig zu vermindern, werden die Läufernuten oft gegenüber den Ständernuten schräg gestellt und zwar meistens um eine Ständernutteilung. In diesem Fall wird nämlich der in eine Läufermasche eintretende Fluß der sogenannten nutharmonischen Oberfelder, deren Wellenlänge ungefähr gleich einer Ständernutteilung ist, fast zu Null. Diese Maßnahme hat jedoch eigentlich nur dann Sinn, wenn die Läuferstäbe gegenüber dem Eisen hinreichend isoliert sind, weil andernfalls Querströme von Stab zu Stab über das Eisen fließen können. Es hat sich gezeigt, daß in vielen Fällen hierdurch die Drehmomente und die zusätzlichen Verluste der Oberfelder besonders groß werden können, wodurch das Gegenteil der gewünschten Wirkung eintritt. Mit Rücksicht auf die Betriebssicherheit und die Herstellungskosten wird dennoch der Käfig nicht isoliert.

Außer den in Bild 9.5 dargestellten *asynchronen Drehmomenten* erzeugen die Oberfelder zeitlich periodisch schwankende Drehmomente, die sogenannten *Pendelmomente,* mit dem zeitlichen Mittelwert Null. Sie können störende Drillschwingungen erregen.

Die Oberfelder wirken nicht nur über die LORENTZ-Kräfte sondern auch mit den radial angreifenden MAXWELLSCHEN Zugkräften auf die Maschine. Hierdurch können Schwingungen des gesamten Läufers durch sogenannte *Rüttelkräfte* und Biegeschwingungen der Ständerjoche auftreten, die als *Luftschall* abgestrahlt werden und damit die Ursache für das lästige magnetische Geräusch sind [7].

9.4. Anlassen und Drehzahlstellen

Auch beim Käfigläufermotor hat man für den Anlauf zu fordern:

- Das elektromagnetisch erzeugte *Drehmoment* muß im gesamten Bereich vom Stillstand bis zur Betriebsdrehzahl größer als das Gegenmoment sein.
- Die zulässigen *Ströme* dürfen während des Hochlaufs nicht überschritten werden.

Im allgemeinen ist ein möglichst hohes Drehmoment erwünscht. Es gibt jedoch auch Fälle, in denen der Anlauf langsam erfolgen muß, so daß durch besondere Maßnahmen, z. B. unsymmetrische Schaltungen, das Drehmoment begrenzt wird.

Im Gegensatz zum Schleifringläufermotor, der eine Veränderung seiner Drehmoment-Drehzahlkennlinie durch Einschalten von Widerständen in den Läuferkreis ermöglicht, ist der Verlauf des Drehmomentes eines Käfigläufermotors durch die Konstruktion festgelegt. Das erforderliche Drehmoment kann man auch für Anläufe gegen hohe Lastmomente durch eine entsprechende Auslegung als Stromverdrängungsläufer erzielen.

Läßt das elektrische Netz die direkte Einschaltung nicht zu, so muß die Strangspannung für den Anlauf herabgesetzt werden. Hierzu gibt es folgende Möglichkeiten:

- Stern- Dreieck-Schaltung,
- Anlaßtransformator,
- Impedanzen im Ständerkreis.

Stern-Dreieck-Schaltung: Läßt man einen Motor, der betriebsmäßig in Dreieck-Schaltung arbeitet, in Sternschaltung hochlaufen, so liegt während des Anlaufs an jedem Wicklungsstrang das $1/\sqrt{3}$-fache der Nennspannung. Dadurch geht der Strangstrom um den Faktor $1/\sqrt{3}$ und der Netzstrom, der in der Stern-Schaltung im Gegensatz zur Dreieck-Schaltung gleich dem Strangstrom ist, insgesamt auf den 3. Teil zurück. Das Drehmoment sinkt wegen seiner quadratischen Abhängigkeit von der Strangspannung ebenfalls auf 1/3.

|| Beim Stern-Dreieck-Anlauf gehen Netzstrom und Drehmoment auf 1/3 der Werte zurück, die bei direkter Einschaltung auftreten.

Die Stern-Dreieck-Schaltung wird vor allem bei Maschinen kleinerer Leistungen angewandt.

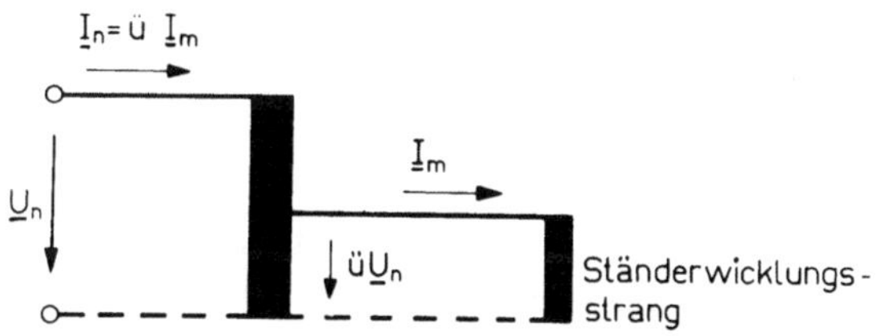

Bild 9.6
Anlaßtransformator

Anlaßtransformator: Große Motoren werden im allgemeinen über Drehstrom-Transformatoren in Sparschaltung angelassen (Bild 9.6). Der Motor läuft mit der Teilspannung ü U_n an (ü < 1). Nach Erreichen der Betriebsdrehzahl wird auf die Netzspannung U_n übergeschaltet. Vernachlässigt man die Widerstände und Streureaktanzen des Transformators, dann wird

der Strom des Motors $I_m = ü\, I'_1$,
wobei I'_1 der Anlaufstrom bei voller Spannung U_n ist;

der Strom des Netzes $I_n = ü^2\, I'_1$,

das Drehmoment $M_e = ü^2\, M'_e$,
wobei M'_e das Drehmoment bei voller Spannung U_n ist.

|| Der Anlaufstrom sinkt im gleichen Verhältnis wie das Drehmoment.

Impedanzen im Ständerkreis: Schaltet man Widerstände oder Induktivitäten vor die Ständerwicklung, so fällt an ihnen ein vom Strom abhängiger Teil der Netzspannung ab.

> Hierbei gehen die Ströme linear, die Drehmomente dagegen quadratisch mit der Motorspannung zurück.

Diese Methode kommt daher nur für einen Anlauf gegen kleine Lastmomente in Betracht.

Die *verlustlose Drehzahlstellung* des Käfigläufermotors erfordert stets einen besonderen Aufwand. Sie ist möglich durch

- polumschaltbare Wicklungen oder
- Speisung der Ständerwicklung mit variabler Frequenz.

Polumschaltbare Maschinen erhalten entweder zwei getrennte Ständerwicklungen mit unterschiedlicher Polpaarzahl oder eine Wicklung, die durch eine geeignete Umschaltung von Spulengruppen zwei verschiedene Polpaarzahlen – meist im Verhältnis 1:2 – ergibt. Im Falle zweier getrennter Wicklungen wird jeweils etwa nur die Hälfte des Kupfers benutzt; dafür ist man andererseits nicht an ein bestimmtes Verhältnis der Polpaarzahlen gebunden. Verwendet man zwei Wicklungen, so lassen sich maximal vier Polpaarzahlen ausführen, wenn beide Wicklungen umschaltbar sind. Der Käfigläufermotor ist für eine Polumschaltung im Gegensatz zum Schleifringläufermotor besonders gut geeignet, weil die Käfigwicklung nicht an eine bestimmte Polpaarzahl gebunden ist.

Zur *Frequenzsteuerung* benötigt man ein Netz mit veränderlicher Frequenz, das durch einen rotierenden Umformer oder von Thyristoren gespeist wird. Soll die Induktion des Motors konstant gehalten werden, so müßte bei Vernachlässigung des Ständerwiderstandes die Spannung etwa proportional mit der Frequenz verändert werden. Bei kleinen Frequenzen macht sich der Ständerwiderstand bemerkbar, und man verringert dann die Spannung weniger als die Frequenz.

9.5. Verwendung des Käfigläufermotors

Die bei weitem überwiegende Anzahl der Elektromotoren sind Asynchronmaschinen, wobei man nach Möglichkeit den Drehstrommotor mit Käfigläufer verwendet.

Die Vorzüge des Käfigläufermotors sind:

- Hohe Betriebssicherheit und geringe Wartung infolge einfacher Konstruktion. Vor allem besitzt der Käfigläufer keine schleifenden Kontakte.
- Geringer Preis (vgl. Bild 9.7).
- Einfacher Anlauf des Stromverdrängungsläufers.
- Im Gegensatz zur Gleichstrommaschine Anschluß an das Drehstromnetz möglich.

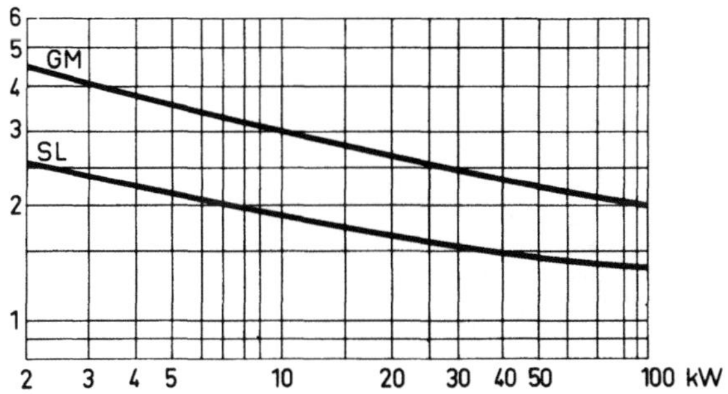

Bild 9.7
Preis von Schleifringläufermotoren (SL) und Gleichstrommaschinen (GM) bezogen auf den Preis des Käfigläufermotors nach SCHUISKY [17]

Gründe, die zur Wahl anderer Antriebsmotoren führen können sind vor allem:

- Die stufenlose verlustfreie Drehzahlstellung erfordert einen hohen Aufwand und ist bei großen Leistungen nicht möglich. In der Anpassung der Drehzahl ist vor allem die Gleichstrommaschine der Asynchronmaschine überlegen.
- Die Asynchronmaschine bezieht die Blindleistung aus dem Netz. Daher bevorzugt man für große Leistungen (etwa oberhalb 1 000 kW) Synchronmaschinen. Diese haben außerdem einen besseren Wirkungsgrad.
- Wird ein Anlauf gegen ein hohes Lastmoment bei begrenztem Anzugsstrom gefordert, so verwendet man den Schleifringläufermotor oder den Gleichstrommotor.

10. Konstruktiver Aufbau der Drehstrom-Asynchronmaschine

Jede Asynchronmaschine besteht aus aktiven Teilen, die den magnetischen Fluß und die Ströme führen und einer mechanischen Konstruktion zur Übertragung des Drehmomentes, zur Kühlung und gegebenenfalls zum Explosionsschutz. Ständer und Läufer werden durch einen Luftspalt getrennt, der mit Rücksicht auf den Magnetisierungsstrom so klein wie möglich gehalten wird. Im Gegensatz zur Synchronmaschine muß ja die Asynchronmaschine ihre Magnetisierungsblindleistung dem Netz entnehmen.

10.1. Ständer

Der Ständer der Asynchronmaschine (vgl. Bild 10.1) ist nach dem gleichen Prinzip gebaut wie der Ständer der Synchronmaschine. Während das Gehäuse kleinerer Motoren im allgemeinen gegossen wird, erhalten mittlere und große Maschinen meist ein geschweißtes Blechgehäuse.

a)

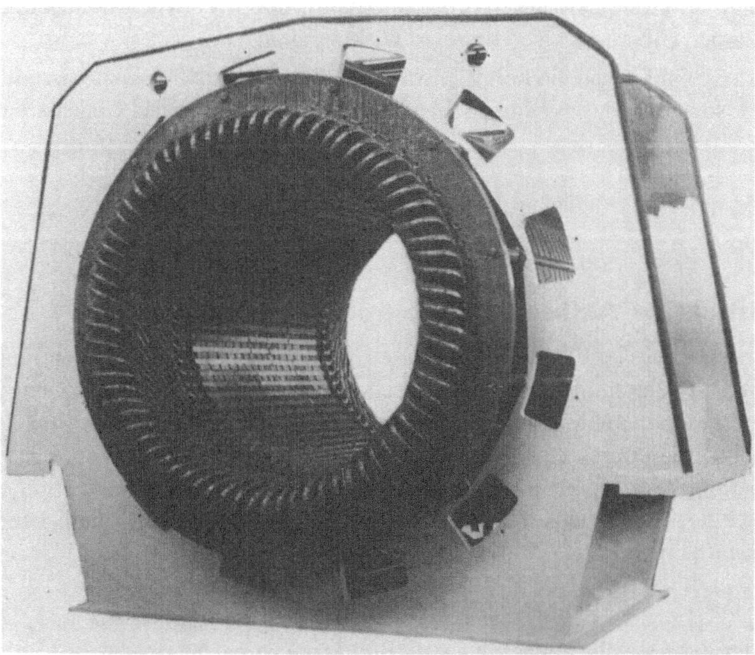

b)

Bild 10.1 Ständer des Asynchronmotors

a) gegossenes Gehäuse mit Kühlrippen. 160 kW, 380 V (AEG)

b) geschweißtes Gehäuse. 6500 kW, 6000 V (Smit-Slikkerveer)

Das aktive Eisen des Ständers, welches den magnetischen Fluß führt, besteht ebenso wie bei der Synchronmaschine aus Blechen von 0,5 mm Dicke, die zu einem Blechpaket zusammengepreßt sind. Die einzelnen Bleche werden bei kleinen Maschinen durch eine Phosphatierung, bei mittleren und großen Maschinen durch Papier oder Lack gegeneinander isoliert. In größeren Maschinen wird die gesamte Eisenbreite in Teilpakete von 5 bis 6 cm Breite unterteilt, zwischen denen sich Kühlkanäle von 1 cm befinden. In der Nähe des Luftspaltes sind zur Aufnahme der Wicklung Nuten in die Bleche gestanzt (Bild 10.2), die nach dem Wickeln durch meist unmagnetische Keile (aus Holz, Preßspan, Glashartgewebe) verschlossen werden.

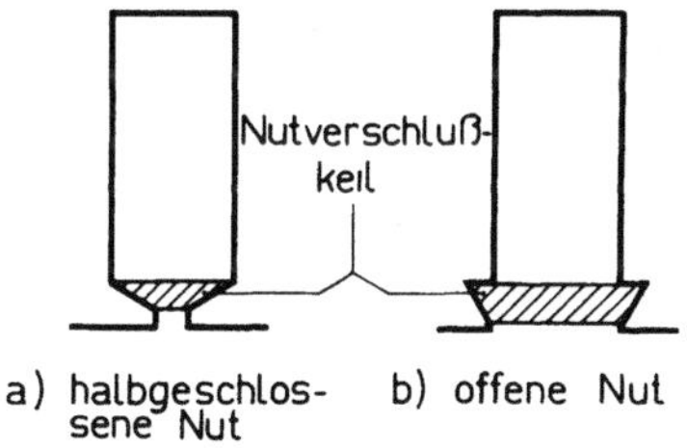

Bild 10.2
Nutformen

Offene Nuten sind bei größeren Maschinen für hohe Spannungen erforderlich, weil die Spulen der Wicklung vor dem Einlegen geformt (Formspulen) und fertig isoliert werden. Sie können dann durch die Nutöffnung eingelegt werden. Als Nachteil der offenen Nuten ist zu nennen, daß sich der dem Luftspalt benachbarte Eisenquerschnitt verringert, so daß der Magnetisierungsstrom größer wird. Außerdem ergeben sich infolge der in Umfangsrichtung wechselnden magnetischen Leitfähigkeit Oberfelder. Zur Verminderung dieser Einflüsse sind Nutverschlußkeile entwickelt worden, die eine gute magnetische Leitfähigkeit in radialer Richtung besitzen.

Halbgeschlossene Nuten kann man verwenden, wenn sich die Wicklung in einzelnen Leitern bzw. Teilleitern mit nicht zu großem Querschnitt vom Luftspalt her einträufeln (Träufelwicklung) oder von den Stirnseiten her durchziehen oder einschieben läßt. Nach dem Einlegen dieser Wicklungen werden die Ständer in Lack getaucht und getrocknet.

Die Ständerwicklung erhält, von Ausnahmen abgesehen, eine ganze Anzahl von Nuten je Pol und Strang *(Ganzlochwicklung)* und wird zur Verminderung der Oberfelder sowie aus Fertigungsgründen häufig als *gesehnte Zweischichtwicklung* ausgeführt.

10.2. Läufer

Das aktive Eisen des Läufers ist ebenfalls ein Blechpaket mit Nuten zur Aufnahme der Wicklung. Bei kleineren Maschinen können Ständer- und Läuferbleche in einem Arbeitsgang mit einem Komplettschnitt gestanzt werden.

Der *Schleifringläufer* erhält im allgemeinen eine dreiphasige Wicklung, die in Stern geschaltet wird. Die Wicklungsanfänge werden an Schleifringe geführt, auf denen Kohlenbürsten schleifen. Um den Bürstenverschleiß zu vermindern, werden die Schleifringe nach dem Hochlauf der Maschine mit einer besonderen Vorrichtung kurzgeschlossen, so daß man anschließend die Bürsten abheben kann. Ein Schleifringläufer mit angebautem Lüfter ist in Bild 10.3 wiedergegeben.

Bild 10.3 Schleifringläufer, 5520 kW, Schleifringe mit eigenem Ventilator (Smit-Slikkerveer)

Der *Käfigläufer* trägt eine in sich kurzgeschlossene Wicklung. Jede Nut enthält einen Stab, der mit den übrigen Stäben durch Kurzschlußringe an den Stirnseiten verbunden ist. Die Käfigwicklung von serienmäßig gebauten Motoren kleinerer Leistung wird aus Aluminium gegossen. Größere Motoren erhalten im allgemeinen Käfige aus Kupfer.

Die Nutform des Läufers beeinflußt in starkem Maße das Betriebsverhalten. Vor allem größere Maschinen erhalten Stromverdrängungsläufer mit Hochstäben oder Doppelkäfigen (Bild 9.4). Beim Anlauf eines Doppelkäfigmotors entsteht der größte Teil der Wärme im Außenkäfig. Um seine Wärmekapazität zu erhöhen, kann man den Außenkäfig aus einem Material mit höherem spezifischen Widerstand (Bronze) und entsprechend größerem Querschnitt ausführen. Um die Wirkung der Oberfelder zu vermindern, werden die Läufernuten häufig schräg gestellt.

Ein Kurzschlußläufer mit Aluminiumkäfig sowie ein Aluminiumkäfig, wie man ihn nach Wegätzen des Eisens erhält, wurde bereits in Bild C.2 abgebildet. Um die Nutform sichtbar zu machen, ist ein Stück des Kurzschlußringes entfernt. Man erkennt ferner deutlich die Schrägung der Nuten.

11. Dynamisches Verhalten des Schleifringläufermotors

Im Hinblick auf die mechanische Beanspruchung und die Belastung des Netzes interessiert bei jeder elektrischen Maschine die Frage, welche Drehmomente und Ströme bei Schaltvorgängen und Änderungen der Drehzahlen auftreten. Es ist ferner wichtig zu wissen, unter welchen Bedingungen eine elektrische Maschine selbsterregte Schwingungen ausführt und wie sie sich bei erzwungenen Pendelungen verhält, die durch zeitlich periodische Veränderungen des Belastungsmomentes oder der Netzspannung entstehen. Zur allgemeinen Lösung derartiger Probleme ist es erforderlich, die Spannungsgleichungen für jeden Wicklungsstrang sowie die Bewegungsgleichungen des mechanischen Systems aufzustellen und das gesamte Gleichungssystem zu lösen.

Den folgenden theoretischen Untersuchungen setzen wir voraus:

- Die Schleifringläufermaschine besitzt symmetrische Wicklungen mit $m_1 = m_2$ Wicklungssträngen.
- Der Strombelag jedes Wicklungsstranges sei sinusförmig längs des Umfangs verteilt. Die räumlichen Harmonischen des Luftspaltfeldes werden daher lediglich als Streufelder berücksichtigt.
- Die Permeabilität des Eisens sei konstant, so daß der magnetische Kreis reziproke Eigenschaften hat.
- Der Luftspalt sei längs des Umfangs konstant, d. h. der Einfluß der Nuten wird lediglich als konstanter Zuschlag zum Luftspalt berücksichtigt.
- Die Eisenverluste werden vernachlässigt.

Anmerkung

Man kann nachweisen, daß sich auch das dynamische Verhalten des Käfigläufermotors auf das Verhalten eines äquivalenten Schleifringläufermotors zurückführen läßt, wenn man die Oberfelder nur als Streufelder betrachtet.

11.1. Die Induktivitäten einer m-phasigen Wicklung

Zum Aufstellen der Spannungsgleichungen benötigt man die Selbst- und Gegeninduktivitäten, die hier zunächst ermittelt werden sollen. Dazu greifen wir auf die im Abschnitt A erläuterten Begriffe zurück.

Wir betrachten zunächst zwei um den räumlichen Winkel ϵ entfernte willkürliche Wicklungsstränge, die sich jeweils im Ständer oder Läufer befinden können (Bild 11.1), und berechnen ihre gegenseitige Hauptfeldinduktivität, die durch das Grundfeld mit p Polpaaren bestimmt wird:

$$L_{yx} = \frac{\Psi_{yx}}{i_x}. \tag{11.1}$$

Fließt in dem durch den Index x gekennzeichneten Wicklungsstrang der Strom i_x, so ist nach Kapitel 1.3.1 die Grundwelle seines Strombelages

$$A_x(\alpha, t) = -\hat{A}_x \sin p\alpha \tag{11.2}$$

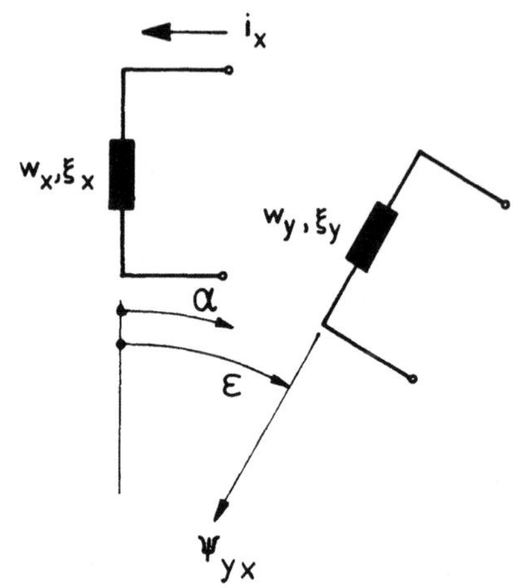

Bild 11.1
Zur Berechnung der gegenseitigen Hauptinduktivität zweier Wicklungsstränge.

mit der Amplitude

$$\hat{A}_x = \frac{4\, w_x\, \xi_x}{\pi D}\, i_x. \qquad (11.3)$$

Gegenüber Kapitel 1.3.1 haben wir hier den Strom

$$i_x = i_x(t)$$

nicht als sinusförmig vorausgesetzt, weil er im allgemeinen Fall irgendeine Funktion der Zeit sein kann.
Der Strombelag $A_x(\alpha, t)$ ergibt gemäß Gl. (1.20) das Luftspaltfeld

$$B_x(\alpha, t) = \hat{B}_x \cos p\alpha \qquad (11.4)$$

mit der Amplitude

$$\hat{B}_x = \mu_0\, \frac{2\, w_x\, \xi_x}{\pi\, p\, \delta''}\, i_x. \qquad (11.5)$$

Dieses Luftspaltfeld ruft nun in dem durch den Index y gekennzeichneten Wicklungsstrang den Spulenfluß

$$\Psi_{yx} = w_y\, \xi_y\, l\, \frac{D}{2} \int\limits_{-\frac{\pi}{2p}+\epsilon}^{+\frac{\pi}{2p}+\epsilon} B_x(\alpha, t)\, d\alpha$$

hervor. Die Auswertung dieses Integrals liefert

$$\Psi_{yx} = \frac{w_y\, \xi_y\, l D}{p}\, \hat{B}_x \cos p\epsilon. \qquad (11.6)$$

Die Hauptfeldinduktivität zwischen den Wicklungssträngen x und y finden wir hieraus mit Hilfe der Gl. (11.1) und (11.5) zu

$$L_{yx} = \mu_0 \frac{2\, w_x\, \xi_x\, w_y\, \xi_y\, l D}{\pi\, p^2\, \delta''} \cos p\epsilon. \tag{11.7}$$

Für den Fall, daß beide Wicklungsstränge aufeinander fallen, ergibt sich mit $w_x = w_y = w_1$ und $\xi_x = \xi_y = \xi_1$ die Wechselfeld-Hauptinduktivität des Ständers (vgl. auch Gl. (1.41))

$$L_{1hw} = \mu_0 \frac{2\,(w_1\, \xi_1)^2\, D l}{\pi\, p^2\, \delta''} \tag{11.8}$$

und analog die Wechselfeld-Hauptinduktivität des Läufers

$$L_{2hw} = \mu_0 \frac{2\,(w_2\, \xi_2)^2\, D l}{\pi\, p^2\, \delta''}. \tag{11.9}$$

Wir wollen ferner die Gegeninduktivität zwischen einem Ständerwicklungsstrang und einem Läuferwicklungsstrang für den Fall definieren, daß ihre Achsen zusammenfallen ($\epsilon = 0$):

$$M = \mu_0 \frac{2\, w_1\, \xi_1\, w_2\, \xi_2\, D l}{\pi\, p^2\, \delta''}. \tag{11.10}$$

Diese Gegeninduktivität haben wir bereits zur Beschreibung des stationären Verhaltens benutzt (vgl. Gl. (1.43)).

11.1.1. Die Induktivitäten der Zweiphasenmaschine

Wenden wir nun die oben abgeleiteten Beziehungen auf die in Bild 11.2 schematisch angegebene Zweiphasenmaschine an. Der Einfachheit halber ist hier eine zweipolige Maschine dargestellt, wobei die *räumlichen* Winkel zwischen den Wicklungssträngen einer Maschine mit p Polpaaren angegeben sind. Θ ist der Drehwinkel des Läufers, d. h. der räumliche Winkel zwischen den Wicklungssträngen α des Ständers und Läufers. Die in Wirklichkeit auf vier Zonen je Polpaar verteilte Wicklung des Ständers (Läufers) ist in dem Schema jeweils durch zwei konzentrierte Spulen wiedergegeben. Aus Bild 11.2 lesen wir die in Tafel 11.1 zusammengestellten räumlichen Winkel ϵ zwischen den Wicklungssträngen ab. Dann ergeben sich mit Hilfe der Gl. (11.7) die in Tafel 11.2 dargestellten Induktivitäten des Hauptfeldes, wenn man die oben definierten Induktivitäten L_{1hw}, L_{2hw} und M verwendet.

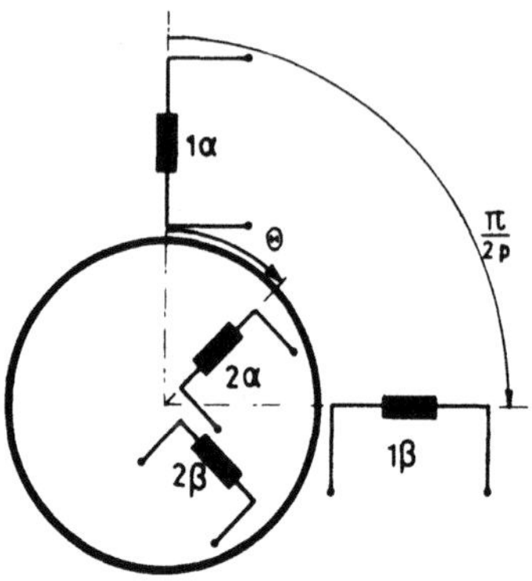

Bild 11.2
Schema des zweiphasigen Schleifringläufermotors. (Angegeben sind die räumlichen Winkel einer Maschine mit p Polpaaren.)

Tafel 11.1 Winkel zwischen den Wicklungssträngen der Zweiphasenmaschine

	ϵ \ $-\epsilon$	x = 1α	1β	2α	2β
y =	1α	0	$-\frac{\pi}{2p}$	$-\Theta$	$-\Theta-\frac{\pi}{2p}$
	1β	$\frac{\pi}{2p}$	0	$-\Theta+\frac{\pi}{2p}$	$-\Theta$
	2α	Θ	$\Theta-\frac{\pi}{2p}$	0	$-\frac{\pi}{2p}$
	2β	$\Theta+\frac{\pi}{2p}$	Θ	$\frac{\pi}{2p}$	0

Tafel 11.2 Induktivitäten des Grundfeldes einer Zweiphasenmaschine

		x = 1α	1β	2α	2β
y =	1α	L_{1hw}	0	$M \cos p\Theta$	$-M \sin p\Theta$
	1β	0	L_{1hw}	$M \sin p\Theta$	$M \cos p\Theta$
	2α	$M \cos p\Theta$	$M \sin p\Theta$	L_{2hw}	0
	2β	$-M \sin p\Theta$	$M \cos p\Theta$	0	L_{2hw}

Aus Tafel 11.2 geht hervor, daß die Induktivitäten zwischen den beiden Wicklungssträngen des Ständers bzw. des Läufers verschwinden.

Die beiden Wicklungsstränge des Ständers bzw. des Läufers einer Zweiphasenmaschine sind induktiv nicht miteinander gekoppelt, weil die Achsen der beiden Stränge elektrisch senkrecht aufeinander stehen.

Außer mit dem Grundfeld ist jeder Wicklungsstrang auch mit seinem Streufeld gekoppelt. Für die Selbstinduktivitäten eines Wicklungsstranges schreiben wir daher

$$L_{1w} = L_{1hw} + L_{1\sigma w}, \qquad L_{2w} = L_{2hw} + L_{2\sigma w}, \tag{11.11}$$

wobei $L_{1\sigma w}$ und $L_{2\sigma w}$ die Streuinduktivitäten eines Wicklungsstranges sind.

11.1.2. Die Induktivitäten der Dreiphasenmaschine

Für die in Bild 11.3 wiedergegebene Dreiphasenmaschine lesen wir die Winkel ϵ zwischen den Wicklungssträngen ab, die in Tafel 11.3 zusammengestellt sind. Sie ergeben mit Hilfe der Gl. (11.7) die Hauptfeldinduktivitäten nach Tafel 11.4, wenn wir zur Abkürzung die wirksamen Gegeninduktivitäten

$$\boxed{\begin{aligned} m_a &= M \cos p\Theta, \\ m_b &= M \cos\left(p\Theta + \frac{2\pi}{3}\right), \\ m_c &= M \cos\left(p\Theta + \frac{4\pi}{3}\right) \end{aligned}} \tag{11.12}$$

einführen.

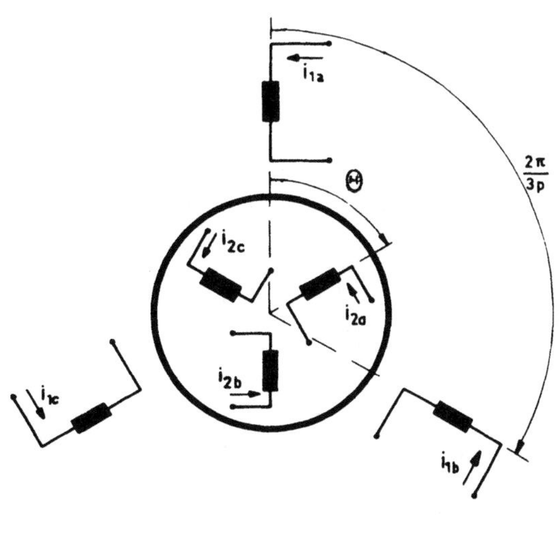

Bild 11.3
Schema des dreiphasigen Schleifringläufermotors. (Die angegebenen Winkel beziehen sich auf die räumliche Anordnung der Wicklungen einer Maschine mit p Polpaaren.)

Tafel 11.3 Winkel zwischen den Wicklungssträngen des Ständers und Läufers

ϵ \ $-\epsilon$	1a	1b	1c	2a	2b	2c
1a	0	$-\frac{2\pi}{3p}$	$+\frac{2\pi}{3p}$	$-\Theta$	$-\Theta-\frac{2\pi}{3p}$	$-\Theta-\frac{4\pi}{3p}$
1b	$+\frac{2\pi}{3p}$	0	$-\frac{2\pi}{3p}$	$-\Theta+\frac{2\pi}{3p}$	$-\Theta$	$-\Theta-\frac{2\pi}{3p}$
1c	$-\frac{2\pi}{3p}$	$+\frac{2\pi}{3p}$	0	$-\Theta+\frac{4\pi}{3p}$	$-\Theta+\frac{2\pi}{3p}$	$-\Theta$
2a	$+\Theta$	$\Theta-\frac{2\pi}{3p}$	$\Theta-\frac{4\pi}{3p}$	0	$-\frac{2\pi}{3p}$	$\frac{2\pi}{3p}$
2b	$+\Theta+\frac{2\pi}{3p}$	$+\Theta$	$\Theta-\frac{2\pi}{3p}$	$\frac{2\pi}{3p}$	0	$-\frac{2\pi}{3p}$
2c	$+\Theta+\frac{4\pi}{3p}$	$\Theta+\frac{2\pi}{3p}$	$+\Theta$	$-\frac{2\pi}{3p}$	$\frac{2\pi}{3p}$	0

Tafel 11.4 Induktivitäten des Grundfeldes einer dreiphasigen Schleifringläufermaschine

	1a	1b	1c	2a	2b	2c
1a	L_{1hw}	$-\frac{1}{2}L_{1hw}$	$-\frac{1}{2}L_{1hw}$	m_a	m_b	m_c
1b	$-\frac{1}{2}L_{1hw}$	L_{1hw}	$-\frac{1}{2}L_{1hw}$	m_c	m_a	m_b
1c	$-\frac{1}{2}L_{1hw}$	$-\frac{1}{2}L_{1hw}$	L_{1hw}	m_b	m_c	m_a
2a	m_a	m_c	m_b	L_{2hw}	$-\frac{1}{2}L_{2hw}$	$-\frac{1}{2}L_{2hw}$
2b	m_b	m_a	m_c	$-\frac{1}{2}L_{2hw}$	L_{2hw}	$-\frac{1}{2}L_{2hw}$
2c	m_c	m_b	m_a	$-\frac{1}{2}L_{2hw}$	$-\frac{1}{2}L_{2hw}$	L_{2hw}

Auch hier hat man den Einfluß der Streufelder durch die Streuinduktivitäten je Wicklungsstrang $L_{1\sigma w}$ und $L_{2\sigma w}$ zu berücksichtigen, so daß die Selbstinduktivitäten lauten

$$\begin{aligned} L_{1w} &= L_{1hw} + L_{1\sigma w}, \\ L_{2w} &= L_{2hw} + L_{2\sigma w}. \end{aligned} \tag{11.13}$$

Die Streuinduktivitäten $L_{1\sigma w}$ und $L_{2\sigma w}$ sind die Proportionalitätskonstanten zwischen dem Strangstrom und dem Spulenfluß seines Streuflusses im eigenen Wicklungsstrang.

Sie unterscheiden sich daher von den Streuinduktivitäten $L_{1\sigma}$ und $L_{2\sigma}$, die zur Beschreibung des stationären Verhaltens eingeführt wurden. Diese enthielten nämlich den Einfluß aller Strangströme auf den Streuspulenfluß in einem Wicklungsstrang.

Die Wicklungsstränge des Ständers sind bei der Drehstrommaschine außer durch das Hauptfeld auch durch Streufelder miteinander gekoppelt, nämlich durch die höheren Harmonischen des Luftspaltfeldes, durch das Stirnstreufeld und durch Nutstreufelder derjenigen Nuten, die Leiter verschiedener Wicklungsstränge enthalten. Wegen des symmetrischen Aufbaues der Maschine sind die entsprechenden gegenseitigen Streuinduktivitäten $L_{1\sigma g}$ für alle Kopplungen gleich, so daß wir die Gegeninduktivität zwischen zwei Ständerwicklungssträngen erhalten zu

$$M_1 = \frac{1}{2} L_{1hw} + L_{1\sigma g}. \tag{11.14a}$$

Auf analoge Weise finden wir die Gegeninduktivität zwischen zwei Läuferwicklungssträngen

$$M_2 = \frac{1}{2} L_{2hw} + L_{2\sigma g}. \tag{11.14b}$$

Ersetzen wir die Induktivitäten des Grundfeldes in Tafel 11.4 durch die resultierenden Induktivitäten nach Gl. (11.13) und (11.14), so lautet die Induktivitätsmatrix der Dreiphasenmaschine:

$$\mathbf{L} = \begin{bmatrix} L_{1w} & -M_1 & -M_1 & m_a & m_b & m_c \\ -M_1 & L_{1w} & -M_1 & m_c & m_a & m_b \\ -M_1 & -M_1 & L_{1w} & m_b & m_c & m_a \\ m_a & m_c & m_b & L_{2w} & -M_2 & -M_2 \\ m_b & m_a & m_c & -M_2 & L_{2w} & -M_2 \\ m_c & m_b & m_a & -M_2 & -M_2 & L_{2w} \end{bmatrix}. \tag{11.15}$$

Entsprechend der zweiten Voraussetzung sind die Ständerwicklungsstränge mit den Läuferwicklungssträngen nur über das Grundfeld gekoppelt.

11.2. Die Zweiphasenmaschine

Wie aus der Berechnung der Induktivitäten hervorgeht, wird die Zweiphasenmaschine durch wesentlich einfachere Spannungsgleichungen beschrieben als die Dreiphasenmaschine. Wir werden später sehen, daß es mit Hilfe einer mathematischen Transformation möglich ist, die Drehstrommaschine durch eine äquivalente Zweiphasenmaschine wiederzugeben. Daher wollen wir zunächst das Verhalten des zweiphasigen Schleifringläufermotors untersuchen, der noch einmal in Bild 11.4 schematisch dargestellt ist, wobei Ströme und Spannungen nach dem Verbraucher-Zählpfeilsystem angegeben sind.

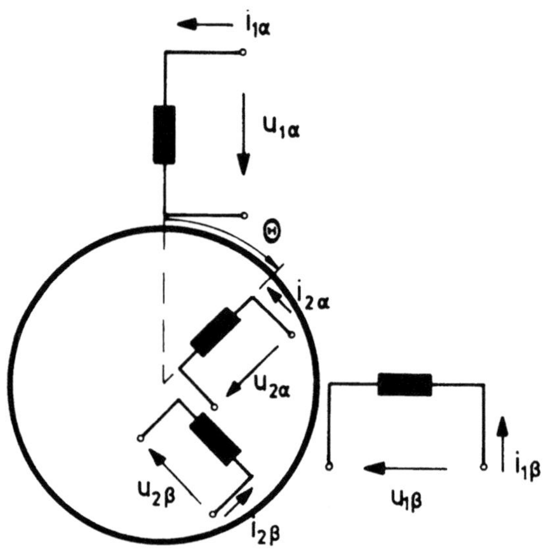

Bild 11.4. Zweiphasen-Schleifringläufermaschine mit Zählpfeilen

11.2.1. Spannungsgleichungen

Die Spannungsgleichungen lauten in Matrizenform:

$$\mathbf{U} = \mathbf{R}\,\mathbf{I} + \frac{d\mathbf{\Psi}}{dt}, \qquad (11.16)$$

wobei der Spulenfluß

$$\mathbf{\Psi} = \mathbf{L}\,\mathbf{I} \qquad (11.17)$$

ist. Aus Bild 11.4 entnehmen wir die Bezeichnungen für die Spannungen

$$\mathbf{U} = \begin{bmatrix} u_{1\alpha} \\ u_{1\beta} \\ \hline u_{2\alpha} \\ u_{2\beta} \end{bmatrix} \qquad (11.18)$$

und für die Ströme

$$\mathbf{I} = \left[\begin{array}{c} i_{1\alpha} \\ i_{1\beta} \\ \hline i_{2\alpha} \\ i_{2\beta} \end{array}\right] . \tag{11.19}$$

Nennt man die Widerstände je Wicklungsstrang R_1 bzw. R_2, so gilt:

$$\mathbf{R} = \left[\begin{array}{cc|cc} R_1 & 0 & 0 & 0 \\ 0 & R_1 & 0 & 0 \\ \hline 0 & 0 & R_2 & 0 \\ 0 & 0 & 0 & R_2 \end{array}\right] . \tag{11.20}$$

Für die Spulenflüsse schreiben wir

$$\boldsymbol{\Psi} = \left[\begin{array}{c} \Psi_{1\alpha} \\ \Psi_{1\beta} \\ \hline \Psi_{2\alpha} \\ \Psi_{2\beta} \end{array}\right] . \tag{11.21}$$

Die Induktivitäten erhalten wir nach Tafel 11.2, wenn wir in den Selbstinduktivitäten auch die Streuung nach Gl. (11.11) berücksichtigen zu

$$\mathbf{L} = \left[\begin{array}{cc|cc} L_{1w} & 0 & M\cos p\Theta & -M\sin p\Theta \\ 0 & L_{1w} & M\sin p\Theta & M\cos p\Theta \\ \hline M\cos p\Theta & M\sin p\Theta & L_{2w} & 0 \\ -M\sin p\Theta & M\cos p\Theta & 0 & L_{2w} \end{array}\right] . \tag{11.22}$$

Die Matrix $\mathbf{L}$ ist symmetrisch zur Hauptdiagonale. Für diese symmetrische Matrix gilt

$$\boxed{\mathbf{L} = \mathbf{L}^T} . \tag{11.23}$$

Hierbei ist die *transponierte Matrix* durch ein hochgestelltes T gekennzeichnet.

Setzt man Gl. (11.17) in Gl. (11.16) ein, dann erhält man 4 Gleichungen mit den 5 Unbekannten

$$i_{1\alpha}, i_{1\beta}, i_{2\alpha}, i_{2\beta} \text{ und } \Theta.$$

Als fünfte Gleichung tritt die Bewegungsgleichung auf. Für den Fall, daß die Schleifringläufermaschine mit einer Arbeits- oder Kraftmaschine über eine starre Welle gekuppelt ist, gilt

$$J \frac{d^2\Theta}{dt^2} + d_m \frac{d\Theta}{dt} = M_e - M_g. \tag{11.24}$$

Hierin ist

- J das polare Massenträgheitsmoment aller gekuppelten rotierenden Teile, bezogen auf die Drehzahl der elektrischen Maschine,
- d_m die Reibungskonstante,
- M_e das elektromagnetisch erzeugte Drehmoment,
- M_g das Gegenmoment.

Das elektromagnetisch erzeugte Drehmoment M_e kann man durch die anderen Unbekannten ausdrücken.

11.2.2. Drehmomentgleichung

Mit Hilfe einer Leistungsbilanz läßt sich das Drehmoment M_e auf die übrigen Größen zurückführen. Im allgemeinen Fall zeitlich beliebig veränderlicher Größen spielt auch die zeitliche Änderung der Energie des magnetischen Feldes eine Rolle. Die Leistungsbilanz lautet demnach:

Zugeführte elektrische Leistung	=	Stromwärmeverluste	+	zeitliche Änderung der magnetischen Energie	+	mechanische Leistung .

(11.25)

Der Maschine wird aus dem Netz die elektrische Leistung

$$P(t) = \mathbf{U}^T \mathbf{I} = \mathbf{I}^T \mathbf{R} \mathbf{I} + \frac{d\mathbf{\Psi}^T}{dt} \mathbf{I}$$

zugeführt. Um hierin die zeitliche Änderung der magnetischen Energie zu erhalten, formen wir diese Gleichung um in:

$$P(t) = \mathbf{I}^T \mathbf{R} \mathbf{I} + \frac{1}{2} \frac{d(\mathbf{\Psi}^T \mathbf{I})}{dt} + \frac{1}{2} \frac{d\mathbf{\Psi}^T}{dt} \mathbf{I} - \frac{1}{2} \mathbf{\Psi}^T \frac{d\mathbf{I}}{dt}. \tag{11.26}$$

Hierin sind

$$\mathbf{I}^T \mathbf{R} \mathbf{I} = P_{Cu}$$

die gesamten Stromwärmeverluste und

$$\frac{1}{2} \frac{d(\boldsymbol{\Psi}^T \mathbf{I})}{dt} = \frac{d W_m}{dt}$$

die zeitliche Änderung der magnetischen Energie. Aufgrund der Gl. (11.25) und (11.26) kann dann

$$\frac{1}{2} \frac{d\boldsymbol{\Psi}^T}{dt} \mathbf{I} - \frac{1}{2} \boldsymbol{\Psi}^T \frac{d\mathbf{I}}{dt} = P_{em} \qquad (11.27)$$

nur die elektromagnetisch erzeugte mechanische Leistung sein.

Mit Hilfe der Gl. (11.17) und (11.23) finden wir

$$\boldsymbol{\Psi}^T = (\mathbf{L}\mathbf{I})^T = \mathbf{I}^T \mathbf{L},$$

und damit können wir aus Gl. (11.27) den Spulenfluß eliminieren:

$$P_{em} = \frac{1}{2} \frac{d\mathbf{I}^T}{dt} \mathbf{L}\mathbf{I} + \frac{1}{2} \mathbf{I}^T \frac{\partial \mathbf{L}}{\partial \Theta} \frac{d\Theta}{dt} \mathbf{I} - \frac{1}{2} \mathbf{I}^T \mathbf{L} \frac{d\mathbf{I}}{dt}.$$

Da nun

$$\frac{1}{2} \frac{d\mathbf{I}^T}{dt} \mathbf{L}\mathbf{I} = \frac{1}{2} \mathbf{I}^T \mathbf{L} \frac{d\mathbf{I}}{dt}$$

ist, gilt

$$P_{em} = \frac{1}{2} \mathbf{I}^T \frac{\partial \mathbf{L}}{\partial \Theta} \frac{d\Theta}{dt} \mathbf{I}.$$

Aufgrund der aus der Mechanik bekannten Beziehung

$$P_{em} = \frac{d\Theta}{dt} M_e$$

erhalten wir das elektromagnetisch erzeugte Drehmoment zu

$$\boxed{M_e = \frac{1}{2} \mathbf{I}^T \frac{\partial \mathbf{L}}{\partial \Theta} \mathbf{I}}\,. \qquad (11.28)$$

Damit ist das Drehmoment M_e auf die fünf Unbekannten und die bekannten Induktivitäten zurückgeführt.

Anmerkung

Für Gl. (11.28) können wir auch schreiben

$$M_e = \left(\frac{\partial \; \frac{1}{2} \mathbf{I}^T \mathbf{L} \mathbf{I}}{\partial \Theta} \right)_{\mathbf{I} = \text{const}} = \left(\frac{\partial W_m(\Theta, i)}{\partial \Theta} \right)_{i = \text{const}} . \qquad (11.29)$$

Das elektromagnetisch erzeugte Drehmoment ergibt sich demnach durch Differenzieren der magnetischen Energie W_m nach dem räumlichen Verdrehungswinkel des Läufers Θ, wobei die – von der Zeit t abhängigen – Ströme konstant gehalten werden. So erhält man beispielsweise im Falle eines *linearen* Systems von zwei Spulen mit den Strömen $i_1 = i_1(t)$ und $i_2 = i_2(t)$ die magnetische Energie

$$W_m = \frac{1}{2} i_1^2 L_1 + i_1 i_2 M + \frac{1}{2} i_2^2 L_2$$

und das Drehmoment

$$M_e = \frac{1}{2} i_1^2 \frac{\partial L_1}{\partial \Theta} + i_1 i_2 \frac{\partial M}{\partial \Theta} + \frac{1}{2} i_2^2 \frac{\partial L_2}{\partial \Theta} .$$

11.2.3. Das vollständige Gleichungssystem

Schreiben wir die Spannungsgleichungen und die Beziehung für das Drehmoment auf, dann erhalten wir:

$$\begin{bmatrix} u_{1\alpha} \\ u_{1\beta} \\ \hline u_{2\alpha} \\ u_{2\beta} \end{bmatrix} = \left[\begin{array}{cc|cc} R_1 & 0 & 0 & 0 \\ 0 & R_1 & 0 & 0 \\ \hline 0 & 0 & R_2 & 0 \\ 0 & 0 & 0 & R_2 \end{array}\right] \begin{bmatrix} i_{1\alpha} \\ i_{1\beta} \\ \hline i_{2\alpha} \\ i_{2\beta} \end{bmatrix} +$$

$$+ \frac{d}{dt}\left(\left[\begin{array}{cc|cc} L_{1w} & 0 & M \cos p\Theta & -M \sin p\Theta \\ 0 & L_{1w} & M \sin p\Theta & M \cos p\Theta \\ \hline M \cos p\Theta & M \sin p\Theta & L_{2w} & 0 \\ -M \sin p\Theta & M \cos p\Theta & 0 & L_{2w} \end{array}\right] \begin{bmatrix} i_{1\alpha} \\ i_{1\beta} \\ \hline i_{2\alpha} \\ i_{2\beta} \end{bmatrix} \right) \qquad (11.30)$$

und

$$M_e = \frac{1}{2} pM \left[i_{1\alpha}, i_{1\beta} \,\vdots\, i_{2\alpha}, i_{2\beta}\right] \left[\begin{array}{cc|cc} 0 & 0 & -\sin p\Theta & -\cos p\Theta \\ 0 & 0 & \cos p\Theta & -\sin p\Theta \\ \hline -\sin p\Theta & \cos p\Theta & 0 & 0 \\ -\cos p\Theta & -\sin p\Theta & 0 & 0 \end{array}\right] \left[\begin{array}{c} i_{1\alpha} \\ i_{1\beta} \\ \hline i_{2\alpha} \\ i_{2\beta} \end{array}\right]$$

$$= J \frac{d^2\Theta}{dt^2} + d_m \frac{d\Theta}{dt} + M_g \tag{11.31}$$

oder nach Auswertung der Matrizen

$$\begin{aligned}
u_{1\alpha} = R_1\, i_{1\alpha} + L_{1w} \frac{di_{1\alpha}}{dt} &+ M \cos p\Theta \frac{di_{2\alpha}}{dt} - p\, M \sin p\Theta\, i_{2\alpha} \frac{d\Theta}{dt} \\
&- M \sin p\Theta \frac{di_{2\beta}}{dt} - p\, M \cos p\Theta\, i_{2\beta} \frac{d\Theta}{dt}, \\
u_{1\beta} = R_1\, i_{1\beta} + L_{1w} \frac{di_{1\beta}}{dt} &+ M \sin p\Theta \frac{di_{2\alpha}}{dt} + p\, M \cos p\Theta\, i_{2\alpha} \frac{d\Theta}{dt} \\
&+ M \cos p\Theta \frac{di_{2\beta}}{dt} - p\, M \sin p\Theta\, i_{2\beta} \frac{d\Theta}{dt}, \\
u_{2\alpha} = R_2\, i_{2\alpha} + L_{2w} \frac{di_{2\alpha}}{dt} &+ M \cos p\Theta \frac{di_{1\alpha}}{dt} - p\, M \sin p\Theta\, i_{1\alpha} \frac{d\Theta}{dt} \\
&+ M \sin p\Theta \frac{di_{1\beta}}{dt} + p\, M \cos p\Theta\, i_{1\beta} \frac{d\Theta}{dt}, \\
u_{2\beta} = R_2\, i_{2\beta} + L_{2w} \frac{di_{2\beta}}{dt} &- M \sin p\Theta \frac{di_{1\alpha}}{dt} - p\, M \cos p\Theta\, i_{1\alpha} \frac{d\Theta}{dt} \\
&+ M \cos p\Theta \frac{di_{1\beta}}{dt} - p\, M \sin p\Theta\, i_{1\beta} \frac{d\Theta}{dt}
\end{aligned} \tag{11.30a}$$

und

$$M_e = -p\, M \left[(i_{1\alpha} i_{2\alpha} + i_{1\beta} i_{2\beta}) \sin p\Theta + (i_{1\alpha} i_{2\beta} - i_{2\alpha} i_{1\beta}) \cos p\Theta\right] =$$

$$= J \frac{d^2\Theta}{dt^2} + d_m \frac{d\Theta}{dt} + M_g. \tag{11.31a}$$

Diese Differentialgleichungen beschreiben innerhalb der getroffenen Voraussetzungen vollständig das elektrische und mechanische Verhalten der Maschine. Sie sind ***nichtlinear,*** weil sie Produkte der Unbekannten oder ihrer Ableitungen enthalten.

Die ***partikuläre Lösung*** findet man, indem man

$$\frac{d\Theta}{dt} = \omega_m = \text{const} \tag{11.32}$$

setzt. Diese Lösung gibt den ***stationären*** Betrieb der Maschine wieder. Aufgrund der Gl. (11.32) ist

$$\Theta = \omega_m t + \Theta_0, \tag{11.33}$$

wobei Θ_0 die Verdrehung des Läufers zur Zeit $t = 0$ ist. Setzen wir Gl. (11.33) in die Spannungsgleichungen ein, dann werden sie linear, jedoch enthalten sie noch zeitabhängige Koeffizienten. Das Gleichungssystem läßt sich lösen, wenn auch mit einigen Schwierigkeiten.

Zur Untersuchung des ***dynamischen Verhaltens*** der Maschine könnte man grundsätzlich das gesamte Gleichungssystem auf einen Analogrechner bringen. Wie man leicht sieht, müßte dann allerdings der Analogrechner eine große Anzahl von Multiplikatoren besitzen. Aus diesen Gründen empfiehlt es sich bereits, die Gleichungen durch die Einführung neuer Veränderlicher zu vereinfachen. Hierdurch wird es vor allem auch möglich sein, das Verhalten der Maschine besser zu übersehen.

11.2.4. Transformationen

Zur Vereinfachung des Gleichungssystems führen wir die neuen Veränderlichen $\mathbf{U}'$ und $\mathbf{I}'$ ein, die wir mit Hilfe einer noch nicht bekannten Matrix $\mathbf{A}$ definieren:

$$\boxed{\begin{aligned} \mathbf{U} &= \mathbf{A}\,\mathbf{U}', \\ \mathbf{I} &= \mathbf{A}\,\mathbf{I}'. \end{aligned}} \tag{11.34}$$

Dann gilt andererseits

$$\boxed{\begin{aligned} \mathbf{U}' &= \mathbf{A}^{-1}\,\mathbf{U}, \\ \mathbf{I}' &= \mathbf{A}^{-1}\,\mathbf{I}. \end{aligned}} \tag{11.35}$$

$\mathbf{A}$ ist eine quadratische Matrix der Ordnung 4, deren Elemente zeitabhängig sein können[1]).

Es empfiehlt sich, die Matrix $\mathbf{A}$ so zu wählen, daß bei der Transformation die Leistung

$$P = \mathbf{U}^T\,\mathbf{I}$$

invariant bleibt:

$$P = \mathbf{U}'^T\,\mathbf{I}',$$

---

[1]) Mit Rücksicht auf die hier erläuterten Transformationen soll $\mathbf{A}$ nur *reelle* Größen enthalten.

d. h. es muß gelten

$$\mathbf{U}^T \mathbf{I} = \mathbf{U}'^T \mathbf{I}'.$$

Durch Einsetzen der Gl. (11.34) finden wir

$$(\mathbf{A}\,\mathbf{U}')^T \mathbf{A}\,\mathbf{I}' = \mathbf{U}'^T \mathbf{I}'$$

oder

$$\mathbf{U}'^T \mathbf{A}^T \mathbf{A}\,\mathbf{I}' = \mathbf{U}'^T \mathbf{I}'.$$

Hieraus folgt die Bedingung

$$\mathbf{A}^T \mathbf{A} = \mathbf{E},$$

wobei **E** die Einheitsmatrix ist, oder

$$\boxed{\mathbf{A}^T = \mathbf{A}^{-1}}\,. \qquad (11.36)$$

> Für eine leistungsinvariante Transformation muß die Transformationsmatrix **A** orthogonal sein.

Setzen wir den Spulenfluß nach Gl. (11.17) in die Spannungsgleichung (11.16) ein, dann erhalten wir unter Verwendung der Gl. (11.34)

$$\mathbf{A}\,\mathbf{U}' = \mathbf{R}\,\mathbf{A}\,\mathbf{I}' + \frac{d(\mathbf{L}\,\mathbf{A}\,\mathbf{I}')}{dt}.$$

Durch Multiplizieren von links mit $\mathbf{A}^{-1}$ finden wir die transformierte Spannungsgleichung

$$\boxed{\mathbf{U}' = \mathbf{A}^{-1}\,\mathbf{R}\,\mathbf{A}\,\mathbf{I}' + \mathbf{A}^{-1}\,\frac{d(\mathbf{L}\,\mathbf{A}\,\mathbf{I}')}{dt}}\,. \qquad (11.37)$$

Das elektromagnetische Drehmoment ergibt sich zu

$$\boxed{M_e = \frac{1}{2}\,\mathbf{I}'^T\,\mathbf{A}^T\,\frac{\partial \mathbf{L}}{\partial \Theta}\,\mathbf{A}\,\mathbf{I}'}\,. \qquad (11.38)$$

Aus der Literatur sind verschiedene Transformationsmatrizen **A** bekannt, die zu einer Vereinfachung der Gleichungen führen. Zwei Beispiele für brauchbare Transformationen werden im folgenden angegeben.

11.2.4.1. Die (α, β – d, q)-Transformation des Läufers

Aufgrund rein mathematischer Überlegungen lassen sich geeignete Transformationsmatrizen ermitteln. Eine besonders wichtige Transformation soll die Winkelfunktionen aus den Spannungsgleichungen entfernen.

Die Veränderlichen des Ständers lassen wir bei der Transformation unverändert und nennen die neuen Variablen des Läufers u_{2d}, u_{2q} und i_{2d} und i_{2q}. In den Gl. (11.34) und (11.35) sind daher

$$\mathbf{U}' = \begin{bmatrix} u_{1\alpha} \\ u_{1\beta} \\ u_{2d} \\ u_{2q} \end{bmatrix} \quad \text{und} \quad \mathbf{I}' = \begin{bmatrix} i_{1\alpha} \\ i_{1\beta} \\ i_{2d} \\ i_{2q} \end{bmatrix}. \tag{11.39}$$

Die Transformationsmatrix

$$\mathbf{A} = \begin{bmatrix} 1 & 0 & 0 & 0 \\ 0 & 1 & 0 & 0 \\ 0 & 0 & \cos p\Theta & \sin p\Theta \\ 0 & 0 & -\sin p\Theta & \cos p\Theta \end{bmatrix} \tag{11.40}$$

nehmen wir zunächst als gegeben an. Die Wahl von **A** wird etwas später erläutert. Die Matrix **A** ist orthogonal, weil sie der Beziehung

$$\mathbf{A}^T \mathbf{A} = \mathbf{E} \tag{11.41}$$

gehorcht.

Der Zusammenhang zwischen den neuen und den ursprünglichen Variablen nach Gl. (11.35) ergibt sich mit $\mathbf{A}^{-1} = \mathbf{A}^T$ zu:

$$\left.\begin{aligned} u_{1\alpha} &= u_{1\alpha}, \\ u_{1\beta} &= u_{1\beta}, \\ u_{2d} &= \cos p\Theta\, u_{2\alpha} - \sin p\Theta\, u_{2\beta}, \\ u_{2q} &= \sin p\Theta\, u_{2\alpha} + \cos p\Theta\, u_{2\beta}, \end{aligned}\right\} \tag{11.42}$$

$$\left.\begin{aligned} i_{1\alpha} &= i_{1\alpha}, \\ i_{1\beta} &= i_{1\beta}, \\ i_{2d} &= \cos p\Theta\, i_{2\alpha} - \sin p\Theta\, i_{2\beta}, \\ i_{2q} &= \sin p\Theta\, i_{2\alpha} + \cos p\Theta\, i_{2\beta}. \end{aligned}\right\} \tag{11.43}$$

Andererseits erhalten wir nach Gl. (11.34):

$$\left.\begin{aligned} u_{1\alpha} &= u_{1\alpha}, \\ u_{1\beta} &= u_{1\beta}, \\ u_{2\alpha} &= \cos p\Theta\, u_{2d} + \sin p\Theta\, u_{2q}, \\ u_{2\beta} &= -\sin p\Theta\, u_{2d} + \cos p\Theta\, u_{2q} \end{aligned}\right\} \qquad (11.44)$$

und

$$\left.\begin{aligned} i_{1\alpha} &= i_{1\alpha}, \\ i_{1\beta} &= i_{1\beta}, \\ i_{2\alpha} &= \cos p\Theta\, i_{2d} + \sin p\Theta\, i_{2q}, \\ i_{2\beta} &= -\sin p\Theta\, i_{2d} + \cos p\Theta\, i_{2q}. \end{aligned}\right\} \qquad (11.45)$$

Zur Auswertung der Spannungsgleichung (11.37) und der Drehmomentgleichung (11.38) berechnen wir:

$$\mathbf{A}^{-1}\,\mathbf{R}\,\mathbf{A} = \mathbf{R} = \begin{bmatrix} R_1 & 0 & 0 & 0 \\ 0 & R_1 & 0 & 0 \\ 0 & 0 & R_2 & 0 \\ 0 & 0 & 0 & R_2 \end{bmatrix},$$

$$\mathbf{A}^{-1}\,\frac{d(\mathbf{L}\,\mathbf{A}\,\mathbf{I}')}{dt} = \mathbf{A}^{-1}\,\frac{d(\mathbf{L}\,\mathbf{A})}{dt}\,\mathbf{I}' + \mathbf{A}^{-1}\,\mathbf{L}\,\mathbf{A}\,\frac{d\mathbf{I}'}{dt} =$$

$$= p\,\frac{d\Theta}{dt}\begin{bmatrix} 0 & 0 & 0 & 0 \\ 0 & 0 & 0 & 0 \\ 0 & M & 0 & L_{2w} \\ -M & 0 & -L_{2w} & 0 \end{bmatrix}\begin{bmatrix} i_{1\alpha} \\ i_{1\beta} \\ i_{2d} \\ i_{2q} \end{bmatrix} + \begin{bmatrix} L_{1w} & 0 & M & 0 \\ 0 & L_{1w} & 0 & M \\ M & 0 & L_{2w} & 0 \\ 0 & M & 0 & L_{2w} \end{bmatrix}\begin{bmatrix} \frac{di_{1\alpha}}{dt} \\ \frac{di_{1\beta}}{dt} \\ \frac{di_{2d}}{dt} \\ \frac{di_{2q}}{dt} \end{bmatrix}$$

und

$$\mathbf{A}^{T}\cdot\frac{\partial\mathbf{L}}{\partial\Theta}\,\mathbf{A} = pM\begin{bmatrix} 0 & 0 & 0 & -1 \\ 0 & 0 & 1 & 0 \\ 0 & 1 & 0 & 0 \\ -1 & 0 & 0 & 0 \end{bmatrix}.$$

Die transformierten Spannungsgleichungen sind daher:

$$\begin{bmatrix} u_{1\alpha} \\ u_{1\beta} \\ u_{2d} \\ u_{2q} \end{bmatrix} = \begin{bmatrix} R_1 & 0 & 0 & 0 \\ 0 & R_1 & 0 & 0 \\ 0 & 0 & R_2 & 0 \\ 0 & 0 & 0 & R_2 \end{bmatrix} \begin{bmatrix} i_{1\alpha} \\ i_{1\beta} \\ i_{2d} \\ i_{2q} \end{bmatrix} + p\,\frac{d\Theta}{dt} \begin{bmatrix} 0 & 0 & 0 & 0 \\ 0 & 0 & 0 & 0 \\ 0 & M & 0 & L_{2w} \\ -M & 0 & -L_{2w} & 0 \end{bmatrix} \begin{bmatrix} i_{1\alpha} \\ i_{1\beta} \\ i_{2d} \\ i_{2q} \end{bmatrix} +$$

$$+ \begin{bmatrix} L_{1w} & 0 & M & 0 \\ 0 & L_{1w} & 0 & M \\ M & 0 & L_{2w} & 0 \\ 0 & M & 0 & L_{2w} \end{bmatrix} \begin{bmatrix} \frac{di_{1\alpha}}{dt} \\ \frac{di_{1\beta}}{dt} \\ \frac{di_{2d}}{dt} \\ \frac{di_{2q}}{dt} \end{bmatrix} . \qquad (11.46)$$

Die transformierte Gleichung für das elektromagnetische Drehmoment erhalten wir zu

$$M_e = \frac{pM}{2}\,[i_{1\alpha}, i_{1\beta}, i_{2d}, i_{2q}] \begin{bmatrix} 0 & 0 & 0 & -1 \\ 0 & 0 & 1 & 0 \\ 0 & 1 & 0 & 0 \\ -1 & 0 & 0 & 0 \end{bmatrix} \begin{bmatrix} i_{1\alpha} \\ i_{1\beta} \\ i_{2d} \\ i_{2q} \end{bmatrix} . \qquad (11.47)$$

Ausgeschrieben lauten die Spannungsgleichungen

$$\boxed{\begin{aligned} u_{1\alpha} &= R_1\, i_{1\alpha} + L_{1w}\frac{di_{1\alpha}}{dt} + M\frac{di_{2d}}{dt}, \\ u_{1\beta} &= R_1\, i_{1\beta} + L_{1w}\frac{di_{1\beta}}{dt} + M\frac{di_{2q}}{dt}, \\ u_{2d} &= R_2\, i_{2d} + L_{2w}\frac{di_{2d}}{dt} + M\frac{di_{1\alpha}}{dt} + pM\frac{d\Theta}{dt} i_{1\beta} + pL_{2w}\frac{d\Theta}{dt} i_{2q}, \\ u_{2q} &= R_2\, i_{2q} + L_{2w}\frac{di_{2q}}{dt} + M\frac{di_{1\beta}}{dt} - pM\frac{d\Theta}{dt} i_{1\alpha} - pL_{2w}\frac{d\Theta}{dt} i_{2d} \end{aligned}} \qquad (11.48)$$

und die Drehmomentgleichung

$$\boxed{M_e = pM\,(i_{1\beta}\,i_{2d} - i_{1\alpha}\,i_{2q}) = J\,\frac{d^2\Theta}{dt^2} + d_m\,\frac{d\Theta}{dt} + M_g}\,. \tag{11.49}$$

In den Gl. (11.48) und (11.49) treten als Veränderliche die Unbekannten

$$i_{1\alpha}, i_{1\beta}, i_{2d}, i_{2q} \text{ und } \frac{d\Theta}{dt}$$

auf. Gegenüber den ursprünglichen Gleichungen ist das Gleichungssystem wesentlich vereinfacht worden. Insbesondere sind die Winkelfunktionen des Drehwinkels Θ verschwunden. Dennoch bleiben die Gleichungen nichtlinear und lassen sich daher nicht mit einfachen Hilfsmitteln lösen.

Für den Fall des stationären Zustandes ist $\frac{d\Theta}{dt}$ konstant. Dann sind die Spannungsgleichungen (11.48) lineare Differentialgleichungen mit konstanten Koeffizienten. Die Drehmomentengleichung (11.49) bleibt zwar nichtlinear; sie ist jedoch zur Berechnung der Ströme $i_{1\alpha}$, $i_{1\beta}$, i_{2d} und i_{2q} nicht erforderlich.

11.2.4.1.1. Die Modellmaschine

Die Spannungsgleichungen beschreiben nun gleichzeitig auch das Verhalten der in Bild 11.5 wiedergegebenen Modellmaschine. Dieses Modell besitzt im Läufer zwei Kommutatorwicklungen, die über zwei aufeinander senkrecht stehende Bürstenachsen gespeist werden.

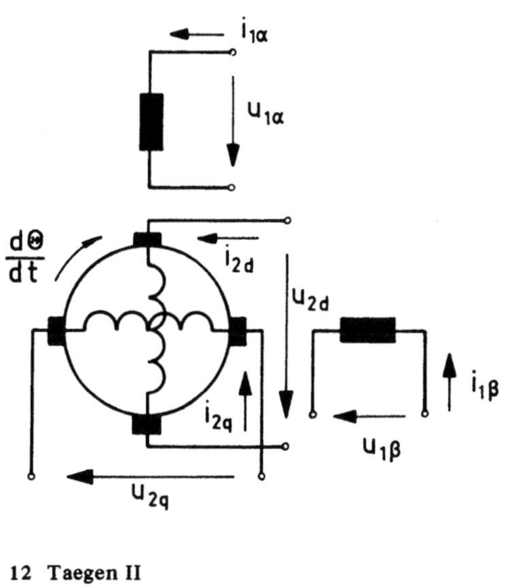

Bild 11.5
Modellmaschine

Um zu erkennen, daß die Spannungsgleichungen wirklich das Verhalten der Modellmaschine beschreiben, greifen wir auf die Kenntnis der Gleichstrommaschine zurück. Die Ankerwicklung der Gleichstrommaschine wirkt wie eine Spule, deren magnetische Achse mit der Achse der beiden Bürsten im Schema zusammenfällt. Das Modell nach Bild 11.5 kann man sich daher als zwei ineinander gebaute und daher auch magnetisch miteinander gekoppelte Gleichstrommaschinen vorstellen.

> Allgemein verursacht das Feld einer Wicklung in gleichachsigen Wicklungen einen Ruheschwund und in der senkrecht hierzu angeordneten Läuferwicklung einen Bewegungsschwund, wenn der Läufer sich dreht.

Das kommt in den Spannungsgleichungen (11.48) zum Ausdruck, so daß sie wirklich das Modell nach Bild 11.5 wiedergeben. Das unterschiedliche Vorzeichen im Bewegungsschwund der beiden Läuferspannungsgleichungen hängt damit zusammen, daß die q-Wicklung gegenüber der α-Wicklung um $\pi/2p$ *in* Drehrichtung und die d-Wicklung gegenüber der β-Wicklung um $\pi/2p$ *entgegen* der Drehrichtung versetzt ist.

> Vergleichen wir das Modell mit der wirklichen Anordnung der Asynchronmaschine nach Bild 11.4, so erkennen wir, daß durch die Transformation die rotierende Zweiphasenwicklung durch zwei Kommutatorwicklungen ersetzt wurde.

Die in Bild 11.5 dargestellte Maschine nennt man auch *allgemeine Modellmaschine,* weil sie nicht nur die Asynchronmaschine, sondern auch die Synchronmaschine, die Gleichstrommaschine und andere Maschinentypen abbildet. Das soll im folgenden erläutert werden.

Asynchronmaschine

Ist die Läuferwicklung kurzgeschlossen

$$u_{2\alpha} = u_{2\beta} = 0,$$

so gilt nach Gl. (11.42)

$$u_{2d} = u_{2q} = 0,$$

d. h. die beiden Bürstensätze des Modells sind kurzgeschlossen.

Liegt die Ständerwicklung der Asynchronmaschine an einem symmetrischen Zweiphasennetz, dann sind die Ständerspannungen

$$u_{1\alpha} = U\sqrt{2}\cos\omega t,$$
$$u_{1\beta} = U\sqrt{2}\sin\omega t.$$

Im stationären Zustand werden die schlupffrequenten Läuferströme $i_{2\alpha}$ und $i_{2\beta}$ der wirklichen Maschine durch die Transformation nach Gl. (11.43) in netzfrequente Ströme i_{2d} und i_{2q} umgeformt, die in den Zuleitungen zu den Stromwendern fließen.

Synchronmaschine

Ist im Ständer nur der Wicklungsstrang α vorhanden und speist man ihn mit Gleichstrom, dann erhält man eine Vollpolsynchronmaschine mit Außenpolen [1]). In diesem Fall entfällt in Gl. (11.48) die Beziehung für $u_{1\beta}$, während in den übrigen Gleichungen der Strom $i_{1\beta} = 0$ zu setzen ist. Auch in der Modellmaschine fehlt dann der Ständerwicklungsstrang β.

Legt man nun die Läuferwicklung der Synchronmaschine an ein symmetrisches Zweiphasennetz:

$$u_{2\alpha} = U\sqrt{2}\sin\omega t,$$
$$u_{2\beta} = U\sqrt{2}\cos\omega t,$$

dann erhält man nach Gl. (11.42)

$$u_{2d} = U\sqrt{2}\sin(\omega t - p\Theta),$$
$$u_{2q} = U\sqrt{2}\cos(\omega t - p\Theta)$$

oder mit

$$p\Theta = \int p\,\frac{d\Theta}{dt}\,dt + p\Theta_0:$$

$$u_{2d} = U\sqrt{2}\sin\left[\int\left(\omega - p\,\frac{d\Theta}{dt}\right)dt - p\Theta_0\right],$$

$$u_{2q} = U\sqrt{2}\cos\left[\int\left(\omega - p\,\frac{d\Theta}{dt}\right)dt - p\Theta_0\right].$$

Im stationären Zustand läuft die Maschine mit der synchronen Winkelgeschwindigkeit

$$\frac{d\Theta}{dt} = \frac{\omega}{p}$$

und wir erhalten, wenn wir die Integrationskonstante Θ_0 durch den Polradwinkel ϑ ersetzen:

$$p\Theta_0 = \vartheta - \pi/2,$$

1) Dieses Modell enthält jedoch noch nicht den Einfluß der Dämpferwicklung, die im Falle des Turbogenerators vor allem durch das massive Rotoreisen gebildet wird. Bei nichtstationären Vorgängen spielt die Dämpferwicklung eine wichtige Rolle.

die Spannungen im Läufer der Modellmaschine zu

$$u_{2d} = U\sqrt{2}\cos\vartheta,$$
$$u_{2q} = U\sqrt{2}\sin\vartheta.$$

Im stationären Zustand sind daher die Zuleitungen zu den Läuferwicklungen der Modellmaschine an Gleichspannungen zu legen, deren Größen vom Polradwinkel abhängen.

Anmerkung
Man beachte, daß die Größen mit den Indizes d und q begrifflich anders definiert sind als die Ströme i_d und i_q, die bei der Behandlung des stationären Verhaltens der Synchronmaschine eingeführt wurden. Während hier i_{2d} und i_{2q} die Ströme der zweiphasigen Modellmaschine sind, bedeuten dort i_d und i_q Komponenten des wirklich auftretenden Strangstromes der Dreiphasenmaschine.

Gleichstrommaschine

Ohne weiteres ist einzusehen, daß die Modellmaschine zur Gleichstrommaschine wird, wenn man beispielsweise die α-Wicklung im Ständer und die q-Wicklung im Läufer entfernt.

Das allgemeine Maschinenmodell läßt außerordentlich deutlich die große Verwandschaft aller elektrischen Maschinen erkennen.

Selbstverständlich ist das Modell zur Berechnung des Betriebsverhaltens nicht erforderlich. Hierfür genügen die Spannungsgleichungen und die Drehmomentgleichung.

Anmerkung: Erklärung der Transformationsmatrix **A**
Die Wahl der zunächst als gegeben angesehenen Matrix **A** wollen wir hier aufgrund einer physikalischen Überlegung erläutern. Das Ziel dieser Transformation bestand darin, die Winkelfunktionen des Drehwinkels Θ zu eliminieren. Sie entstanden dadurch, daß sich die wirksamen Gegeninduktivitäten zwischen den Wicklungssträngen des Ständers und Läufers sinusförmig mit dem elektrischen Drehwinkel ändern.

Zerlegt man nun das Luftspaltfeld des Läufers in Komponenten, die eine feste räumliche Lage gegenüber den beiden Ständerwicklungssträngen einnehmen, so ergeben sich unabhängig vom Drehwinkel konstante Gegeninduktivitäten.

Zu dieser Zerlegung betrachten wir die Strombeläge des Läufers, die die Ursache des Luftspaltfeldes sind. Führen wir in Bild 11.4 im Schwerpunkt des Ständerwicklungsstranges 1α die in Richtung von Θ zählende Umfangskoordinate α_1 ein, so lautet der Strombelag des Läuferwicklungsstranges 2α

$$A_{2\alpha}(\alpha_1, t) = -\frac{4 w_2 \xi_2}{\pi D} i_{2\alpha} \sin(p\alpha_1 - p\Theta)$$

und der Strombelag des Läuferwicklungsstranges 2β

$$A_{2\beta}(\alpha_1, t) = -\frac{4 w_2 \xi_2}{\pi D} i_{2\beta} \sin(p\alpha_1 - p\Theta - \pi/2).$$

Mit Hilfe trigonometrischer Additionstheoreme finden wir

$$A_{2\alpha}(\alpha_1, t) = -\frac{4 w_2 \xi_2}{\pi D} i_{2\alpha}(\sin p\alpha_1 \cos p\Theta - \cos p\alpha_1 \sin p\Theta),$$

$$A_{2\beta}(\alpha_1, t) = -\frac{4 w_2 \xi_2}{\pi D} i_{2\beta}(-\sin p\alpha_1 \sin p\Theta - \cos p\alpha_1 \cos p\Theta).$$

Den gesamten Strombelag des Läufers

$$A_2(\alpha_1, t) = A_{2\alpha}(\alpha_1, t) + A_{2\beta}(\alpha_1, t) =$$

$$= -\frac{4 w_2 \xi_2}{\pi D} \sin p\alpha_1 (i_{2\alpha} \cos p\Theta - i_{2\beta} \sin p\Theta)$$

$$- \frac{4 w_2 \xi_2}{\pi D} \sin(p\alpha_1 - \pi/2)(i_{2\alpha} \sin p\Theta + i_{2\beta} \cos p\Theta)$$

können wir demnach in zwei räumlich um $\pi/2$ versetzte Anteile

$$A_{2d}(\alpha_1, t) = -\frac{4 w_2 \xi_2}{\pi D} i_{2d} \sin p\alpha_1,$$

$$A_{2q}(\alpha_1, t) = -\frac{4 w_2 \xi_2}{\pi D} i_{2q} \sin(p\alpha_1 - \pi/2)$$

zusammenfassen:

$$A_2(\alpha_1, t) = A_{2d}(\alpha_1, t) + A_{2q}(\alpha_1, t),$$

wenn wir die Ströme

$$\boxed{\begin{aligned} i_{2d} &= i_{2\alpha} \cos p\Theta - i_{2\beta} \sin p\Theta, \\ i_{2q} &= i_{2\alpha} \sin p\Theta + i_{2\beta} \cos p\Theta \end{aligned}} \qquad (11.50)$$

einführen (vgl. Gl. 11.43). Hierdurch gehorchen die Strombeläge $A_{2d}(\alpha_1, t)$ und $A_{2q}(\alpha_1, t)$ der gleichen räumlichen Verteilung $\sin p\alpha_1$ bzw. $\sin(p\alpha_1 - \pi/2)$ wie die Strombeläge der beiden Ständerwicklungsstränge. Damit sind auch die Felder des Läufers in zwei Komponenten zerlegt, die räumlich stillstehen und deren Achsen mit den Achsen der Ständerwicklungsstränge zusammenfallen.

In der Modellmaschine kommt die räumliche Fixierung der Läuferfelder darin zum Ausdruck, daß die Läuferwicklungen über Kommutatoren gespeist werden.

11.2.4.2. Die (α, β – d, q)-Transformation des Ständers und Läufers

Wie wir festgestellt haben, wurde durch die oben beschriebene (α, β – d, q)-Transformation die zweiphasige Läuferwicklung durch zwei äquivalente Kommutatorwicklungen ersetzt. Die hiermit verbundene Transformation der Läuferspannungen und -ströme bewirkte, daß im stationären Betrieb ihre Frequenzen von der Schlupffrequenz in die Netzfrequenz übergingen.

Transformiert man nun die Größen der Ständer- und Läuferwicklung in gleicher Weise nochmals um einen beliebigen fiktiven Drehwinkel Θ_1, so kann man den transformierten Spannungen alle gewünschten Frequenzen geben, vor allem auch die Frequenz Null. Durch diese von VAN DEN BURG [3, 4] angegebene Transformation läßt sich die praktische Lösung der Differentialgleichungen außerordentlich vereinfachen.

Wir bezeichnen die neuen Variablen mit

$$u_{1d}, u_{1q}, u_{2d}, u_{2q} \quad \text{bzw.} \quad i_{1d}, i_{1q}, i_{2d}, i_{2q}.$$

In den Gl. (11.34) und (11.35) sind deshalb

$$\mathbf{U}' = \begin{bmatrix} u_{1d} \\ u_{1q} \\ u_{2d} \\ u_{2q} \end{bmatrix} \quad \text{und} \quad \mathbf{I}' = \begin{bmatrix} i_{1d} \\ i_{1q} \\ i_{2d} \\ i_{2q} \end{bmatrix}. \tag{11.51}$$

Aufgrund der oben angestellten Überlegungen wählen wir die Transformationsmatrix

$$\mathbf{A} = \begin{bmatrix} \cos p\Theta_1 & \sin p\Theta_1 & 0 & 0 \\ -\sin p\Theta_1 & \cos p\Theta_1 & 0 & 0 \\ 0 & 0 & \cos p(\Theta_1 + \Theta) & \sin p(\Theta_1 + \Theta) \\ 0 & 0 & -\sin p(\Theta_1 + \Theta) & \cos p(\Theta_1 + \Theta) \end{bmatrix}. \tag{11.52}$$

Sie unterscheidet sich von der Matrix der (α, β – d, q)-Transformation des Läufers nach Gl. (11.40) dadurch, daß nunmehr

- die Läuferwicklung um den fiktiven Winkel $(\Theta_1 + \Theta)$ und
- die Ständerwicklung um den fiktiven Drehwinkel Θ_1 verdreht erscheint.

Wie man leicht nachprüft, ist **A** eine orthogonale Matrix, so daß $\mathbf{A}^{-1} = \mathbf{A}^T$ gilt:

$$\mathbf{A}^{-1} = \begin{bmatrix} \cos p\Theta_1 & -\sin p\Theta_1 & 0 & 0 \\ \sin p\Theta_1 & \cos p\Theta_1 & 0 & 0 \\ 0 & 0 & \cos p(\Theta_1+\Theta) & -\sin p(\Theta_1+\Theta) \\ 0 & 0 & \sin p(\Theta_1+\Theta) & \cos p(\Theta_1+\Theta) \end{bmatrix}. \tag{11.53}$$

Der Zusammenhang zwischen den alten und neuen Veränderlichen wird aufgrund der Gl. (11.34) und (11.52):

$$\left.\begin{aligned} u_{1\alpha} &= u_{1d}\cos p\Theta_1 + u_{1q}\sin p\Theta_1, \\ u_{1\beta} &= -u_{1d}\sin p\Theta_1 + u_{1q}\cos p\Theta_1, \\ u_{2\alpha} &= u_{2d}\cos p(\Theta_1+\Theta) + u_{2q}\sin p(\Theta_1+\Theta), \\ u_{2\beta} &= -u_{2d}\sin p(\Theta_1+\Theta) + u_{2q}\cos p(\Theta_1+\Theta) \end{aligned}\right\} \tag{11.54}$$

und

$$\left.\begin{aligned} i_{1\alpha} &= i_{1d}\cos p\Theta_1 + i_{1q}\sin p\Theta_1, \\ i_{1\beta} &= -i_{1d}\sin p\Theta_1 + i_{1q}\cos p\Theta_1, \\ i_{2\alpha} &= i_{2d}\cos p(\Theta_1+\Theta) + i_{2q}\sin p(\Theta_1+\Theta), \\ i_{2\beta} &= -i_{2d}\sin p(\Theta_1+\Theta) + i_{2q}\cos p(\Theta_1+\Theta). \end{aligned}\right\} \tag{11.55}$$

Andererseits gilt

$$\left.\begin{aligned} u_{1d} &= u_{1\alpha}\cos p\Theta_1 - u_{1\beta}\sin p\Theta_1, \\ u_{1q} &= u_{1\alpha}\sin p\Theta_1 + u_{1\beta}\cos p\Theta_1, \\ u_{2d} &= u_{2\alpha}\cos p(\Theta_1+\Theta) - u_{2\beta}\sin p(\Theta_1+\Theta), \\ u_{2q} &= u_{2\alpha}\sin p(\Theta_1+\Theta) + u_{2\beta}\cos p(\Theta_1+\Theta) \end{aligned}\right\} \tag{11.56}$$

und

$$\left.\begin{aligned} i_{1d} &= i_{1\alpha}\cos p\Theta_1 - i_{1\beta}\sin p\Theta_1, \\ i_{1q} &= i_{1\alpha}\sin p\Theta_1 + i_{1\beta}\cos p\Theta_1, \\ i_{2d} &= i_{2\alpha}\cos p(\Theta_1+\Theta) - i_{2\beta}\sin p(\Theta_1+\Theta), \\ i_{2q} &= i_{2\alpha}\sin p(\Theta_1+\Theta) + i_{2\beta}\cos p(\Theta_1+\Theta). \end{aligned}\right\} \tag{11.57}$$

Werten wir die Gl. (11.37) und (11.38) aus, so finden wir die Spannungsgleichung

$$\begin{bmatrix} u_{1d} \\ u_{1q} \\ u_{2d} \\ u_{2q} \end{bmatrix} = \begin{bmatrix} R_1 & pL_{1w}\frac{d\Theta_1}{dt} & 0 & pM\frac{d\Theta_1}{dt} \\ -pL_{1w}\frac{d\Theta_1}{dt} & R_1 & -pM\frac{d\Theta_1}{dt} & 0 \\ 0 & pM\frac{d(\Theta_1+\Theta)}{dt} & R_2 & pL_{2w}\frac{d(\Theta_1+\Theta)}{dt} \\ -pM\frac{d(\Theta_1+\Theta)}{dt} & 0 & -pL_{2w}\frac{d(\Theta_1+\Theta)}{dt} & R_2 \end{bmatrix} \begin{bmatrix} i_{1d} \\ i_{1q} \\ i_{2d} \\ i_{2q} \end{bmatrix}$$

$$+ \begin{bmatrix} L_{1w} & 0 & M & 0 \\ 0 & L_{1w} & 0 & M \\ M & 0 & L_{2w} & 0 \\ 0 & M & 0 & L_{2w} \end{bmatrix} \begin{bmatrix} \frac{di_{1d}}{dt} \\ \frac{di_{1q}}{dt} \\ \frac{di_{2d}}{dt} \\ \frac{di_{2q}}{dt} \end{bmatrix} \tag{11.58}$$

und die Drehmomentgleichung

$$M_e = \frac{1}{2}[i_{1d}, i_{1q}, i_{2d}, i_{2q}] \begin{bmatrix} 0 & 0 & 0 & -pM \\ 0 & 0 & pM & 0 \\ 0 & pM & 0 & 0 \\ -pM & 0 & 0 & 0 \end{bmatrix} \begin{bmatrix} i_{1d} \\ i_{1q} \\ i_{2d} \\ i_{2q} \end{bmatrix}. \tag{11.59}$$

Ausgeschrieben lauten Gl. (11.58)

$$\left.\begin{aligned} u_{1d} &= R_1\, i_{1d} + L_{1w}\frac{di_{1d}}{dt} + M\frac{di_{2d}}{dt} + pL_{1w}\frac{d\Theta_1}{dt}\, i_{1q} + pM\frac{d\Theta_1}{dt}\, i_{2q}, \\ u_{1q} &= R_1\, i_{1q} + L_{1w}\frac{di_{1q}}{dt} + M\frac{di_{2q}}{dt} - pL_{1w}\frac{d\Theta_1}{dt}\, i_{1d} - pM\frac{d\Theta_1}{dt}\, i_{2d}, \\ u_{2d} &= R_2\, i_{2d} + L_{2w}\frac{di_{2d}}{dt} + M\frac{di_{1d}}{dt} + pL_{2w}\frac{d(\Theta_1+\Theta)}{dt}\, i_{2q} + pM\frac{d(\Theta_1+\Theta)}{dt}\, i_{1q}, \\ u_{2q} &= R_2\, i_{2q} + L_{2w}\frac{di_{2q}}{dt} + M\frac{di_{1q}}{dt} - pL_{2w}\frac{d(\Theta_1+\Theta)}{dt}\, i_{2d} - pM\frac{d(\Theta_1+\Theta)}{dt}\, i_{1d} \end{aligned}\right\}$$

(11.58a)

und Gl. (11.59) in Verbindung mit Gl. (11.24)

$$M_e = pM\,(i_{1q}\,i_{2d} - i_{1d}\,i_{2q}) = J\,\frac{d^2\Theta}{dt^2} + d_m\,\frac{d\Theta}{dt} + M_g. \tag{11.59a}$$

Anmerkung

Für den Fall $\frac{d\Theta_1}{dt} = 0$ geht Gl. (11.58a) in die früher abgeleitete Gl. (11.48) über, wobei für $\Theta_1 = 0$ auch $u_{1d} = u_{1\alpha}$, $u_{1q} = u_{1\beta}$, $i_{1d} = i_{1\alpha}$ und $i_{1q} = i_{1\beta}$ ist.

Die Spannungsgleichungen (11.58a) beschreiben offensichtlich die in Bild 11.6 angegebene Modellmaschine, die im Ständer und Läufer je zwei Kommutatorwicklungen enthält, deren Achsen um 90° elektrisch versetzt sind. Die Ständerwicklung bewegt sich mit der mechanischen Winkelgeschwindigkeit $\frac{d\Theta_1}{dt}$ und die Läuferwicklung mit $\frac{d(\Theta_1 + \Theta)}{dt}$.

Wir betrachten nunmehr den Fall, daß die Zweiphasenmaschine an einem symmetrischen Zweiphasennetz liegt und der Läufer kurzgeschlossen ist:

$$u_{1\alpha} = \hat{u}_1\ \cos(\omega t + \varphi),$$
$$u_{1\beta} = \hat{u}_1\ \sin(\omega t + \varphi),$$
$$u_{2\alpha} = u_{2\beta} = 0.$$

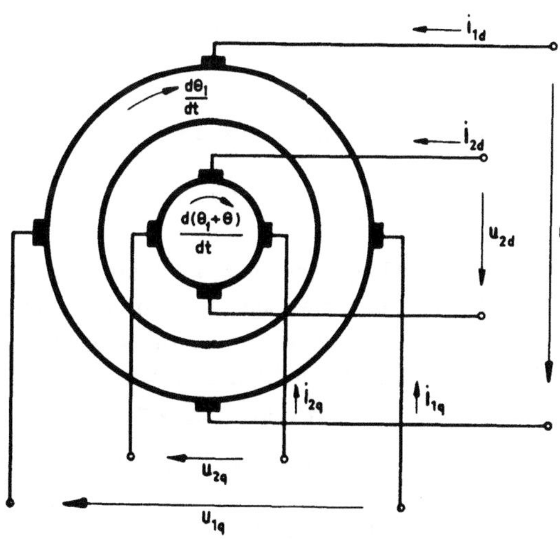

Bild 11.6
Modellmaschine und mechanische Winkelgeschwindigkeiten der Wicklungen nach der (α, β – d, q)-Transformation des Ständers und Läufers

Mit Hilfe der Gl. (11.56) finden wir

$$\left.\begin{aligned} u_{1d} &= \hat{u}_1\ \cos(\omega t + \varphi + p\Theta_1),\\ u_{1q} &= \hat{u}_1\ \sin(\omega t + \varphi + p\Theta_1),\\ u_{2d} &= u_{2q} = 0. \end{aligned}\right\} \tag{11.60}$$

Da Θ_1 noch frei wählbar ist, nehmen wir Θ_1 so an, daß gilt:

$$\omega t + \varphi + p\Theta_1 = 0 \rightarrow \Theta_1 = -\frac{1}{p}(\omega t + \varphi).$$

Hierdurch wird

$$u_{1d} = \hat{u}_1,$$
$$u_{1q} = 0.$$

Der eine Ständerwicklungsstrang liegt demnach an *Gleichspannung*, während der zweite kurzgeschlossen ist.

Die Spannungsgleichungen vereinfachen sich nunmehr zu:

$$\left.\begin{aligned}
\hat{u}_1 &= R_1\, i_{1d} + L_{1w}\frac{di_{1d}}{dt} + M\frac{di_{2d}}{dt} - \omega L_{1w}\, i_{1q} - \omega M\, i_{2q},\\
0 &= R_1\, i_{1q} + L_{1w}\frac{di_{1q}}{dt} + M\frac{di_{2q}}{dt} + \omega L_{1w}\, i_{1d} + \omega M\, i_{2d},\\
0 &= R_2\, i_{2d} + L_{2w}\frac{di_{2d}}{dt} + M\frac{di_{1d}}{dt} - L_{2w}\left(\omega - p\frac{d\Theta}{dt}\right) i_{2q} - M\left(\omega - p\frac{d\Theta}{dt}\right) i_{1q},\\
0 &= R_2\, i_{2q} + L_{2w}\frac{di_{2q}}{dt} + M\frac{di_{1q}}{dt} + L_{2w}\left(\omega - p\frac{d\Theta}{dt}\right) i_{2d} + M\left(\omega - p\frac{d\Theta}{dt}\right) i_{1d},
\end{aligned}\right\} \tag{11.61}$$

und die Drehmomentgleichung lautet

$$M_e = pM\,(i_{1q}\, i_{2d} - i_{1d}\, i_{2q}) = J\frac{d^2\Theta}{dt^2} + d_m\frac{d\Theta}{dt} + M_g. \tag{11.62}$$

Die zu Gl. (11.61) gehörende Modellmaschine ist in Bild 11.7 wiedergegeben. Während die wirkliche Maschine selbst an einem symmetrischen Zweiphasen-Wechselstromnetz liegt, wird ihr Modell einphasig an eine Gleichspannung angeschlossen. Dafür läuft die Ständerwicklung gegenüber den feststehenden Bürsten mit der mechanischen Winkelgeschwindigkeit ω/p und die Läuferwicklung mit $\left(\frac{\omega}{p} - \frac{d\Theta}{dt}\right)$ entgegen der Richtung des Drehfeldes der wirklichen Maschine um.

In den Gl. (11.61) und (11.62) kommt der durch den Winkel Θ ausgedrückte Stand des Läufers nicht vor, sondern nur seine zeitliche Änderung. Da das Modell von einem Gleichspannungsnetz gespeist wird, spielt auch der Einschalt-Phasenwinkel φ der an der wirklichen Maschine liegenden Wechselspannung für das Drehmoment und die Ströme im Modell nach Bild 11.7 keine Rolle. Das Drehmoment wird durch die Transformation nicht verändert, wohl aber die Ströme, so daß in den Strömen der wirklichen Maschine der Winkel φ zum Ausdruck kommt.

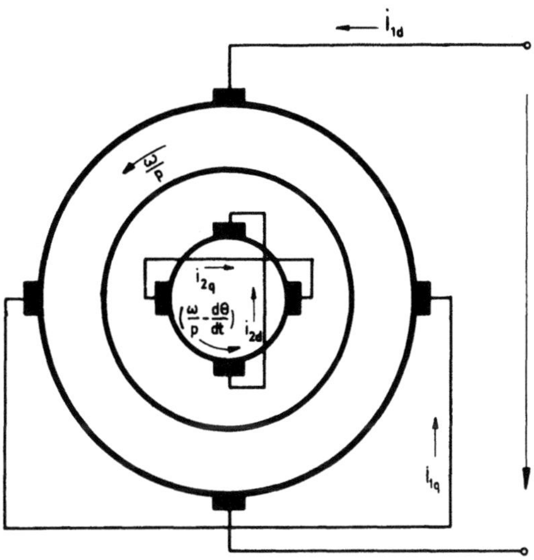

Bild 11.7
Modell der kurzgeschlossenen Asynchronmaschine nach der (α, β – d, q)-Transformation des Ständers und Läufers

Der zeitliche Verlauf des Drehmomentes nach dem Einschalten des Schleifringläufermotors hängt weder vom Schaltaugenblick noch von der Läuferstellung ab.

Infolge der höheren Harmonischen des Luftspaltfeldes gilt diese Aussage nicht für wirkliche Maschinen.

11.3. Die Dreiphasenmaschine

11.3.1. Spannungsgleichungen

Wir betrachten nunmehr den praktisch interessanten Fall der Schleifringläufermaschine mit je drei Wicklungssträngen im Ständer und Läufer, die in Bild 11.8 schematisch wiedergegeben ist. Auch für die Dreiphasen-Maschine gelten die Spannungsgleichung

$$\mathbf{U} = \mathbf{R}\,\mathbf{I} + \frac{d\mathbf{\Psi}}{dt}, \quad \text{vgl. (11.16)}$$

die Flußgleichung

$$\mathbf{\Psi} = \mathbf{L}\,\mathbf{I} \qquad \text{vgl. (11.17)}$$

und die Drehmomentgleichung

$$M_e = \frac{1}{2}\mathbf{I}^T \frac{\partial \mathbf{L}}{\partial \Theta}\mathbf{I}, \quad \text{vgl. (11.28)}$$

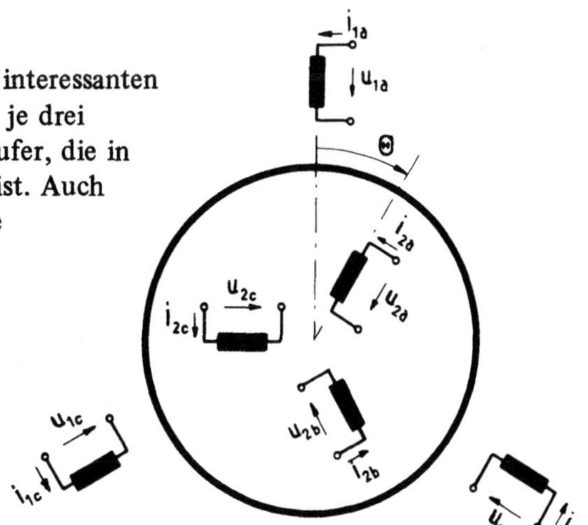

Bild 11.8. Dreiphasen-Schleifringläufermaschine mit Zählpfeilen

wobei jedoch die Spannungen und Ströme

$$\mathbf{U} = \begin{bmatrix} u_{1a} \\ u_{1b} \\ u_{1c} \\ \hline u_{2a} \\ u_{2b} \\ u_{2c} \end{bmatrix} \quad \text{und} \quad \mathbf{I} = \begin{bmatrix} i_{1a} \\ i_{1b} \\ i_{1c} \\ \hline i_{2a} \\ i_{2b} \\ i_{2c} \end{bmatrix}, \tag{11.63}$$

die Widerstände

$$\mathbf{R} = \left[\begin{array}{ccc|ccc} R_1 & 0 & 0 & 0 & 0 & 0 \\ 0 & R_1 & 0 & 0 & 0 & 0 \\ 0 & 0 & R_1 & 0 & 0 & 0 \\ \hline 0 & 0 & 0 & R_2 & 0 & 0 \\ 0 & 0 & 0 & 0 & R_2 & 0 \\ 0 & 0 & 0 & 0 & 0 & R_2 \end{array}\right], \tag{11.64}$$

die Spulenflüsse

$$\boldsymbol{\Psi} = \begin{bmatrix} \Psi_{1a} \\ \Psi_{1b} \\ \Psi_{1c} \\ \hline \Psi_{2a} \\ \Psi_{2b} \\ \Psi_{2c} \end{bmatrix} \tag{11.65}$$

und die Induktivitäten nach Gl. (11.15)

$$\mathbf{L} = \left[\begin{array}{ccc|ccc} L_{1w} & -M_1 & -M_1 & m_a & m_b & m_c \\ -M_1 & L_{1w} & -M_1 & m_c & m_a & m_b \\ -M_1 & -M_1 & L_{1w} & m_b & m_c & m_a \\ \hline m_a & m_c & m_b & L_{2w} & -M_2 & -M_2 \\ m_b & m_a & m_c & -M_2 & L_{2w} & -M_2 \\ m_c & m_b & m_a & -M_2 & -M_2 & L_{2w} \end{array}\right] \tag{11.66}$$

mit den in Kapitel 11.1.2 definierten Größen sind. L_{1w}, L_{2w}, M_1 und M_2 sind Konstanten, während die Gegeninduktivitäten m_a, m_b und m_c nach Gl. (11.12) den Drehwinkel Θ enthalten.

11.3.2. Die (a, b, c–0, α, β) Transformation

Durch eine geeigente Transformation läßt sich nun die Dreiphasen-Maschine auf die Zweiphasen-Maschine zurückführen. Hierzu benutzen wir die Transformationsmatrix

$$\mathbf{A} = \sqrt{\frac{2}{3}} \left[\begin{array}{ccc|ccc} \frac{1}{2}\sqrt{2} & 1 & 0 & 0 & 0 & 0 \\ \frac{1}{2}\sqrt{2} & -\frac{1}{2} & \frac{1}{2}\sqrt{3} & 0 & 0 & 0 \\ \frac{1}{2}\sqrt{2} & -\frac{1}{2} & -\frac{1}{2}\sqrt{3} & 0 & 0 & 0 \\ \hline 0 & 0 & 0 & \frac{1}{2}\sqrt{2} & 1 & 0 \\ 0 & 0 & 0 & \frac{1}{2}\sqrt{2} & -\frac{1}{2} & \frac{1}{2}\sqrt{3} \\ 0 & 0 & 0 & \frac{1}{2}\sqrt{2} & -\frac{1}{2} & -\frac{1}{2}\sqrt{3} \end{array}\right], \qquad (11.67)$$

deren Wahl wir wiederum am Schluß dieses Abschnittes physikalisch erläutern werden. Diese Matrix ist orthogonal:

$$\mathbf{A}^{-1} = \mathbf{A}^T.$$

Die neuen Veränderlichen des Ständers und Läufers nennen wir

$$\mathbf{U}' = \left[\begin{array}{c} u_{10} \\ u_{1\alpha} \\ u_{1\beta} \\ \hline u_{20} \\ u_{2\alpha} \\ u_{2\beta} \end{array}\right] \quad \text{und} \quad \mathbf{I}' = \left[\begin{array}{c} i_{10} \\ i_{1\alpha} \\ i_{1\beta} \\ \hline i_{20} \\ i_{2\alpha} \\ i_{2\beta} \end{array}\right]. \qquad (11.68)$$

Der Zusammenhang zwischen dcn neuen und alten Veränderlichen ergibt sich nunmehr nach Gl. (11.35) zu:

$$\left.\begin{aligned}
u_{10} &= \frac{1}{\sqrt{3}}\,(u_{1a} + u_{1b} + u_{1c}),\\
u_{1\alpha} &= \sqrt{\frac{2}{3}}\,\left(u_{1a} - \frac{1}{2}u_{1b} - \frac{1}{2}u_{1c}\right),\\
u_{1\beta} &= \frac{1}{2}\sqrt{2}\,(0 + u_{1b} - u_{1c}),\\
u_{20} &= \frac{1}{\sqrt{3}}\,(u_{2a} + u_{2b} + u_{2c}),\\
u_{2\alpha} &= \sqrt{\frac{2}{3}}\,\left(u_{2a} - \frac{1}{2}u_{2b} - \frac{1}{2}u_{2c}\right).\\
u_{2\beta} &= \frac{1}{2}\sqrt{2}\,(0 + u_{2b} - u_{2c})
\end{aligned}\right\} \tag{11.69a}$$

und

$$\left.\begin{aligned}
i_{10} &= \frac{1}{\sqrt{3}}\,(i_{1a} + i_{1b} + i_{1c}),\\
i_{1\alpha} &= \sqrt{\frac{2}{3}}\,\left(i_{1a} - \frac{1}{2}i_{1b} - \frac{1}{2}i_{1c}\right),\\
i_{1\beta} &= \frac{1}{2}\sqrt{2}\,(0 + i_{1b} - i_{1c}),\\
i_{20} &= \frac{1}{\sqrt{3}}\,(i_{2a} + i_{2b} + i_{2c}),\\
i_{2\alpha} &= \sqrt{\frac{2}{3}}\,\left(i_{2a} - \frac{1}{2}i_{2b} - \frac{1}{2}i_{2c}\right),\\
i_{2\beta} &= \frac{1}{2}\sqrt{2}\,(0 + i_{2b} - i_{2c}).
\end{aligned}\right\} \tag{11.69b}$$

Da die Matrix **A** nach Gl. (11.67) ausschließlich *konstante* Elemente besitzt, lassen sich die auch hier geltenden Gl. (11.37) und (11.38) in der folgenden Weise umformen:

$$\mathbf{U}' = \mathbf{A}^{-1}\,\mathbf{R}\,\mathbf{A}\,\mathbf{I}' + \frac{d(\mathbf{A}^{-1}\,\mathbf{L}\,\mathbf{A})\,\mathbf{I}'}{dt}, \qquad M_e = \frac{1}{2}\mathbf{I}'^{T}\,\frac{\partial(\mathbf{A}^{-1}\,\mathbf{L}\,\mathbf{A})}{\partial\Theta}\,\mathbf{I}'.$$

Führen wir hierin zur Abkürzung die ***transformierten Widerstände*** $\mathbf{R}'$ und die ***transformierten Induktivitäten*** $\mathbf{L}'$ ein:

$$\boxed{\begin{aligned}\mathbf{R}' &= \mathbf{A}^{-1}\,\mathbf{R}\,\mathbf{A},\\ \mathbf{L}' &= \mathbf{A}^{-1}\,\mathbf{L}\,\mathbf{A},\end{aligned}}$$

dann erhalten wir die transformierten Spannungsgleichungen

$$\boxed{\begin{aligned}\mathbf{U}' &= \mathbf{R}'\,\mathbf{I}' + \frac{d(\mathbf{L}'\,\mathbf{I}')}{dt},\\ M_e &= \frac{1}{2}\mathbf{I}'^{T}\,\frac{\partial \mathbf{L}'}{\partial \Theta}\,\mathbf{I}'.\end{aligned}} \tag{11.70}$$

Die Spannungs- und Drehmomentgleichungen der transformierten Größen sind genauso aufgebaut wie die Gleichungen der ursprünglichen Größen, sofern die Transformationsmatrix orthogonal ist und nur konstante Elemente enthält.

Zur Auswertung der Spannungs- und Drehmomentgleichung (11.70) berechnen wir:

$$\mathbf{R}' = \mathbf{A}^{-1}\,\mathbf{R}\,\mathbf{A} = \mathbf{R}$$

und

$$\mathbf{L}' = \mathbf{A}^{-1}\,\mathbf{L}\,\mathbf{A} = \left[\begin{array}{ccc|ccc}
(L_{1w}-2M_1) & 0 & 0 & 0 & 0 & 0\\
0 & (L_{1w}+M_1) & 0 & 0 & \frac{3}{2}M\cos p\Theta & -\frac{3}{2}M\sin p\Theta\\
0 & 0 & (L_{1w}+M_1) & 0 & \frac{3}{2}M\sin p\Theta & \frac{3}{2}M\cos p\Theta\\
\hline
0 & 0 & 0 & (L_{2w}-2M_2) & 0 & 0\\
0 & \frac{3}{2}M\cos p\Theta & \frac{3}{2}M\sin p\Theta & 0 & (L_{2w}+M_2) & 0\\
0 & -\frac{3}{2}M\sin p\Theta & \frac{3}{2}M\cos p\Theta & 0 & 0 & (L_{2w}+M_2)
\end{array}\right].$$

Setzen wir hierin zur Abkürzung:

$$\boxed{\begin{array}{lcl} L_{10} & = & L_{1w} - 2M_1, \\ L_{20} & = & L_{2w} - 2M_2, \\ \hline \widetilde{L}_{1w} & = & L_{1w} + M_1, \\ \widetilde{L}_{2w} & = & L_{2w} + M_2, \\ \widetilde{M} & = & \frac{3}{2} M, \end{array}} \tag{11.71}$$

dann lauten die Spannungsgleichungen

$$\begin{bmatrix} u_{10} \\ u_{1\alpha} \\ u_{1\beta} \\ \hline u_{20} \\ u_{2\alpha} \\ u_{2\beta} \end{bmatrix} = \left[\begin{array}{ccc|ccc} R_1 & 0 & 0 & 0 & 0 & 0 \\ 0 & R_1 & 0 & 0 & 0 & 0 \\ 0 & 0 & R_1 & 0 & 0 & 0 \\ \hline 0 & 0 & 0 & R_2 & 0 & 0 \\ 0 & 0 & 0 & 0 & R_2 & 0 \\ 0 & 0 & 0 & 0 & 0 & R_2 \end{array}\right] \begin{bmatrix} i_{10} \\ i_{1\alpha} \\ i_{1\beta} \\ \hline i_{20} \\ i_{2\alpha} \\ i_{2\beta} \end{bmatrix} +$$

$$+ \frac{d}{dt}\left(\left[\begin{array}{ccc|ccc} L_{10} & 0 & 0 & 0 & 0 & 0 \\ 0 & \widetilde{L}_{1w} & 0 & 0 & \widetilde{M}\cos p\Theta & -\widetilde{M}\sin p\Theta \\ 0 & 0 & \widetilde{L}_{1w} & 0 & \widetilde{M}\sin p\Theta & \widetilde{M}\cos p\Theta \\ \hline 0 & 0 & 0 & L_{20} & 0 & 0 \\ 0 & \widetilde{M}\cos p\Theta & \widetilde{M}\sin p\Theta & 0 & \widetilde{L}_{2w} & 0 \\ 0 & -\widetilde{M}\sin p\Theta & \widetilde{M}\cos p\Theta & 0 & 0 & \widetilde{L}_{2w} \end{array}\right] \begin{bmatrix} i_{10} \\ i_{1\alpha} \\ i_{1\beta} \\ \hline i_{20} \\ i_{2\alpha} \\ i_{2\beta} \end{bmatrix} \right) \tag{11.72}$$

und die Drehmomentgleichung

$$M_e = -p\widetilde{M}\,[(i_{1\alpha}\, i_{2\alpha} + i_{1\beta}\, i_{2\beta}) \sin p\Theta + (i_{1\alpha}\, i_{2\beta} - i_{2\alpha}\, i_{1\beta}) \cos p\Theta] =$$
$$= J\,\frac{d^2\Theta}{dt^2} + d_m\,\frac{d\Theta}{dt} + M_g. \tag{11.73}$$

Die Spannungsgleichungen können wir zerlegen in

$$\boxed{\begin{aligned} u_{10} &= R_1\, i_{10} + L_{10}\,\frac{di_{10}}{dt}\,, \\ u_{20} &= R_2\, i_{20} + L_{20}\,\frac{di_{20}}{dt} \end{aligned}} \tag{11.74}$$

und

$$\begin{bmatrix} u_{1\alpha} \\ u_{1\beta} \\ \hline u_{2\alpha} \\ u_{2\beta} \end{bmatrix} = \left[\begin{array}{cc|cc} R_1 & 0 & 0 & 0 \\ 0 & R_1 & 0 & 0 \\ \hline 0 & 0 & R_2 & 0 \\ 0 & 0 & 0 & R_2 \end{array}\right] \begin{bmatrix} i_{1\alpha} \\ i_{1\beta} \\ \hline i_{2\alpha} \\ i_{2\beta} \end{bmatrix} + \frac{d}{dt}\left(\left[\begin{array}{cc|cc} \tilde{L}_{1w} & 0 & \tilde{M}\cos p\Theta & -\tilde{M}\sin p\Theta \\ 0 & \tilde{L}_{1w} & \tilde{M}\sin p\Theta & \tilde{M}\cos p\Theta \\ \hline \tilde{M}\cos p\Theta & \tilde{M}\sin p\Theta & \tilde{L}_{2w} & 0 \\ -\tilde{M}\sin p\Theta & \tilde{M}\cos p\Theta & 0 & \tilde{L}_{2w} \end{array}\right] \begin{bmatrix} i_{1\alpha} \\ i_{1\beta} \\ \hline i_{2\alpha} \\ i_{2\beta} \end{bmatrix} \right). \tag{11.75}$$

Die Spannungs- und Drehmomentgleichungen stimmen hinsichtlich ihrer α- und β-Komponenten vollständig mit den Gl. (11.30) und (11.31a) der Zweiphasenmaschine überein, wenn man dort die Induktivitäten L_{1w} durch $\tilde{L}_{1w}$, L_{2w} durch $\tilde{L}_{2w}$ und M durch $\tilde{M}$ ersetzt.

Die Nullkomponenten der Ströme treten weder in den Spannungsgleichungen der (α, β)-Komponenten noch in der Drehmomentgleichung auf. Die beiden Nullsysteme des Ständers und Läufers sind auch untereinander nicht gekoppelt. Die Nullsysteme der Spannungen wirken lediglich auf die OHMschen Widerstände und die Streuinduktivitäten

$$L_{10} = L_{1w} - 2M_1 = L_{1\sigma w} - 2\, L_{1\sigma g},$$

$$L_{20} = L_{2w} - 2M_2 = L_{2\sigma w} - 2\, L_{2\sigma g},$$

(vgl. Gl. (11.13) und (11.14)).

Zur Berechnung des Drehmomentes und der (α, β)-Komponenten der Dreiphasenmaschine braucht man daher die Gleichungen der Nullkomponenten nicht zu beachten.

Liegt an der Ständer- und Läuferwicklung ein symmetrisches Drehspannungssystem, dann ist $u_{10} = u_{20} = 0$ und es tritt kein Nullsystem auf. Bei einer in Stern geschalteten Wicklung ohne Nulleiter muß aufgrund der KIRCHHOFFschen Knotenpunktsregel die Summe der Ströme im Sternpunkt Null sein. Auch in diesem Fall bildet sich kein Nullsystem aus.

Zur Analyse des dynamischen Verhaltens der dreiphasigen Maschine kann man aufgrund aller dieser Überlegungen stets von den elektromechanischen Gleichungen der Zweiphasenmaschine ausgehen, wenn man die Induktivitäten L_{1w} durch $\tilde{L}_{1w}$, L_{2w} durch $\tilde{L}_{2w}$ und M durch $\tilde{M}$ ersetzt. Vorzugsweise benutzt man die transformierten Gleichungen (11.48) und (11.49) bzw. (11.58a) und (11.59a).

Anmerkung: Erklärung der Transformationsmatrix **A**

Wie wir im einleitenden Abschnitt A gesehen haben, ist es im Grunde gleichgültig, ob man die für die Drehmomentbildung erforderlichen Strombeläge und Luftspaltfelder durch eine Wicklung mit zwei, drei oder noch mehr Wicklungssträngen zustandebringt. Daher liegt die Vermutung nahe, daß sich das Verhalten einer Dreiphasen-Wicklung unter Umständen durch die Wirkung einer Zweiphasen-Wicklung beschreiben läßt. Für die zweiphasige Ersatzwicklung ist dann zu fordern, daß sie

- die gleichen Strombeläge hervorruft und
- die gleiche elektrische Leistung aus dem Netz aufnimmt wie die dreiphasige Wicklung.

Die zweite Bedingung ist erfüllt, wenn die Transformation orthogonal erfolgt (vgl. Kapitel 11.2.4). Im Hinblick auf die erste Forderung betrachten wir den Strombelag einer Dreiphasenwicklung mit den Strömen i_a, i_b, i_c, der Windungszahl w_3 und dem Wicklungsfaktor ξ_3

$$A(\alpha, t) = -\frac{4}{\pi D} w_3 \xi_3 \, [i_a \sin p\alpha + i_b \sin(p\alpha - 2\pi/3) + i_c \sin(p\alpha - 4\pi/3)]$$

und den Strombelag einer Zweiphasenwicklung mit den Strömen i_α, i_β, der Windungszahl w_2 und dem Wicklungsfaktor ξ_2

$$A(\alpha, t) = -\frac{4}{\pi D} w_2 \xi_2 \, [i_\alpha \sin p\alpha + i_\beta \sin(p\alpha - \pi/2)].$$

Setzen wir diese beiden Strombeläge einander gleich, so erhalten wir unter Verwendung der bekannten trigonometrischen Umformung für $\sin(\alpha - \beta)$:

$$w_3 \xi_3 \left[i_a - \frac{1}{2} i_b - \frac{1}{2} i_c \right] \sin p\alpha + w_3 \xi_3 \left[0 - \frac{1}{2} \sqrt{3}\, i_b + \frac{1}{2} \sqrt{3}\, i_c \right] \cos p\alpha$$

$$= w_2 \xi_2\, i_\alpha \sin p\alpha - w_2 \xi_2\, i_\beta \cos p\alpha .$$

Durch Koeffizientenvergleich der Faktoren bei den linear unabhängigen Funktionen $\sin p\alpha$ und $\cos p\alpha$ folgt

$$\left. \begin{aligned} i_\alpha &= K \left[i_a - \frac{1}{2} i_b - \frac{1}{2} i_c \right], \\ i_\beta &= K \left[0 + \frac{1}{2} \sqrt{3}\, i_b - \frac{1}{2} \sqrt{3}\, i_c \right], \end{aligned} \right\} \tag{11.76}$$

wobei zur Abkürzung das Verhältnis der Windungszahlen beider Wicklungen

$$K = \frac{w_3 \xi_3}{w_2 \xi_2}$$

eingeführt wurde, das zunächst noch nicht festliegt. Man kann nämlich den Strombelag in der zweiphasigen Modellmaschine mit großer Windungszahl w_2 und kleinem Strom oder mit kleinerer Windungszahl und größerem Strom zustande bringen.

Nun ist es im allgemeinsten Fall nicht möglich, die drei Unbekannten i_a, i_b und i_c durch nur zwei Unbekannte i_α und i_β vollständig wiederzugeben. Bei symmetrischem Betrieb ist stets

$$i_a + i_b + i_c = 0.$$

Für den allgemeinen Fall lassen wir daher noch eine „Nullkomponente" des Stromes

$$i_0 = K K_0 \, [i_a + i_b + i_c] \tag{11.77}$$

zu, wobei K_0 eine weitere zunächst willkürlich angenommene Konstante bedeutet.

Im Gegensatz zu i_α und i_β können wir allerdings die Wirkung des Nullstromes i_0 nicht in der Ersatzwicklung eines Maschinenmodells veranschaulichen.

Wir stellen die Gl. (11.77) und (11.76) noch einmal zusammen:

$$\begin{bmatrix} i_0 \\ i_\alpha \\ i_\beta \end{bmatrix} = K \begin{bmatrix} K_0 & K_0 & K_0 \\ 1 & -\frac{1}{2} & -\frac{1}{2} \\ 0 & \frac{1}{2}\sqrt{3} & -\frac{1}{2}\sqrt{3} \end{bmatrix} \begin{bmatrix} i_a \\ i_b \\ i_c \end{bmatrix} = \mathbf{C}^{-1} \begin{bmatrix} i_a \\ i_b \\ i_c \end{bmatrix}.$$

Wie bereits erwähnt, fordert nun die Invarianz der Leistung eine orthogonale Transformation:

$$\mathbf{C}^{-1} (\mathbf{C}^{-1})^T = \mathbf{E}.$$

Wertet man diese Bedingung aus, so folgt

$$K = \sqrt{\frac{2}{3}} \quad \text{und} \quad K_0 = \frac{1}{2}\sqrt{2},$$

und damit wird

$$\mathbf{C} = (\mathbf{C}^{-1})^T = \sqrt{\frac{2}{3}} \begin{bmatrix} \frac{1}{2}\sqrt{2} & 1 & 0 \\ \frac{1}{2}\sqrt{2} & -\frac{1}{2} & \frac{1}{2}\sqrt{3} \\ \frac{1}{2}\sqrt{2} & -\frac{1}{2} & -\frac{1}{2}\sqrt{3} \end{bmatrix}.$$

Wendet man die Matrix **C** auf Ständer und Läufer an, dann erhält man die bereits benutzte Transformationsmatrix **A** nach Gl. (11.67).
Aufgrund der Gl. (11.71), (11.13) und (11.14) ist

$$\begin{aligned} \widetilde{L}_{1w} &= \frac{3}{2} L_{1hw} + (L_{1\sigma w} + L_{1\sigma g}), \\ \widetilde{L}_{2w} &= \frac{3}{2} L_{2hw} + (L_{2\sigma w} + L_{2\sigma g}). \end{aligned} \tag{11.78}$$

Haupt- und Gegeninduktivitäten der zweiphasigen Ersatzwicklung sind demnach 3/2 mal so groß wie diejenigen der Dreiphasenwicklung. Das stimmt auch vollkommen damit überein, daß aufgrund der Orthogonalitätsbedingung das Verhältnis der Windungszahlen

$$1/K = \frac{w_2 \xi_2}{w_3 \xi_3} = \sqrt{\frac{3}{2}}$$

wurde. Bekanntlich sind die Induktivitäten dem Quadrat der Windungszahlen proportional.

11.4. Beispiele für die Ermittlung des Betriebsverhaltens der Dreiphasenmaschine

Die Lösungen der Spannungs- und Drehmomentgleichungen wollen wir anhand einiger charakteristischer Beispiele erläutern, wobei wir die für die Praxis wichtige dreiphasige Maschine betrachten. In allen Fällen gehen wir davon aus, daß die Ständerwicklung an einem symmetrischen Drehstromnetz mit den Spannungen

$$\begin{aligned} u_{1a} &= U_1 \sqrt{2}\cos(\omega t + \varphi) = \text{Re}\,[\underline{U}_1 \sqrt{2}\, e^{j\omega t}], \\ u_{1b} &= U_1 \sqrt{2}\cos(\omega t - 2\pi/3 + \varphi) = \text{Re}\,[\underline{U}_1 \sqrt{2}\, e^{-j2\pi/3}\, e^{j\omega t}], \\ u_{1c} &= U_1 \sqrt{2}\cos(\omega t - 4\pi/3 + \varphi) = \text{Re}\,[\underline{U}_1 \sqrt{2}\, e^{-j4\pi/3}\, e^{j\omega t}] \end{aligned} \tag{11.79}$$

liegt, während der Läufer kurzgeschlossen ist. Für die übliche Sternschaltung der Läuferwicklung gilt dann

$$u_{2a} = u_{2b} = u_{2c} \tag{11.80}$$

und ferner

$$i_{2a} + i_{2b} + i_{2c} = 0. \tag{11.81}$$

Nach Gl. (11.69a) finden wir die Ständerspannungen der äquivalenten zweiphasigen Modellmaschine:

$$\left.\begin{aligned} u_{10} &= 0, \\ u_{1\alpha} &= \text{Re}\,[\underline{U}_1 \sqrt{3}\, e^{j\omega t}], \\ u_{1\beta} &= \text{Re}\,[-j\, \underline{U}_1 \sqrt{3}\, e^{j\omega t}]. \end{aligned}\right\} \tag{11.82}$$

Das symmetrische Drehspannungssystem der Dreiphasenmaschine wird durch die $(a, b, c-0, \alpha, \beta)$-Transformation offensichtlich in ein symmetrisches zweiphasiges Spannungssystem der Modellmaschine überführt, dessen Spannungen um den Faktor $\sqrt{3/2}$ größer sind.

Hierbei tritt keine Nullspannung auf, so daß nach Gl. (11.74) auch

$$i_{10} = 0$$

ist.

Im Läufer ist wegen der Sternschaltung nach Gl. (11.81) und (11.69b) kein Nullstrom vorhanden:

$$i_{20} = 0,$$

und damit gibt es nach Gl. (11.74) auch keine Nullspannung

$$u_{20} = 0.$$

Ferner liefern die Gl. (11.80) und (11.69a)

$$u_{2\alpha} = 0,$$
$$u_{2\beta} = 0,$$

so daß die $(\alpha, \beta - d, q)$-Transformation des Läufers nach Gl. (11.42) auch

$$\begin{aligned} u_{2d} &= 0 \\ u_{2q} &= 0 \end{aligned} \tag{11.83}$$

ergibt. Sowohl die (α, β)-Wicklungen des Läufers der äquivalenten Zweiphasenmaschine als auch die (d, q)-Läuferwicklungen der Modellmaschine eines kurzgeschlossenen Schleifringläufermotors sind kurzgeschlossen.

Als erstes wollen wir den stationären Zustand betrachten, der in Kapitel 8 bereits gesondert behandelt wurde. Durch Vergleich der Ergebnisse wird es möglich, den Zusammenhang zwischen den verwendeten Drehfeldinduktivitäten mit den hier definierten Induktivitäten des Wechselfeldes zu erkennen.

11.4.1. Stationärer Betrieb

Der stationäre Zustand ist dadurch gekennzeichnet, daß die Winkelgeschwindigkeit des Läufers

$$\frac{d\Theta}{dt} = \omega_m = \frac{\omega}{p}(1 - s)$$

konstant ist. Hierdurch werden die Spannungsgleichungen (11.48) der Modellmaschine linear, und man kann sie unabhängig von der Drehmomentgleichung lösen. Zur Ermittlung der partikulären Lösung wählen wir als Lösungsansätze die Ströme im Ständer

$$\begin{aligned} i_{10} &= 0, \\ i_{1\alpha} &= \mathrm{Re}\,[\underline{I}_{1\alpha}\sqrt{2}\,e^{j\omega t}], \\ i_{1\beta} &= \mathrm{Re}\,[-j\,\underline{I}_{1\alpha}\sqrt{2}\,e^{j\omega t}] \end{aligned} \tag{11.84}$$

und im Läufer

$$\begin{aligned} i_{20} &= 0, \\ i_{2d} &= \mathrm{Re}\,[\underline{I}_{2d}\sqrt{2}\,e^{j\omega t}], \\ i_{2q} &= \mathrm{Re}\,[-j\,\underline{I}_{2d}\sqrt{2}\,e^{j\omega t}]. \end{aligned} \tag{11.85}$$

Durch Einsetzen in die Gl. (11.48) finden wir die komplexen Spannungsgleichungen für den Ständer

$$\begin{aligned} \sqrt{\frac{3}{2}}\,\underline{U}_1 &= (R_1 + j\,\omega\,\widetilde{L}_{1w})\,\underline{I}_{1\alpha} + j\,\omega\,\widetilde{M}\,\underline{I}_{2d}, \\ -j\sqrt{\frac{3}{2}}\,\underline{U}_1 &= -j\,(R_1 + j\,\omega\,\widetilde{L}_{1w})\,\underline{I}_{1\alpha} - j\,(j\,\omega\,\widetilde{M}\,\underline{I}_{2d}) \end{aligned} \tag{11.86}$$

und für den Läufer

$$\begin{aligned} 0 &= (R_2 + j\,s\,\omega\,\widetilde{L}_{2w})\,\underline{I}_{2d} + j\,s\,\omega\,\widetilde{M}\,\underline{I}_{1\alpha}, \\ 0 &= -j\,(R_2 + j\,s\,\omega\,\widetilde{L}_{2w})\,\underline{I}_{2d} - j\,(j\,s\,\omega\,\widetilde{M}\,\underline{I}_{1\alpha}), \end{aligned} \tag{11.87}$$

wenn wir beachten, daß nach Kapitel 11.3 für die Dreiphasenmaschine L_{1w} durch $\widetilde{L}_{1w}$, L_{2w} durch $\widetilde{L}_{2w}$ und M durch $\widetilde{M}$ zu ersetzen ist. Die zweite Spannungsgleichung des Ständers bzw. des Läufers unterscheidet sich von der ersten jeweils nur um den Faktor $-j$, so daß in Wirklichkeit zwei Gleichungen für die beiden Unbekannten $\underline{I}_{1\alpha}$ und $\underline{I}_{2d}$ zur Verfügung stehen.

Die in der wirklichen Maschine auftretenden Ständerströme erhalten wir durch Zurücktransformieren der Ströme nach Gl. (11.84) mit Hilfe der Beziehung

$$\mathbf{I} = \mathbf{A}\,\mathbf{I}',$$

wobei **A** die Matrix der (a, b, c–0, α, β)-Transformation ist:

$$\begin{aligned} i_{1a} &= \sqrt{\frac{2}{3}}\left(\frac{1}{2}\sqrt{2}\,i_{10} + i_{1\alpha}\right), \\ i_{1b} &= \sqrt{\frac{2}{3}}\left(\frac{1}{2}\sqrt{2}\,i_{10} - \frac{1}{2}\,i_{1\alpha} + \frac{1}{2}\sqrt{3}\,i_{1\beta}\right), \\ i_{1c} &= \sqrt{\frac{2}{3}}\left(\frac{1}{2}\sqrt{2}\,i_{10} - \frac{1}{2}\,i_{1\alpha} - \frac{1}{2}\sqrt{3}\,i_{1\beta}\right). \end{aligned}$$

Die Auswertung ergibt das symmetrische Drehstromsystem

$$\begin{aligned} i_{1a} &= \sqrt{\frac{2}{3}}\,\mathrm{Re}\,[\,\underline{I}_{1\alpha}\sqrt{2}\,e^{j\omega t}], \\ i_{1b} &= \sqrt{\frac{2}{3}}\,\mathrm{Re}\,[\,\underline{I}_{1\alpha}\sqrt{2}\,e^{-j2\pi/3}\,e^{j\omega t}], \\ i_{1c} &= \sqrt{\frac{2}{3}}\,\mathrm{Re}\,[\,\underline{I}_{1\alpha}\sqrt{2}\,e^{-j4\pi/3}\,e^{j\omega t}]. \end{aligned}$$

Mit der in Kapitel 8 für den Ständerstrom benutzten Schreibweise

$$i_{1a} = \mathrm{Re}\,[\,\underline{I}_1\,\sqrt{2}\,e^{j\omega t}]$$

wird

$$\boxed{\underline{I}_{1\alpha} = \sqrt{\frac{3}{2}}\,\underline{I}_1}\,. \tag{11.88}$$

Die erste Rücktransformation der Läuferströme (11.85) mit Hilfe der Matrix **A** nach Gl. (11.40)

$$\begin{bmatrix} i_{2\alpha} \\ i_{2\beta} \end{bmatrix} = \begin{bmatrix} \cos p\Theta & \sin p\Theta \\ -\sin p\Theta & \cos p\Theta \end{bmatrix} \begin{bmatrix} I_{2d}\,\sqrt{2}\cos(\omega t + \varphi_{2d}) \\ I_{2d}\,\sqrt{2}\sin(\omega t + \varphi_{2d}) \end{bmatrix}$$

liefert

$$i_{2\alpha} = \mathrm{Re}\,[\,\underline{I}_{2d}\,\sqrt{2}\,e^{j(\omega t - p\Theta)}] = \mathrm{Re}\,[\,\underline{I}_{2d}\,\sqrt{2}\,e^{js\omega t}],$$

$$i_{2\beta} = \mathrm{Re}\,[-j\,\underline{I}_{2d}\,\sqrt{2}\,e^{js\omega t}].$$

Sie verändert lediglich die Frequenz der Ströme. Durch die Rücktransformation erhalten wir auf die gleiche Weise, wie es für die Ständerströme gezeigt wurde, die Läuferströme zu

$$i_{2a} = \sqrt{\frac{2}{3}}\,\mathrm{Re}\,[\,\underline{I}_{2d}\,\sqrt{2}\,e^{js\omega t}],$$

$$i_{2b} = \sqrt{\frac{2}{3}}\,\mathrm{Re}\,[\,\underline{I}_{2d}\,\sqrt{2}\,e^{-j2\pi/3}\;e^{js\omega t}],$$

$$i_{2c} = \sqrt{\frac{2}{3}}\,\mathrm{Re}\,[\,\underline{I}_{2d}\,\sqrt{2}\,e^{-j4\pi/3}\;e^{js\omega t}].$$

Schreiben wir wiederum

$$i_{2a} = \mathrm{Re}\,[\,\underline{I}_2\,\sqrt{2}\,e^{js\omega t}],$$

so wird

$$\boxed{\underline{I}_{2d} = \sqrt{\frac{3}{2}}\,\underline{I}_2}\,. \tag{11.89}$$

- In der zweiphasigen Modellmaschine entsteht demnach im Ständer und Läufer je ein symmetrisches Stromsystem, dessen Ströme $\sqrt{3/2}$ mal so groß wie die Ströme der wirklichen Dreiphasenmaschine sind.
- Die Spannung an den Wicklungssträngen der Modellmaschine ist nach Gl. (11.82) ebenfalls $\sqrt{3/2}$ mal so groß wie die Spannung an den Wicklungssträngen der Dreiphasenmaschine.
- Die wirksame Impedanz je Wicklungsstrang ist daher in beiden Fällen gleich.

Die letzte Feststellung geht auch unmittelbar aus den Spannungsgleichungen (11.86) und (11.87) hervor, wenn wir hier Gl. (11.88) und (11.89) einführen:

$$\boxed{\begin{aligned} \underline{U}_1 &= R_1 \underline{I}_1 + j\omega \tilde{L}_{1w} \underline{I}_1 + j\omega \tilde{M} \underline{I}_2, \\ 0 &= R_2 \underline{I}_2 + js\omega \tilde{L}_{2w} \underline{I}_2 + js\omega \tilde{M} \underline{I}_1 \end{aligned}} \; . \tag{11.90}$$

Diese Gleichungen müssen mit den bereits früher abgeleiteten Gl. (8.30) und (8.31) identisch sein. Daher muß gelten

$$\boxed{\begin{aligned} \tilde{L}_{1w} &= L_{1h} + L_{1\sigma} = L_1, \\ \tilde{L}_{2w} &= L_{2h} + L_{2\sigma} = L_2, \\ \tilde{M} &= L_{12} = L_{21}. \end{aligned}} \tag{11.91}$$

Damit sind die zur Berechnung des dynamischen Verhaltens der Dreiphasenmaschine erforderlichen Induktivitäten auf die üblicherweise bei der (stationären) Berechnung elektrischer Maschinen verwendeten Größen zurückgeführt, die bereits in Kapitel 8 eingeführt wurden.

Anmerkung

Wie wir in Kapitel 8 gesehen hatten, enthalten die Induktivitäten L_{1h} und $L_{1\sigma}$ bzw. L_{2h} und $L_{2\sigma}$ nicht nur den Einfluß des eigenen Feldes eines Wicklungsstranges auf den mit diesem Strang gekoppelten Fluß, sondern auch den Einfluß aller anderen Wicklungsstränge der eigenen Wicklung. Gl. (11.91) zeigt nun, daß diese „zusammengesetzten Induktivitäten" im Falle der Dreiphasenmaschine unmittelbar die Induktivitäten des zweiphasigen Modelles sind.

Die Folgerungen aus den Spannungsgleichungen (11.90) sind bereits im Kapitel 8 gezogen worden. Beispielsweise wurde dort auch das Ersatzschaltbild für den stationären Betrieb ermittelt. Aus den obigen Überlegungen geht hervor:

Für einen Wicklungsstrang der zweiphasigen Modellmaschine gilt dasselbe Ersatzschaltbild wie für einen Wicklungsstrang der Dreiphasenmaschine. Während die Widerstände und Induktivitäten sich nicht voneinander unterscheiden, sind in der Modellmaschine Spannungen und Ströme um den Faktor $\sqrt{3/2}$ größer.

11.4.2. Einführung bezogener Größen

Zur Berechnung dynamischer Vorgänge empfiehlt es sich, die Spannungsgleichungen durch Einführung bezogener dimensionsloser Größen weiter zu vereinfachen. Hiermit erzielen wir die folgenden Vorteile:

- Die bezogenen Größen werden für ähnlich gebaute Maschinen verschiedener Spannung nahezu gleich groß.
- Die Anzahl der Parameter wird auf ein Minimum zurückgeführt.

Ausgangspunkt für die Berechnung der dynamischen Vorgänge sind vorteilhafterweise die Spannungsgleichungen nach der ($\alpha, \beta - d, q$)-Transformation des Ständers und Läufers entsprechend Gl. (11.58a), in denen für die Dreiphasenmaschine wiederum L_{1w} durch L_1, L_{2w} durch L_2 und M durch $L_{12} = L_{21}$ ersetzt wird.

Mit den später noch frei wählbaren Größen U und ω_0 führen wir zunächst die bezogene Zeit

$$t^* = \omega_0 t,$$

die bezogenen Ständerspannungen

$$u^*_{1d} = \frac{u_{1d}}{U}, \quad u^*_{1q} = \frac{u_{1q}}{U}$$

und die bezogenen Ständerströme

$$i^*_{1d} = \frac{\omega_0 L_1}{U}\, i_{1d}, \; i^*_{1q} = \frac{\omega_0 L_1}{U}\, i_{1q}$$

ein. (Im Falle der Zweiphasenmaschine hätte man überall L_1 durch L_{1w} und L_2 durch L_{2w} zu ersetzen.) Die im Läufer induzierten Spannungen unterscheiden sich bei gegebenem Luftspaltfeld gegenüber den Ständerspannungen um den Faktor $w_2 \xi_2 / w_1 \xi_1 \approx \sqrt{L_2/L_1}$. Um die bezogenen Läuferspannungen in derselben Größenordnung zu erhalten wie die bezogenen Ständerspannungen, definieren wir

$$u^*_{2d} = \frac{u_{2d}}{U\sqrt{L_2/L_1}}, \quad u^*_{2q} = \frac{u_{2q}}{U\sqrt{L_2/L_1}}.$$

Dementsprechend ergeben sich die bezogenen Läuferströme

$$i^*_{2d} = \frac{\omega_0 L_2}{U\sqrt{L_2/L_1}} i_{2d} = \frac{\omega_0 \sqrt{L_1 L_2}}{U} i_{2d}, \quad i^*_{2q} = \frac{\omega_0 \sqrt{L_1 L_2}}{U} i_{2q}.$$

Als bezogene Widerstände führen wir ein

$$\boxed{R^*_1 = \frac{R_1}{\omega_0 L_1}, \quad R^*_2 = \frac{R_2}{\omega_0 L_2}.}$$

Für den Fall $\omega_0 = \omega$ gehen sie in die in Kapitel 8 definierten Werte r_1 und r_2 über. Ferner verwenden wir den bereits bekannten BLONDELschen Streukoeffizienten

$$\sigma = 1 - k^2$$

mit dem Kopplungsfaktor

$$k = \sqrt{\frac{L_{12} L_{21}}{L_1 L_2}}.$$

Setzen wir alle diese bezogenen Größen in die Drehmomentgleichung (11.59a) ein, dann zeigt es sich, daß es zweckmäßig ist, die folgenden Ausdrücke einzuführen:

das bezogene elektromagnetische Drehmoment

$$\boxed{M^*_e = \frac{\omega_0^2 L_1}{p U^2} M_e,}$$

das bezogene Gegenmoment

$$\boxed{M^*_g = \frac{\omega_0^2 L_1}{p U^2} M_g,}$$

das bezogene Massenträgheitsmoment

$$\boxed{J^* = \frac{\omega_0^4 L_1}{p^2 U^2} J}$$

und den bezogenen mechanischen Dämpfungsfaktor

$$\boxed{d_m^* = \frac{\omega_0^3 L_1}{p^2 U^2} d_m.}$$

Mit Hilfe der bezogenen Größen können wir die Gl. (11.58a) und (11.59a) folgendermaßen schreiben:

$$u_{1d}^* = R_1^* i_{1d}^* + \frac{d}{dt^*}(i_{1d}^* + k\, i_{2d}^*) + p\,(i_{1q}^* + k\, i_{2q}^*)\frac{d\Theta_1}{dt^*},$$

$$u_{1q}^* = R_1^* i_{1q}^* + \frac{d}{dt^*}(i_{1q}^* + k\, i_{2q}^*) - p\,(i_{1d}^* + k\, i_{2d}^*)\frac{d\Theta_1}{dt^*},$$

$$u_{2d}^* = R_2^* i_{2d}^* + \frac{d}{dt^*}(i_{2d}^* + k\, i_{1d}^*) + p\,(i_{2q}^* + k\, i_{1q}^*)\frac{d(\Theta_1 + \Theta)}{dt^*},$$

$$u_{2q}^* = R_2^* i_{2q}^* + \frac{d}{dt^*}(i_{2q}^* + k\, i_{1q}^*) - p\,(i_{2d}^* + k\, i_{1d}^*)\frac{d(\Theta_1 + \Theta)}{dt^*}$$

und

$$M_e^* = k\,(i_{1q}^*\, i_{2d}^* - i_{1d}^*\, i_{2q}^*) = J^*\, p\,\frac{d^2\Theta}{dt^{*2}} + d_m^*\, p\,\frac{d\Theta}{dt^*} + M_g^*.$$

Diese zunächst noch allgemein gültigen Beziehungen wenden wir nun auf die symmetrisch gespeiste Dreiphasenmaschine an.

Dreiphasenmaschine am symmetrischen Drehstromnetz

Liegt die Dreiphasenmaschine an einem Netz mit dem symmetrischen Spannungssystem nach Gl. (11.79), dann liefert die (a, b, c – 0, α, β)-Transformation die in Gl. (11.82) angegebenen (0, α, β)-Komponenten. Mit Hilfe der Transformation nach Gl. (11.56) erhalten wir, wenn wir wiederum

$$\Theta_1 = -\frac{1}{p}(\omega t + \varphi)$$

wählen, die Ständerspannungen

$$u_{10} = 0,$$
$$u_{1d} = U_1\sqrt{3},$$
$$u_{1q} = 0.$$

Für die kurzgeschlossene Läuferwicklung gilt

$$u_{20} = u_{2d} = u_{2q} = 0.$$

Ebenso wie für den stationären Zustand definieren wir als Schlupf

$$s = \frac{\frac{\omega}{p} - \frac{d\Theta}{dt}}{\frac{\omega}{p}},$$

wobei jedoch s = s(t) eine Funktion der Zeit ist. Wählen wir nun als Bezugsspannung

$$U = U_1\sqrt{3}$$

und als Bezugs-Kreisfrequenz

$$\omega_0 = \omega,$$

dann wird

$$u^*_{1d} = 1(t^*),$$
$$u^*_{1q} = 0,$$
$$p\frac{d\Theta}{dt^*} = 1 - s$$

und

$$R^*_1 = r_1, \quad R^*_2 = r_2.$$

Damit lauten die bezogenen Spannungsgleichungen

$$\left.\begin{aligned}
1(t^*) &= r_1\, i^*_{1d} + \frac{d}{dt^*}(i^*_{1d} + k\, i^*_{2d}) - (i^*_{1q} + k\, i^*_{2q}),\\
0 &= r_1\, i^*_{1q} + \frac{d}{dt^*}(i^*_{1q} + k\, i^*_{2q}) + (i^*_{1d} + k\, i^*_{2d}),\\
0 &= r_2\, i^*_{2d} + \frac{d}{dt^*}(i^*_{2d} + k\, i^*_{1d}) - (i^*_{2q} + k\, i^*_{1q})\, s,\\
0 &= r_2\, i^*_{2q} + \frac{d}{dt^*}(i^*_{2q} + k\, i^*_{1q}) + (i^*_{2d} + k\, i^*_{1d})\, s
\end{aligned}\right\} \tag{11.92}$$

und die bezogene Drehmomentgleichung

$$M^*_e = k\,(i^*_{1q}\, i^*_{2d} - i^*_{1d}\, i^*_{2q}) = -J^*\frac{ds}{dt^*} + d^*_m\,(1 - s) + M^*_g. \tag{11.93}$$

In vielen Fällen kann man die Reibung vernachlässigen ($d_m^* = 0$). Dann enthalten bei bekanntem Verlauf des Gegenmomentes die Gleichungen nur noch die vier Parameter

$$r_1, r_2, k = \sqrt{1-\sigma} \quad \text{und} \quad J^*.$$

Von Maschine zu Maschine unterscheiden sich r_1, r_2 und σ nur verhältnismäßig wenig, wobei r_1 und r_2 mit zunehmender Maschinengröße kleiner werden. Durch Einschalten von Widerständen bzw. durch Widerstände von Leitungen können sich r_1 und r_2 ändern. Das bezogene Massenträgheitsmoment J^* hängt sehr von der Schwungmasse der Arbeitsmaschine ab.

11.4.3. Dynamisches Verhalten

Als Beispiel für das dynamische Verhalten der Asynchronmaschine wollen wir einige charakteristische Vorgänge wiedergeben, die für einen Asynchronmotor mit den Daten

$$r_1 = 0{,}005, \quad r_2 = 0{,}006, \quad \sigma = 0{,}04, \quad J^* = 150$$

auf einem Analogrechner untersucht wurden. Die Reibung ist hierbei vernachlässigt: $d_m^* = 0$.

Wird der zuvor stromlose Motor zur Zeit $t^* = 0$ eingeschaltet, so entwickelt er im unbelasteten Zustand ($M_g^* = 0$) das in Bild 11.9a wiedergegebene Drehmoment. Im Gegensatz zur gestrichelt eingetragenen stationären Drehmoment-Drehzahlkennlinie ist nunmehr das Drehmoment zeitlich veränderlich und nimmt selbst negative Werte an. Man erkennt ferner, daß die Drehzahl über die synchrone Drehzahl hinausschwingt.

Bild 11.9b und c gelten für andere bezogene Trägheitsmomente. Eine Verringerung von J^* läßt sich – wenigstens grundsätzlich – durch Anlegen einer höheren Spannung bewerkstelligen ($J^* \sim 1/U^2$). Bei einem sehr kleinen Wert von J^*, den man praktisch nicht verwirklichen kann, oszilliert der Läufer um die synchrone Drehzahl (Bild 11.9d). Ein derart instabiles Verhalten kann auch durch Vorschalten von Widerständen im Ständerkreis auftreten (Bild 11.9e).

Für den Fall des *festgebremsten* Läufers ($s = 1$) wurden die Ströme der drei Wicklungsstränge bestimmt. Die größte Stromamplitude betrug $1{,}2 \times I_{1A}\sqrt{2}$, wobei $I_{1A}\sqrt{2}$ der Scheitelwert des stationären Anzugsstromes (bei $s = 1$) ist. Der Kurzschlußstrom ging nach dem Einschalten praktisch innerhalb von ein bis zwei Perioden auf den stationären Kurzschlußstrom zurück. Im Gegensatz hierzu klangen die Schwingungen des Drehmomentes sehr langsam ab.

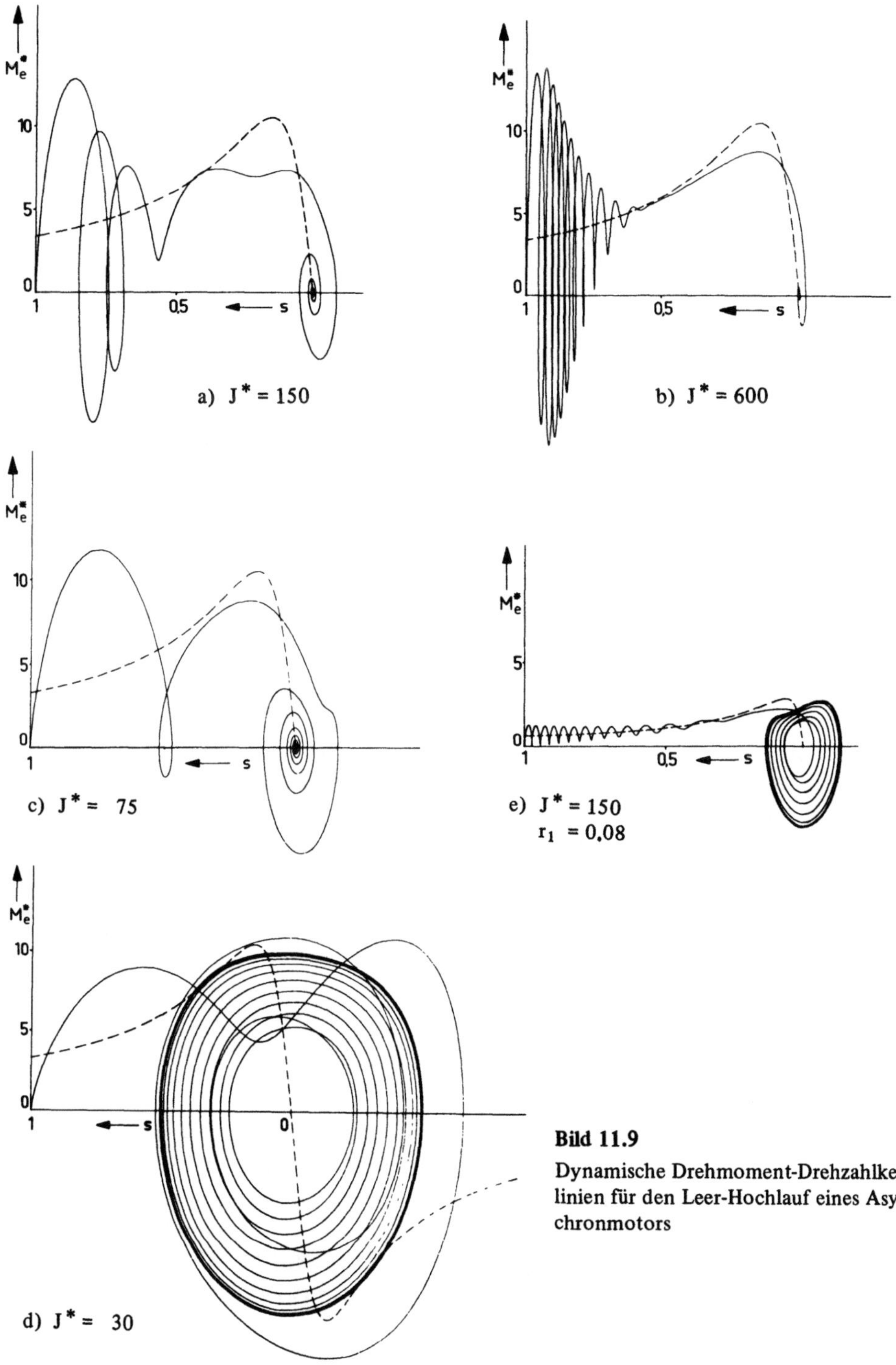

Bild 11.9

Dynamische Drehmoment-Drehzahlkennlinien für den Leer-Hochlauf eines Asynchronmotors

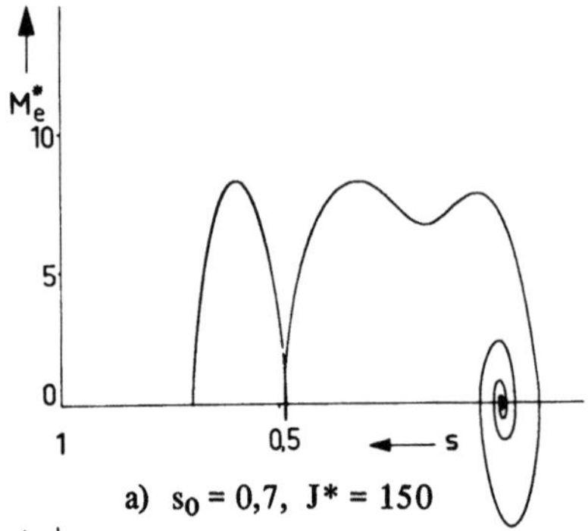

a) $s_0 = 0{,}7$, $J^* = 150$

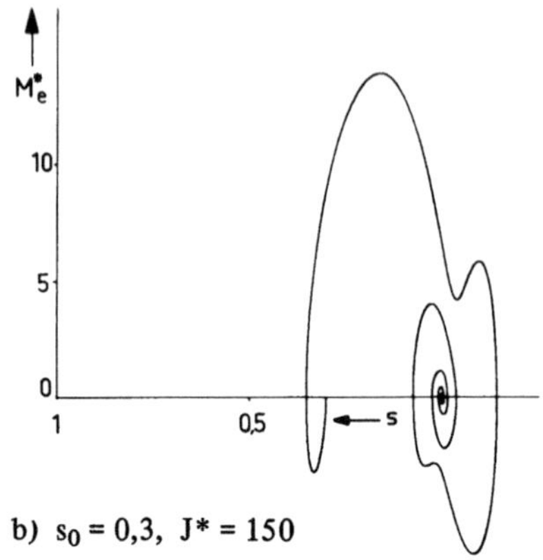

b) $s_0 = 0{,}3$, $J^* = 150$

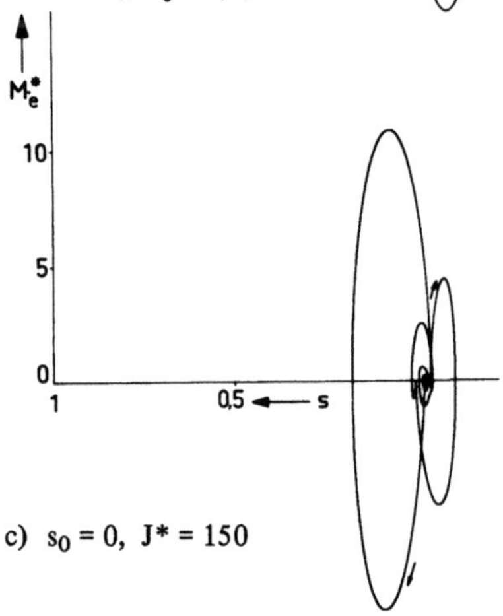

c) $s_0 = 0$, $J^* = 150$

Bild 11.10
Drehmomentverlauf bei Einschaltung der stromlosen drehenden Maschine

Schaltet man die unbelastet laufende aber stromlose Maschine bei verschiedenem Schlupf ein, so erhält man die in Bild 11.10 wiedergegebenen Drehmoment-Drehzahlverläufe. Wie man sieht, wird der Läufer nach dem Einschalten nicht immer sofort beschleunigt. Schaltet man die Maschine bei höheren Drehzahlen ein ($s_0 = 0{,}3$), so wird der Läufer zunächst abgebremst, ehe er dann hochläuft.

Auch dann, wenn die stromlose Maschine im Synchronismus eingeschaltet wird, treten große Ströme und Drehmomente auf.

In diesem Fall (Bild 11.11) ergab sich praktisch die gleiche Amplitude des Stromes wie beim Einschalten im Stillstand.

Anmerkung

Man beachte, daß allen Berechnungen ein absolut gleichzeitiges Einschalten aller drei Wicklungsstränge zugrunde liegt. In der Praxis ist das meist nicht der Fall. Durch eine geeignete Verzögerung der Schaltung in den verschiedenen Strängen ist es beispielsweise möglich, die Drehmomentschwankungen beim Hochlaufen praktisch zu vermeiden. [J. F. BLOM: The influence of the switch on the transients of the three-phase induction machine, De Ingenieur 52 (1963) S. E181–E190].

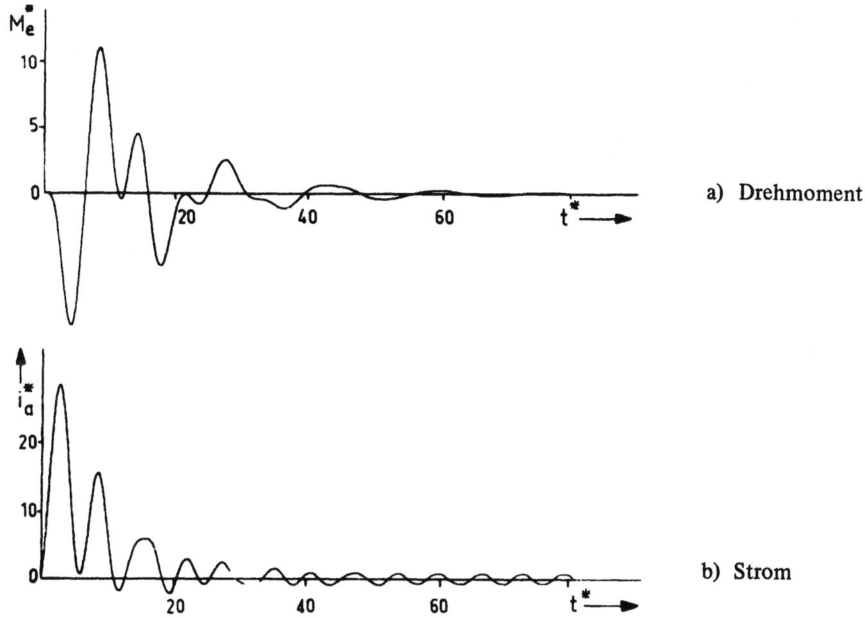

Bild 11.11 Abklingen des Drehmomentes und des Leerlaufstromes nach dem Einschalten bei synchronem Lauf. (Der Schaltaugenblick ist so gewählt, daß in dem betrachteten Wicklungsstrang die größtmögliche Stromamplitude auftritt.)

11.5. Stabilität

Wie aus dem Beispiel des Leer-Hochlaufs hervorging, ist es möglich, daß unter gewissen Umständen die Asynchronmaschine auch nach längerer Zeit keine stationäre Drehzahl annimmt, sondern unter ständigen Schwankungen der Drehzahl läuft. Da man derartige selbsterregte Schwingungen vermeiden muß, ist es wichtig festzustellen, unter welchen Bedingungen sich ein stabiler stationärer Betrieb überhaupt einstellt.

Zur Untersuchung der Stabilität betrachten wir die Änderungen der Variablen in der Nähe eines stationären Betriebszustandes, wobei wir dem von VAN DEN BURG [3, 4] angegebenen Weg folgen. Im einzelnen sind die folgenden Schritte erforderlich:

- Aufsuchen der stationären Lösung für einen beliebigen Schlupf,
- Entwicklung der Variablen an diesem Punkt,
- Linearisierung der Gleichungen,
- Untersuchung der Bedingungen, unter denen die Abweichungen vom stationären Zustand abklingen, mit Hilfe des HURWITZ-Kriteriums.

Wir setzen voraus:

- Die Reibung wird vernachlässigt: $d_m^* = 0$. Da sich hierdurch die Dämpfung verringert, befindet sich die Rechnung auf der sicheren Seite. Andererseits läßt sich die Reibung als Bestandteil des Gegenmomentes berücksichtigen.
- Das Gegenmoment sei lediglich eine Funktion des Schlupfes $M_g^* = M_g^*(s)$.

Der Ausgangspunkt der Untersuchung sind die reduzierten Gl. (11.92) und (11.93) für die symmetrisch gespeiste *Dreiphasenmaschine*. Diese lassen sich noch weiter vereinfachen, wenn man die bezogenen Ströme durch bezogene Spulenflüsse ersetzt, wobei der Einfachheit halber auf den * verzichtet wird:

$$\left.\begin{aligned} i_{1d}^* + k\, i_{2d}^* &= \psi_{1d}, \\ i_{1q}^* + k\, i_{2q}^* &= \psi_{1q}, \\ i_{2d}^* + k\, i_{1d}^* &= \psi_{2d}, \\ i_{2q}^* + k\, i_{1q}^* &= \psi_{2q}. \end{aligned}\right\} \tag{11.94}$$

Wir führen ferner neue bezogene Widerstände ein:

$$\boxed{\begin{aligned} \gamma_1 &= \frac{r_1}{\sigma} = \frac{R_1}{\sigma\,\omega\,L_1}, \\ \gamma_2 &= \frac{r_2}{\sigma} = \frac{R_2}{\sigma\,\omega\,L_2} \approx s_K. \end{aligned}} \tag{11.95}$$

Damit finden wir das Gleichungssystem

$$\left.\begin{aligned} &\begin{bmatrix} 1(t^*) \\ 0 \\ 0 \\ 0 \end{bmatrix} = \begin{bmatrix} \gamma_1 & -1 & -k\gamma_1 & 0 \\ 1 & \gamma_1 & 0 & -k\gamma_1 \\ -k\gamma_2 & 0 & \gamma_2 & -s \\ 0 & -k\gamma_2 & s & \gamma_2 \end{bmatrix} \begin{bmatrix} \psi_{1d} \\ \psi_{1q} \\ \psi_{2d} \\ \psi_{2q} \end{bmatrix} + \begin{bmatrix} \dot\psi_{1d} \\ \dot\psi_{1q} \\ \dot\psi_{2d} \\ \dot\psi_{2q} \end{bmatrix}, \\ &M_e^* = \frac{k}{\sigma}\,(\psi_{2d}\,\psi_{1q} - \psi_{1d}\,\psi_{2q}) = -J^*\dot s + M_g^*(s). \end{aligned}\right\} \tag{11.96}$$

Hierin ist die Ableitung nach der bezogenen Zeit t^* durch einen Punkt gekennzeichnet.

Stationäre Lösung

Im stationären Zustand, d. h. bei konstanter Drehzahl ist $\dot s = 0$. In diesem Falle lassen sich außerdem die Ströme bzw. Flüsse unabhängig vom Drehmoment ermitteln. Wie man aus Gl. (11.96) erkennt, kann wegen des konstanten Störgliedes 1(t*) (Gleichspannung!) die partikuläre Lösung nur aus Konstanten bestehen, so daß ferner gilt:

$$\dot{\psi}_{1d} = \dot{\psi}_{1q} = \dot{\psi}_{2d} = \dot{\psi}_{2q} = 0.$$

Bezeichnen wir die stationäre Lösung mit dem Index 0, so gilt:

$$\begin{bmatrix} 1 \\ 0 \\ 0 \\ 0 \end{bmatrix} = \begin{bmatrix} \gamma_1 & -1 & -k\gamma_1 & 0 \\ 1 & \gamma_1 & 0 & -k\gamma_1 \\ -k\gamma_2 & 0 & \gamma_2 & -s_0 \\ 0 & -k\gamma_2 & s_0 & \gamma_2 \end{bmatrix} \begin{bmatrix} \psi_{1d0} \\ \psi_{1q0} \\ \psi_{2d0} \\ \psi_{2q0} \end{bmatrix} = \mathbf{C}\,\mathbf{\Psi}_0, \tag{11.97}$$

$$M^*_{e0} = \frac{k}{\sigma}(\psi_{2d0}\,\psi_{1q0} - \psi_{1d0}\,\psi_{2q0}) = M^*_g(s_0), \tag{11.98}$$

wobei zur Abkürzung die Matrix $\mathbf{C}$ eingeführt wurde. Die Lösung der Gl. (11.97) ist

$$\mathbf{\Psi}_0 = \mathbf{C}^{-1} \begin{bmatrix} 1 \\ 0 \\ 0 \\ 0 \end{bmatrix}.$$

Ihre Auswertung liefert

$$\mathbf{\Psi}_0 = \begin{bmatrix} \psi_{1d0} \\ \psi_{1q0} \\ \psi_{2d0} \\ \psi_{2q0} \end{bmatrix} = -\frac{1}{\det \mathbf{C}} \begin{bmatrix} \gamma_2\,(s_0 - \sigma\gamma_1\gamma_2) - s_0\,(s_0\,\gamma_1 + \gamma_2) \\ s_0\,(s_0 - \sigma\gamma_1\gamma_2) + \gamma_2\,(s_0\,\gamma_1 + \gamma_2) \\ k\gamma_2\,(s_0 - \sigma\gamma_1\gamma_2) \\ k\gamma_2\,(s_0\gamma_1 + \gamma_2) \end{bmatrix} \tag{11.99}$$

mit

$$\det \mathbf{C} = (s_0 - \sigma\,\gamma_1\gamma_2)^2 + (s_0\gamma_1 + \gamma_2)^2. \tag{11.100}$$

Durch Einsetzen der Gl. (11.99) in Gl. (11.98) erhalten wir das Drehmoment

$$M^*_{e0} = \frac{s_0\,k^2\,\gamma_2}{\sigma\,\det \mathbf{C}} = \frac{k^2/\sigma}{\dfrac{s_0}{\gamma_2}(1+\gamma_1)^2 + 2\,k^2\gamma_1 + \dfrac{\gamma_2}{s_0}(1+\sigma^2\gamma_1^2)}. \tag{11.101}$$

Entwicklung der Variablen

Für kleine Abweichungen vom stationären Zustand setzen wir

$$\boldsymbol{\Psi} = \boldsymbol{\Psi}_0 + \Delta\boldsymbol{\Psi},$$

$$s = s_0 + \Delta s,$$

$$M_g^*(s) = M_g^*(s_0) + \Delta s\left(\frac{dM_g^*(s)}{ds}\right)_{s_0} + \frac{1}{2}(\Delta s)^2\left(\frac{d^2M_g^*(s)}{ds^2}\right)_{s_0} + \ldots.$$

Schreiben wir zur Abkürzung

$$\delta = \left(\frac{dM_g^*(s)}{ds}\right)_{s_0}, \tag{11.102}$$

so ist

$$M_g^*(s) = M_g^*(s_0) + \delta\,\Delta s + \frac{1}{2}(\Delta s)^2\left(\frac{d^2M_g^*(s)}{ds^2}\right)_{s_0} + \ldots.$$

Die am stationären Betriebspunkt s_0 entwickelten Größen führen wir in Gl. (11.96) ein:

$$\begin{bmatrix}1\\0\\0\\0\end{bmatrix} = \begin{bmatrix}\gamma_1 & -1 & -k\gamma_1 & 0\\ 1 & \gamma_1 & 0 & -k\gamma_1\\ -k\gamma_2 & 0 & \gamma_2 & -(s_0+\Delta s)\\ 0 & -k\gamma_2 & s_0+\Delta s & \gamma_2\end{bmatrix}\begin{bmatrix}\psi_{1d0}+\Delta\psi_{1d}\\ \psi_{1q0}+\Delta\psi_{1q}\\ \psi_{2d0}+\Delta\psi_{2d}\\ \psi_{2q0}+\Delta\psi_{2q}\end{bmatrix} + \begin{bmatrix}\Delta\dot{\psi}_{1d}\\ \Delta\dot{\psi}_{1q}\\ \Delta\dot{\psi}_{2d}\\ \Delta\dot{\psi}_{2q}\end{bmatrix}.$$

Subtrahieren wir hiervon die partikuläre Lösung nach Gl. (11.97), so bleibt

$$\begin{bmatrix}0\\0\\0\\0\end{bmatrix} = \begin{bmatrix}\gamma_1 & -1 & -k\gamma_1 & 0\\ 1 & \gamma_1 & 0 & -k\gamma_1\\ -k\gamma_2 & 0 & \gamma_2 & -(s_0+\Delta s)\\ 0 & -k\gamma_2 & s_0+\Delta s & \gamma_2\end{bmatrix}\begin{bmatrix}\Delta\psi_{1d}\\ \Delta\psi_{1q}\\ \Delta\psi_{2d}\\ \Delta\psi_{2q}\end{bmatrix} + \Delta s\begin{bmatrix}0\\0\\-\psi_{2q0}\\ \psi_{2d0}\end{bmatrix} +$$

$$+\begin{bmatrix}\Delta\dot{\psi}_{1d}\\ \Delta\dot{\psi}_{1q}\\ \Delta\dot{\psi}_{2d}\\ \Delta\dot{\psi}_{2q}\end{bmatrix}. \tag{11.103}$$

In der gleichen Weise formen wir die Drehmomentgleichung um. Die Einführung der neuen Veränderlichen ergibt:

$$\frac{k}{\sigma}[(\psi_{2d0} + \Delta\psi_{2d})(\psi_{1q0} + \Delta\psi_{1q}) - (\psi_{1d0} + \Delta\psi_{1d})(\psi_{2q0} + \Delta\psi_{2q})] =$$

$$= - J^* \Delta\dot{s} + M_g^*(s_0) + \delta\Delta s + \frac{1}{2}(\Delta s)^2 \left(\frac{d^2 M_g^*(s)}{ds^2}\right)_{s_0} + \dots .$$

Nach Subtrahieren der partikulären Lösung (11.98) bleibt:

$$\frac{k}{\sigma}[-(\psi_{2q0} + \Delta\psi_{2q})\Delta\psi_{1d} + (\psi_{2d0} + \Delta\psi_{2d})\Delta\psi_{1q} + \psi_{1q0}\Delta\psi_{2d}$$

$$- \psi_{1d0}\Delta\psi_{2q}] + J^* \Delta\dot{s} - \delta\Delta s - \frac{1}{2}(\Delta s)^2 \left(\frac{d^2 M_g^*(s)}{ds^2}\right)_{s_0} - \dots = 0 \tag{11.104}$$

Linearisierung der Gleichungen

Die Gl. (11.103) und (11.104) bestehen aus 5 Gleichungen für die 5 Unbekannten $\Delta\psi_{1d}$, $\Delta\psi_{1q}$, $\Delta\psi_{2d}$, $\Delta\psi_{2q}$ und Δs. Beschränken wir uns auf die Betrachtung sehr kleiner Abweichungen vom stationären Zustand, so lassen sich diese Gleichungen linearisieren, indem wir setzen:

$$s_0 + \Delta s \approx s_0,$$
$$\psi_{2q0} + \Delta\psi_{2q} \approx \psi_{2q0},$$
$$\psi_{2d0} + \Delta\psi_{2d} \approx \psi_{2d0},$$
$$(\Delta s)^2 \approx 0.$$

Die derart linearisierten Gleichungen fassen wir in einer Matrizengleichung zusammen und erhalten

$$\begin{bmatrix} \Delta\dot{\psi}_{1d} \\ \Delta\dot{\psi}_{1q} \\ \Delta\dot{\psi}_{2d} \\ \Delta\dot{\psi}_{2q} \\ \Delta\dot{s} \end{bmatrix} + \begin{bmatrix} \gamma_1 & -1 & -k\gamma_1 & 0 & 0 \\ 1 & \gamma_1 & 0 & -k\gamma_1 & 0 \\ -k\gamma_2 & 0 & \gamma_2 & -s_0 & -\psi_{2q0} \\ 0 & -k\gamma_2 & s_0 & \gamma_2 & \psi_{2d0} \\ -\frac{k}{\sigma J^*}\psi_{2q0} & \frac{k}{\sigma J^*}\psi_{2d0} & \frac{k}{\sigma J^*}\psi_{1q0} & -\frac{k}{\sigma J^*}\psi_{1d0} & -\frac{\delta}{J^*} \end{bmatrix} \times$$

$$\times \begin{bmatrix} \Delta\psi_{1d} \\ \Delta\psi_{1q} \\ \Delta\psi_{2d} \\ \Delta\psi_{2q} \\ \Delta s \end{bmatrix} = \begin{bmatrix} 0 \\ 0 \\ 0 \\ 0 \\ 0 \end{bmatrix}. \tag{11.105}$$

Stabilitätsuntersuchung

Die Gleichung (11.105) können wir abgekürzt schreiben

$$\dot{\mathbf{Y}} + \mathbf{B}\mathbf{Y} = 0, \tag{11.105a}$$

wenn wir die Unbekannten mit **Y** und die 5 × 5-Matrix mit **B** bezeichnen. Zur Lösung dieses Systems homogener linearer Differentialgleichungen machen wir den Ansatz

$$\mathbf{Y} = \begin{bmatrix} k_{1d} \\ k_{1q} \\ k_{2d} \\ k_{2q} \\ k_s \end{bmatrix} e^{\lambda t^*} = \mathbf{K}\, e^{\lambda t^*}, \tag{11.106}$$

wobei die Spaltenmatrix **K** die Integrationskonstanten enthält. Durch Einsetzen in die Gl. (11.105a) finden wir

$$\lambda \mathbf{K} + \mathbf{B}\mathbf{K} = 0$$

oder

$$(\lambda \mathbf{E} + \mathbf{B})\,\mathbf{K} = 0,$$

wobei **E** die Einheitsmatrix der Ordnung 5 × 5 ist. Die Konstanten **K** können nur dann von Null verschieden sein, wenn

$$\det(\lambda \mathbf{E} + \mathbf{B}) = 0 \tag{11.107}$$

ist. Diese Bedingung legt die *Eigenwerte* λ fest.

Ausgeschrieben lautet Gl. (11.107):

$$\begin{vmatrix} (\lambda+\gamma_1) & -1 & -k\gamma_1 & 0 & 0 \\ 1 & (\lambda+\gamma_1) & 0 & -k\gamma_1 & 0 \\ -k\gamma_2 & 0 & (\lambda+\gamma_2) & -s_0 & -\psi_{2q0} \\ 0 & -k\gamma_2 & s_0 & (\lambda+\gamma_2) & \psi_{2d0} \\ -\dfrac{k}{\sigma J^*}\psi_{2q0} & \dfrac{k}{\sigma J^*}\psi_{2d0} & \dfrac{k}{\sigma J^*}\psi_{1q0} & -\dfrac{k}{\sigma J^*}\psi_{1d0} & \left(\lambda-\dfrac{\delta}{J^*}\right) \end{vmatrix} = 0.$$

Die Auswertung liefert mit Hilfe der Gl. (11.99) die charakteristische Gleichung

$$a_0\,\lambda^5 + a_1\,\lambda^4 + a_2\,\lambda^3 + a_3\,\lambda^2 + a_4\,\lambda + a_5 = 0 \tag{11.108}$$

mit den Koeffizienten

$$
\left.\begin{aligned}
a_0 &= \sigma J^*,\\
a_1 &= 2\sigma J^*(\gamma_1+\gamma_2)-\sigma\delta,\\
a_2 &= \sigma J^*[(\gamma_1+\gamma_2)^2+s_0^2+1+2\sigma\gamma_1\gamma_2]-2\sigma\delta(\gamma_1+\gamma_2)\\
&\quad+\frac{k^2\gamma_2}{\det \mathbf{C}}\gamma_2,\\
a_3 &= 2\sigma J^*[s_0^2\gamma_1+\gamma_2+\sigma\gamma_1\gamma_2(\gamma_1+\gamma_2)]-\sigma\delta[(\gamma_1+\gamma_2)^2\\
&\quad+s_0^2+1+2\sigma\gamma_1\gamma_2]+\frac{k^2\gamma_2}{\det \mathbf{C}}[\gamma_2^2-s_0^2+(1+\sigma)\gamma_1\gamma_2],\\
a_4 &= \sigma J^*\det \mathbf{C}-2\sigma\delta[s_0^2\gamma_1+\gamma_2+\sigma\gamma_1\gamma_2(\gamma_1+\gamma_2)]\\
&\quad+\frac{k^2\gamma_2}{\det \mathbf{C}}[\gamma_2-2s_0^2\gamma_1+\sigma\gamma_1\gamma_2(\gamma_1+2\gamma_2)],\\
a_5 &= -\sigma\delta\det \mathbf{C}+\frac{k^2\gamma_2}{\det \mathbf{C}}[\gamma_2^2(1+\sigma^2\gamma_1^2)-s_0^2(1+\gamma_1^2)].
\end{aligned}\right\}\qquad(11.109)
$$

Die Wurzeln der charakteristischen Gleichung (11.108) sind von der allgemeinen Form

$$\lambda_i=\epsilon_i+j\,\Omega_i. \qquad i=1\ldots 5$$

Damit werden die Variablen nach Gl. (11.106)

$$y(t)=k_i e^{\epsilon_i t}e^{j\Omega_i t^*}=c_i e^{\epsilon_i t^*}\cos(\Omega_i t^*+\varphi_i) \qquad i=1\ldots 5$$

wenn man die Integrationskonstanten k_i durch die Konstanten c_i und φ_i ersetzt.

|| Eine Instabilität tritt demnach auf, wenn eine der Wurzeln λ_i einen positiven Realteil ϵ_i enthält.

Die Bedingungen, unter denen die Maschine stabil arbeitet, sollen mit Hilfe des von TELLEGEN [1]) vereinfachten HURWITZ-Kriteriums untersucht werden.
Es verlangt für die Stabilität die Bedingungen

$$a_0>0,\ a_1>0,\ a_2>0,\ a_5>0,$$

$$\Delta_2=\begin{vmatrix} a_1 & a_0\\ a_5 & a_4\end{vmatrix}>0$$

---

1) G. J. ELIAS und B. D. H. TELLEGEN: Theorie der Wisselstromen, Deel III, P. Noordhoff N. V., Groningen-Djakarta, 1952, S. 32–33.

und

$$\Delta_4 = \begin{vmatrix} a_1 & a_0 & 0 & 0 \\ a_3 & a_2 & a_1 & a_0 \\ a_5 & a_4 & a_3 & a_2 \\ 0 & 0 & a_5 & a_4 \end{vmatrix} > 0\,.$$

Stabilitätsbedingungen

Wir wollen nun der Frage nachgehen, unter welchen Umständen die Stabilitätsbedingungen in der Praxis erfüllt sind.

$$a_0 > 0$$

Diese Forderung ist stets erfüllt, da der Streukoeffizient und das bezogene Massenträgheitsmoment stets positiv sind.

$$a_5 > 0$$

Wie man mit Hilfe des stationären Drehmomentes nach Gl. (11.101) leicht feststellt, bedeutet diese Bedingung

$$\frac{dM_{e0}^*}{ds_0} - \delta > 0.$$

Setzen wir δ nach Gl. (11.102) ein und drücken den Schlupf durch die *stationäre* Drehzahl

$$n = n_0\,(1 - s_0) \rightarrow d\,n = -\,n_0\,ds_0$$

aus, so erhalten wir die bekannte Forderung

$$\boxed{\frac{dM_g^*}{dn} > \frac{dM_{e0}^*}{dn}}\,, \qquad (11.110)$$

die wir mit Hilfe der in Bild 11.12 eingeführten Winkel als

$$\tan\alpha > \tan\beta$$

schreiben können. In Bild 11.12 ist diese Bedingung erfüllt.

Das Stabilitätskriterium $a_5 > 0$ ist identisch mit der Bedingung der aus dem stationären Verhalten abgeleiteten Stabilität. Da es nicht das einzige Kriterium darstellt, ist es *notwendig,* aber *nicht hinreichend.*

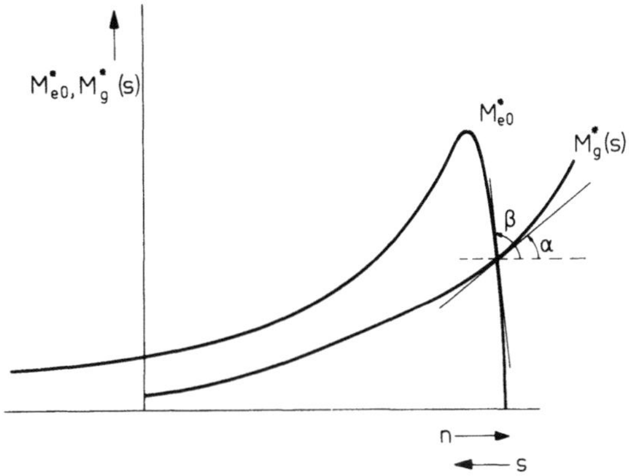

Bild 11.12
Stationäre Drehmoment-Drehzahlkennlinien

$$a_1 > 0$$

Dieses Kriterium bedeutet

$$2\,J^*(\gamma_1 + \gamma_2) - \delta > 0.$$

Mit

$$\delta = -\,n_0 \frac{d\,M_g^*}{dn} = -\,n_0 \tan\alpha$$

erhält man

$$\boxed{2\,J^*(\gamma_1 + \gamma_2) + n_0 \tan\alpha > 0.}$$

Es ist stets erfüllt, solange $\mathrm{tg}\,\alpha > 0$ gilt. Bei negativem $\mathrm{tg}\,\alpha$ sind jedoch Fälle von Instabilität möglich, und zwar auch dann, wenn die Stabilität nach Gl. (11.110) gegeben ist.

$$a_2 > 0$$

Auch diese Bedingung ist stets erfüllt, sofern $\mathrm{tg}\,\alpha$ positiv ist, andernfalls können Fälle von Instabilität auftreten.

$$\Delta_2 > 0$$

Eine nähere Untersuchung der Determitante ergibt, daß in normalen Fällen, in denen $\mathrm{tg}\,\alpha$ positiv und der Schlupf s_0 kleiner als der Kippschlupf ist, diese Bedingung erfüllt ist.

$$\Delta_4 > 0$$

Zur Untersuchung des letzten HURWITZ-Kriteriums benötigt man für bestimmte Werte von s und δ die Größen γ_1, γ_2, k und J^*. Die Stabilitätsgrenze, die bei $\Delta_4 = 0$ auftritt, läßt sich mit einem Digitalrechner leicht feststellen.

Als Beispiel ($\sigma = 0{,}04$) sind in Bild 11.13 die Stabilitätsbereiche für den Fall des Leerlaufs ($s_0 = 0$, $\delta = 0$) mit dem bezogenen Läuferwiderstand γ_2 als Parameter wiedergegeben, wobei die eingeschlossenen Flächen die Instabilität bezeichnen. Bild 11.13b zeigt einen Ausschnitt aus Bild 11.13a. Das gleiche ist noch einmal für $\sigma = 0{,}06$ in Bild 11.14 dargestellt.

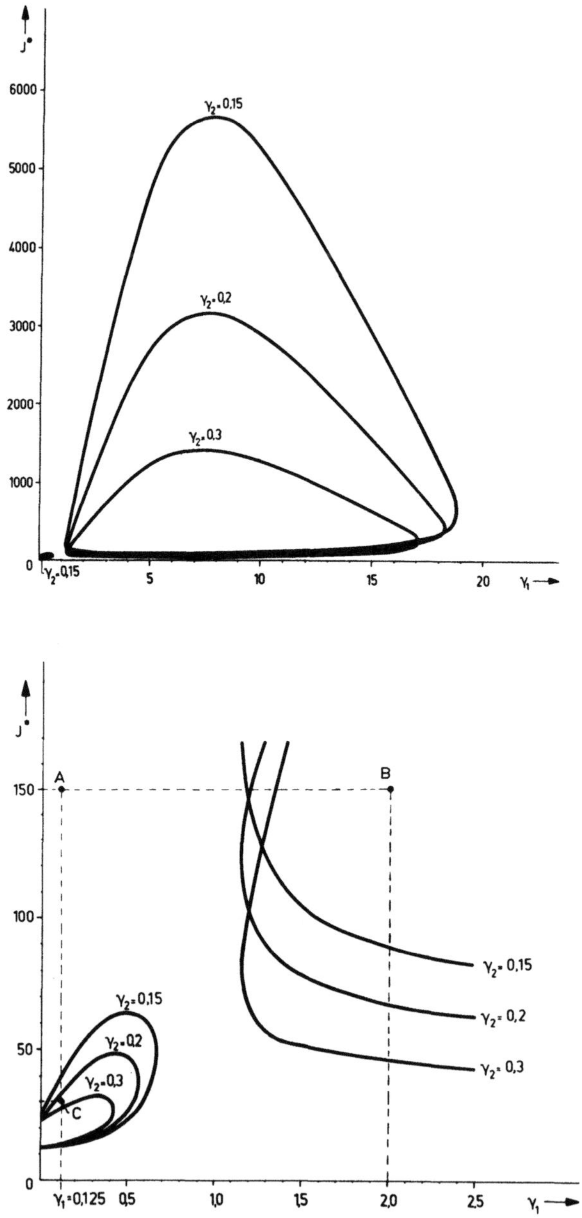

a) Übersicht

b) Ausschnitt

Bild 11.13 Instabilitätsbereiche für $\sigma = 0{,}04$ und Leerlauf ($s_0 = 0$, $\delta = 0$).

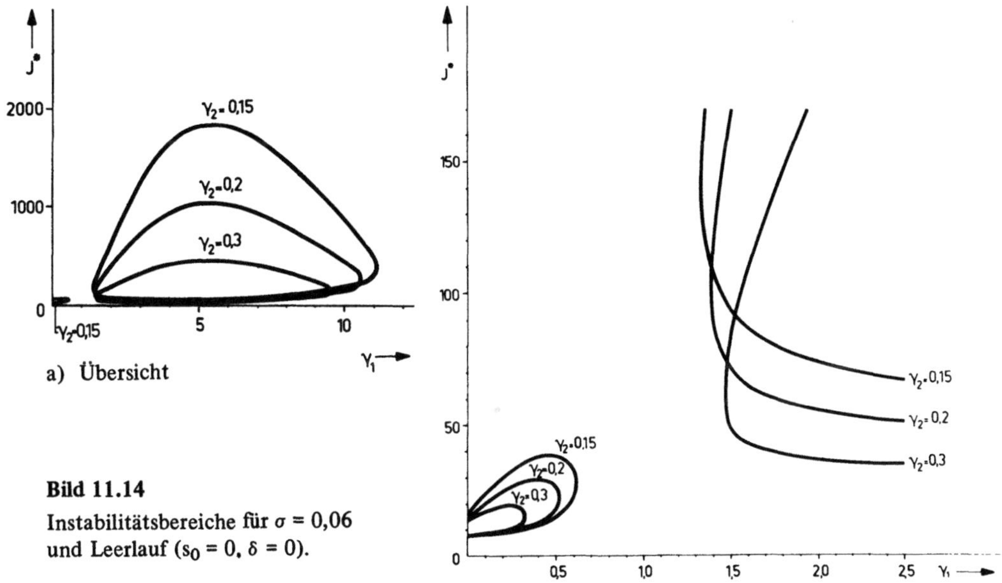

a) Übersicht

b) Ausschnitt

Bild 11.14
Instabilitätsbereiche für $\sigma = 0{,}06$ und Leerlauf ($s_0 = 0$, $\delta = 0$).

Im allgemeinen arbeiten die Maschinen im normalen Betrieb stabil.

Das ist beispielsweise für die oben genannte Maschine mit den Größen $\gamma_1 = 0{,}125$, $J^* = 150$ und $\gamma_2 = 0{,}15$ leicht zu erkennen. Der zugehörige Punkt A in Bild 11.13b liegt außerhalb der Instabilitätsbereiche.

Vergrößert man z. B. den Ständerwiderstand, so kann eine Instabilität auftreten.

So wird bei der oben genannten Maschine bei $\gamma_1 = 2$ der Betrieb instabil (Bild 11.13b, Punkt B). Wie sich das auswirkt, geht aus der zugehörigen Drehmoment-Drehzahlkennlinie hervor, die bereits in Bild 11.9e wiedergegeben wurde. Der zur Drehmoment-Drehzahlkennlinie nach Bild 11.9d gehörende Punkt C ist ebenfalls in Bild 11.13b eingetragen.

Offensichtlich bleiben die Abweichungen vom synchronen Lauf endlich, im Gegensatz zu den Lösungen der linearisierten Gleichungen. Stets werden nämlich die Abweichungen vom stationären Zustand so groß, daß die Voraussetzung kleiner Änderungen der Veränderlichen nicht mehr erfüllt ist. Die Amplituden der Schwingungen bleiben durch die Nichtlinearität des Systems begrenzt.

D. Anhang

12. Wicklungsanordnung und Wicklungsfaktor

Die in Kapitel 1 eingeführten Wicklungsfaktoren erhält man zwangsläufig, wenn man bei der Berechnung der EMK die Lage der einzelnen Spulen durch entsprechende Integrationsgrenzen berücksichtigt. Der Einfachheit halber wollen wir hier den Wicklungsfaktor auf eine andere Weise ermitteln, wozu wir von der bereits angedeuteten Definition des Wicklungsfaktors

$$\xi = \frac{\text{geometrische Summe der EMK-Zeiger}}{\text{arithmetrische Summe der EMK-Zeiger}} \quad \text{ausgehen.}$$

Die Größe des Wicklungsfaktors hängt natürlich von der Anordnung der Wicklung ab. Von den zahlreichen Möglichkeiten, die es hierfür gibt, wollen wir nur einige der wichtigsten kurz betrachten. Die Auslegung der Wicklungen geht über den Rahmen dieser Einführung hinaus.

12.1. Wicklungsanordnung

Eine kennzeichnende Größe für jede Wicklung ist die Nutenzahl je Pol und Wicklungsstrang, die man bei einer in N Nuten untergebrachten Wicklung zu

$$q = \frac{N}{2\,pm} \tag{12.1}$$

erhält. Bei der Drehstromwicklung mit 6 Zonen ist es gerade die Anzahl der in einer Zone untergebrachten Nuten.

Ist q eine ganze Zahl, so spricht man von einer *Ganzlochwicklung.* Bei Synchronmaschinen verwendet man dagegen auch Wicklungen, die unter verschiedenen Polen unterschiedliche Nutenzahlen je Strang haben, wie es das in Bild 12.1 dargestellte Beispiel zeigt. In diesem Fall erhält man gebrochene Nutenzahlen je Pol und Strang und damit sogenannte *Bruchlochwicklungen.* Diese Wicklungen haben den Vorteil, daß sie gewisse Oberschwingungen in der Spannungskurve nicht so stark hervortreten lassen.

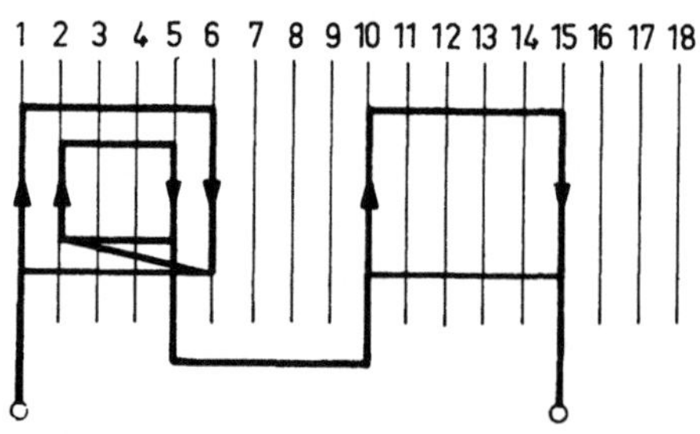

Bild 12.1
Wicklungsstrang
einer Bruchlochwicklung
(p = 2, q = 1,5)

Ein weiteres Mittel zur Unterdrückung der höheren Harmonischen in der induzierten Spannung bzw. im Feld besteht darin, die Spulen mit einer geringeren Weite als einer Polteilung anzuordnen. Auf diese Weise entsteht eine ***gesehnte*** Wicklung.

Ordnet man alle Leiter, die in einer Nut liegen, einer einzigen Spule zu, so kann man eine gesehnte Wicklung nur schwer herstellen. Eine Sehnung läßt sich dagegen einfach ausführen, sofern man die Anzahl der Spulen verdoppelt, indem man nach Bild 12.2 in jede Nut die Leiter von zwei verschiedenen Spulenseiten einlegt. Eine derartige Wicklung nennt man eine ***Zweischichtwicklung.***

Die Wirkungsweise der Zweischichtwicklung erkennt man sofort aus dem Zonenplan, für den in Bild 12.3 ein Beispiel angegeben ist. Die Leiter der Oberschicht werden genauso auf Zonen verteilt wie bei der Einschichtwicklung. Sie werden mit den Leitern der Unterschicht zu Spulen zusammengefaßt.

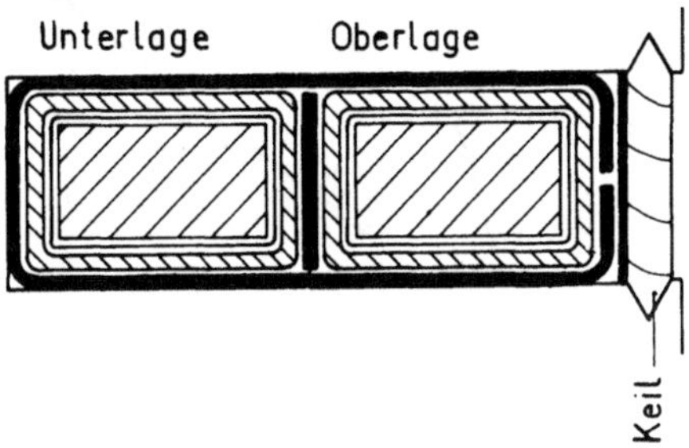

Bild 12.2
Nut mit einer Zweischichtwicklung

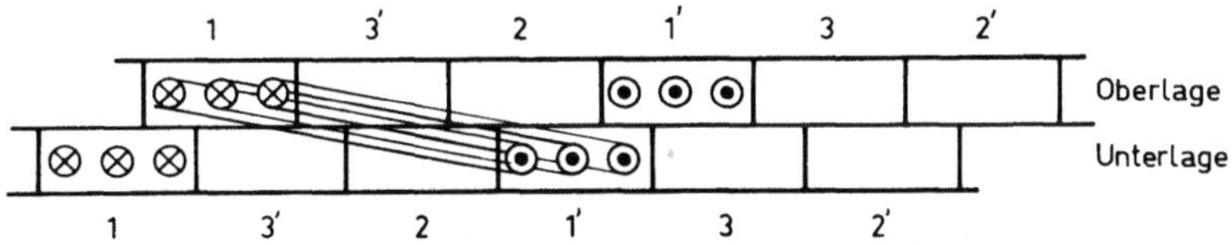

Bild 12.3 Zonenplan einer gesehnten Zweischichtwicklung ($m = 3$, $q = 3$, $S/\tau_p = 7/9$)

Legt man die Zonen der beiden Schichten übereinander, so ist die Spulenweite S gleich der Polteilung τ_p und man erhält eine ungesehnte Wicklung. Durch Verschieben der beiden Schichten gegeneinander kann man die Spulen um eine ganze Anzahl von Nuten sehnen. Mit Rücksicht auf den Kupferaufwand wählt man $S < \tau_p$.

12.2. Wicklungsfaktor

Sowohl die Verteilung der Wicklung auf mehrere Nuten in einer Zone als auch eine eventuelle Sehnung verringert die EMK. Der Wicklungsfaktor besteht daher aus zwei Teilfaktoren und zwar:

- dem Zonenfaktor ξ_z und
- dem Sehnungsfaktor ξ_s.

Damit wird der Wicklungsfaktor

$$\boxed{\xi = \xi_z \, \xi_s} \, . \tag{12.2}$$

Als Beispiel wollen wir den Wicklungsfaktor für Ganzlochwicklungen berechnen.

12.2.1. Zonenfaktor der Ganzlochwicklung

Um nur den Zonenfaktor zu erfassen, gehen wir von einer ***ungesehnten*** Ganzlochwicklung aus. Als Beispiel hierfür ist in Bild 12.4 eine der p Spulengruppen gezeichnet, aus denen ein Wicklungsstrang besteht. Zur Berechnung des Zonenfaktors denken wir uns die Spulengruppe durch die gestrichelt angedeuteten Spulen gleicher Weite ersetzt.

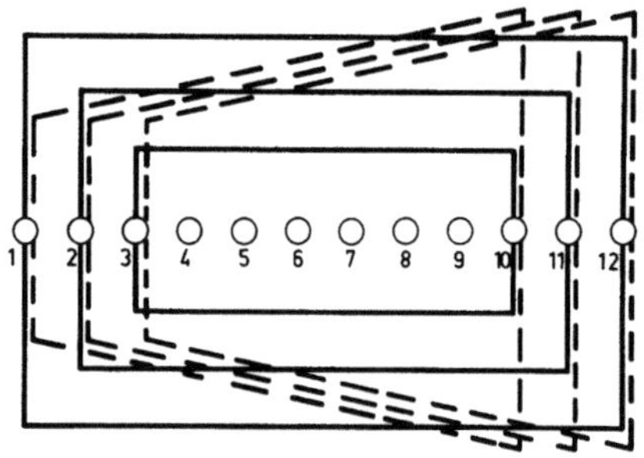

Bild 12.4
Spulengruppe einer Dreilochwicklung

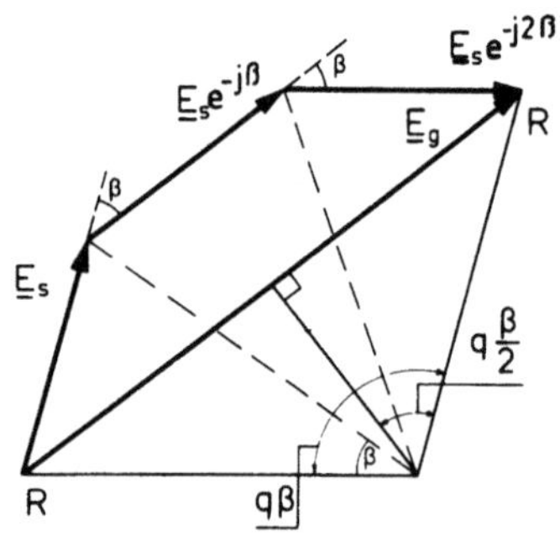

Bild 12.5
Zeigerdiagramm zur Berechnung des Zonenfaktors

Die EMKe dieser Spulen haben alle dieselbe Amplitude; sie sind aber gegeneinander phasenverschoben. Die Phasenverschiebung der EMKe zweier benachbarter Spulen ist gleich der Phasenverschiebung der EMKe von zwei nebeneinander liegenden Spulenseiten. Liegt die Wicklung in N Nuten, so beträgt diese Phasenverschiebung

$$\beta = p \, \frac{2\pi}{N} \, . \tag{12.3}$$

In Bild 12.5 sind die EMKe der Spulen einer Spulengruppe als Zeigerdiagramm dargestellt. Da bei einer Ganzlochwicklung jede der p Spulengruppen die gleiche Lage zum Feld einnimmt, genügt es, zur Berechnung des Zonenfaktors das Bild 12.5 zu betrachten. Unter Verwendung der dort eingeführten Bezeichnungen gilt dann für die EMK einer Spulengruppe

$$E_g = 2 \, R \, \sin\left(q \, \frac{\beta}{2}\right)$$

und für die EMK einer Spule

$$E_s = 2\,R\,\sin\frac{\beta}{2}\,.$$

Nun ist laut Definition

$$\xi_z = \frac{E_g}{q\,E_s}$$

und damit wird

$$\xi_z = \frac{\sin\left(q\frac{\beta}{2}\right)}{q\,\sin\frac{\beta}{2}}\,.$$

Berücksichtigen wir hierin die Gl. (12.3) und ersetzen ferner N nach Gl. (12.1), so ergibt sich der Zonenfaktor der Ganzlochwicklung zu

$$\boxed{\xi_z = \frac{\sin\frac{\pi}{2\,m}}{q\,\sin\frac{\pi}{2\,mq}}\,.} \qquad (12.4)$$

Anmerkung

Dieser Zonenfaktor gilt nur für Ganzlochwicklungen, da bei Bruchlochwicklungen nicht in allen Spulengruppen eines Wicklungsstranges die gleiche EMK entsteht.

12.2.2. Sehnungsfaktor

Zur Berechnung des Sehnungsfaktors gehen wir von dem Zeigerbild nach Bild 12.6 aus. Hierin sind die Zeiger der EMKe zweier Spulenseiten $\underline{E}_{s1}$ und $\underline{E}_{s2}$ einer Spule angegeben, deren Spulenweite S kleiner als die Polteilung τ_p ist. Die EMK der Spule ist dann

$$\underline{E}_s = \underline{E}_{s1} - \underline{E}_{s2}\,.$$

Mit Hilfe des Bildes 12.6 finden wir

$$\sin\left(\frac{S}{\tau_p}\,\frac{\pi}{2}\right) = \frac{E_s/2}{E_{s1}}\,.$$

Der Sehnungsfaktor

$$\xi_s = \frac{E_s}{2\,E_{s1}}$$

lautet demnach

$$\boxed{\xi_s = \sin\left(\frac{S}{\tau_p}\frac{\pi}{2}\right).} \qquad (12.5)$$

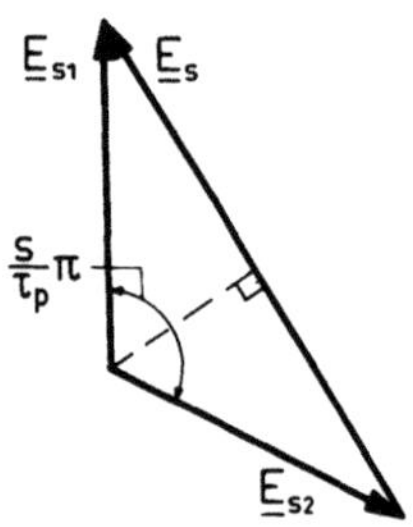

Bild 12.6
Zur Berechnung des Sehnungsfaktors

12.3. Der Wechselstrombelag einer Ganzlochwicklung

Zur Berechnung des Strombelages eines Wicklungsstranges gehen wir von der in Bild 12.7 wiedergegebenen Durchmesserspule mit z_n Windungen aus, die bei a parallelen Zweigen des Wicklungsstranges den Strom

$$\frac{i_a(t)}{a} = \frac{I}{a}\sqrt{2}\cos(\omega t + \varphi)$$

führt. Denken wir uns nun die gesamte Nutdurchflutung $z_n\ i_a/a$ gleichmäßig längs der Nutöffnung b_s verteilt, dann besteht hier der Strombelag $z_n\ i_a/(a b_s)$. Diese Vereinfachung ist hinsichtlich der Berechnung des Luftspaltfeldes gleichbedeutend mit der Annahme, daß das magnetische Feld in der Nutöffnung homogen ist und keine Radialkomponente besitzt.

Die FOURIERanalyse des Strombelages der Spule, der eine ungerade periodische Funktion darstellt, ergibt in der im elektrischen Winkel zählenden Umfangskoordinate

$$\eta_1 = p\alpha_1$$

die Grundwelle

$$A_{s1}(\eta_1, t) = \hat{A}_{s1}(t)\sin\eta_1 \qquad (12.6)$$

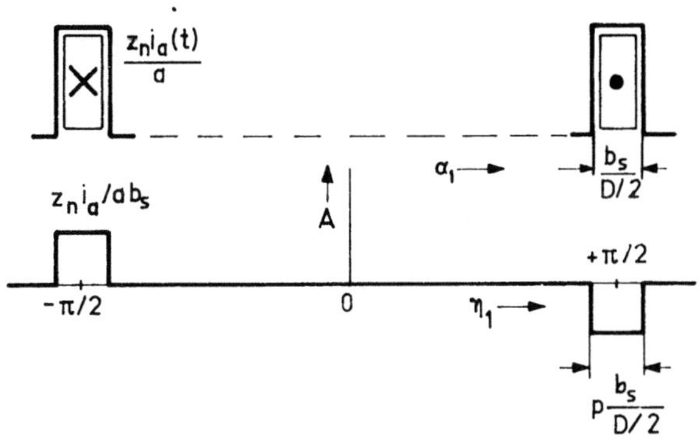

a) Anordnung der Durchmesserspule in der räumlichen Koordinate α_1 (rad)

b) Strombelag im elektrischen Koordinatensystem η_1 (rad)

Bild 12.7 Zur Berechnung des Strombelages einer Durchmesserspule.

mit dem FOURIERkoeffizienten

$$\hat{A}_{s1}(t) = \frac{2}{\pi} \int_{-\pi/2}^{+\pi/2} A(\eta_1, t) \sin\eta_1 \, d\eta_1 .$$

Die Auswertung liefert mit Hilfe des in Bild 12.7 dargestellten Strombelages $A(\eta_1, t)$:

$$\hat{A}_{s1}(t) = -\frac{4 p z_n \zeta_n}{a \pi D} i_a(t), \tag{12.7}$$

wenn wir zur Abkürzung den Faktor

$$\zeta_n = \frac{\sin(p b_s/D)}{p b_s/D}$$

einführen, der den Einfluß der Nutbreite wiedergibt. Mit sehr guter Näherung gilt für die hier allein betrachtete Grundwelle

$$\zeta_n \approx 1. \tag{12.8}$$

Gl. (12.7) gibt nun gleichzeitig die zeitabhängige Amplitude der Grundwelle des Wechselstrombelages einer Einlochwicklung ($q = 1$) wieder. Im Falle einer beliebigen *Ganzlochwicklung* mit q Nuten je Zone hat man die q Strombeläge zu addieren, die vom gleichen Strom erregt werden, aber räumlich um den elektrischen Winkel

$$\beta = p\, 2\pi/N \qquad \text{vgl. (12.3)}$$

gegeneinander versetzt sind. Die zeitabhängige Amplitude des Wechselstrombelages der Ganzlochwicklung wird demnach

$$\hat{A}_{w1}(t) = q\,\xi\,\hat{A}_{s1}(t),$$

wobei die Verringerung der Amplitude gegenüber der arithmetischen Summe infolge der räumlichen Verschiebung der Strombeläge der q Nuten gegeneinander wiederum durch den schon von der Spannungserzeugung bekannten Wicklungsfaktor ξ zum Ausdruck kommt.

Da der zeitliche Phasenwinkel zwischen den EMKen in benachbarten Nuten und die räumliche Verschiebung ihrer Strombeläge durch denselben Winkel β angegeben werden, ist der im Strombelag auftretende Wicklungsfaktor mit dem Wicklungsfaktor der EMK identisch.

Das gilt nicht nur für den Zonenfaktor sondern auch für den Sehnungsfaktor, weil man sich die gesehnte Zweischichtwicklung aus zwei um den Sehnungswinkel gegeneinander verschobene Wicklungen mit Durchmesserspulen aufgebaut denken kann.

Die Grundwelle des Strombelages des Wicklungsstranges a lautet somit in der räumlichen Umfangskoordinate

$$\boxed{A_a(\alpha_1, t) = -\hat{A}_w \sin p\alpha_1 \cos(\omega t + \varphi)} \tag{12.9}$$

und besitzt die Amplitude

$$\boxed{\hat{A}_w = \frac{4\sqrt{2}\,w\,\xi\,I}{\pi D},} \tag{12.10}$$

wobei zur Abkürzung die Windungszahl der in Reihe geschalteten Windungen eines Wicklungsstranges

$$w = \frac{p\,q\,z_n}{a} \tag{12.11}$$

eingeführt wurde.

Literatur

[1] *Bödefeld, Th.* und *H. Sequenz:* Elektrische Maschinen. Wien, Springer-Verlag 1962.

[2] *Bonfert, K.:* Betriebsverhalten der Synchronmaschine. Berlin/Göttingen/Heidelberg, Springer-Verlag 1962.

[3] *Burg van den, F. A. W.:* Dynamica elektrische machines Teil 1 und 2. TH Delft.

[4] *Burg van den, F. A. W.:* An electrical transmission shaft and its stability founded on a general theory of electrical machines. Dissertation TH Delft 1961, Delft, Verlag Waltman.

[5] *Jones, Ch. V.:* The unified theory of electrical machines. London, Butterworths 1967.

[6] *Jordan, H.* und *M. Weis:* Asynchronmaschinen. Braunschweig, Verlag Friedr. Vieweg + Sohn 1969.

[7] *Jordan, H.:* Der geräuscharme Elektromotor. Essen, Verlag W. Girardet 1950.

[8] *Klamt, J.:* Berechnung und Bemessung elektrischer Maschinen. Berlin, Springer-Verlag 1962.

[9] *Kovács, K. P.:* Betriebsverhalten von Asynchronmaschinen. Berlin, VEB Verlag Technik 1957.

[10] *Kovács, K. P.* und *I. Rácz:* Transiente Vorgänge in Wechselstrommaschinen, Band I und II. Budapest, Verlag der ungarischen Akademie der Wissenschaften 1959.

[11] *Laible, Th.:* Die Theorie der Synchronmaschine im nichtstationären Betrieb. Berlin/Göttingen/Heidelberg, Springer-Verlag 1952.

[12] *Müller, G.:* Elektrische Maschinen, Theorie rotierender elektrischer Maschinen. Berlin, VEB Verlag Technik 1966.

[13] *Nürnberg, W.:* Die Asynchronmaschine. Berlin/Göttingen/Heidelberg, Springer-Verlag 2. Aufl. 1962.

[14] *Nürnberg, W.:* Die Prüfung elektrischer Maschinen. Berlin/Göttingen/Heidelberg, Springer-Verlag 5. Aufl. 1965.

[15] *Richter, R.:* Elektrische Maschinen, Band I, II und IV. Basel, Verlag Birkhäuser.

[16] *Rziha, v. E.:* Starkstromtechnik Band I. Berlin, Verlag von Wilhelm Ernst und Sohn, 8. Aufl. 1955.

[17] *Schuisky, W.:* Elektromotoren. Wien, Springer-Verlag 1957.

[18] *Schuisky, W.:* Berechnung elektrischer Maschinen. Wien, Springer-Verlag 1960.

[19] *Sequenz, H.:* Die Wicklungen elektrischer Maschinen, Band I. Wien, Springer-Verlag 1950.

[20] *VEM-Handbuch:* Die Technik der elektrischen Antriebe. Berlin, VEB Verlag Technik 1963.

[21] *Weh, H.:* Elektrische Netzwerke und Maschinen in Matrizendarstellung B.I.-Hochschultaschenbücher 108/108a*. Mannheim/Zürich, Bibliographisches Institut 1968.

[22] *White, D. C.* and *H. H. Woodson:* Electromechanical Energy Conversion. New York, Wiley and Sons, Inc. 1959.

[23] *Wiedemann, E.* und *W. Kellenberger:* Konstruktion elektrischer Maschinen. Berlin/Heidelberg/New York, Springer-Verlag 1967.

Sachwortverzeichnis

F. Taegen

Einführung in die Theorie der elektrischen Maschinen I

Transformator und Gleichstrommaschine
VIII, 197 S. Pb. 19,80 DM, gbd. 27,50 DM

Inhaltsverzeichnis

GPSR Compliance

The European Union's (EU) General Product Safety Regulation (GPSR) is a set of rules that requires consumer products to be safe and our obligations to ensure this.

If you have any concerns about our products, you can contact us on ProductSafety@springernature.com

In case Publisher is established outside the EU, the EU authorized representative is:

Springer Nature Customer Service Center GmbH
Europaplatz 3
69115 Heidelberg, Germany

Batch number: 10577876

Printed by Printforce, the Netherlands